浙江省高职院校"十四五"重点立项建设教材

国家级精品资源共享课配套教材

智能制造专业群系列教材

机械产品多轴数控编程项目化教程

主　编　胡新华　章跃洪

副主编　曾灿光　李银海　戴素江

　　　　张新星　成图雅　张小新

参　编　王科荣　李永斌　诸葛俊科

　　　　朱国飞　李银森

科 学 出 版 社

北　京

内 容 简 介

本书是浙江省高职院校"十四五"重点立项建设教材，是《Cimatron 数控编程项目化教程》（第二版）的姊妹教材。本书采用"项目引领"和"基于工作过程"的编写理念，以企业零件数控编程真实生产项目、典型工作任务、案例为载体，按"导—析—学—练—拓"的实施流程组织教学内容。

本书共 8 个项目，包括连接器数控编程、机器人数控编程、弯管数控编程、大力神杯数控编程、航空结构件数控编程、叶片数控编程、螺旋桨数控编程和叶轮数控编程。

本书强调校企"双元"，突出"工学结合"，体现以人为本，落实课程思政，注重"岗课赛证"融通和信息化资源配套，既可作为机械设计制造类专业的教学用书，也可供企业技术人员参考。

图书在版编目（CIP）数据

机械产品多轴数控编程项目化教程/胡新华，章跃洪主编. —北京：科学出版社，2024.2

浙江省高职院校"十四五"重点立项建设教材

ISBN 978-7-03-077131-5

Ⅰ.①机… Ⅱ.①胡… ②章… Ⅲ.①机械设计-产品设计-数控机床-程序设计-高等职业教育-教材 Ⅳ.①TH122

中国国家版本馆 CIP 数据核字（2023）第 221985 号

责任编辑：张振华 / 责任校对：马英菊
责任印制：吕春珉 / 封面设计：东方人华平面设计部

科 学 出 版 社 出版
北京东黄城根北街 16 号
邮政编码：100717
http://www.sciencep.com

三河市骏杰印刷有限公司印刷
科学出版社发行 各地新华书店经销
*
2024 年 2 月第 一 版 开本：787×1092 1/16
2024 年 2 月第一次印刷 印张：18 1/4
字数：420 000

定价：68.00 元
（如有印装质量问题，我社负责调换）
销售部电话 010-62136230 编辑部电话 010-62135120-2005

前　言

教育是国之大计、党之大计。教育、科技、人才是全面建设社会主义现代化国家的基础性、战略性支撑。党的二十大报告深刻指出："加快建设国家战略人才力量，努力培养造就更多大师、战略科学家、一流科技领军人才和创新团队、青年科技人才、卓越工程师、大国工匠、高技能人才。"为了适应国家装备制造业转型升级和教学改革的需要，编者根据二十大报告和《职业院校教材管理办法》《高等学校课程思政建设指导纲要》《"十四五"职业教育规划教材建设实施方案》等相关文件精神编写了本书。

本书是浙江省高职院校"十四五"重点立项建设教材，是《Cimatron 数控编程项目化教程》（第二版）的姊妹教材，是在行业、企业专家和课程开发专家指导下，由软件企业工程师、制造企业技术人员、院校资深专业教师联合编写而成。

与同类图书相比，本书的体例更加合理和统一，概念阐述更加严谨和科学，内容重点更加突出，文字表达更加简明易懂，工程案例和思政元素更加丰富，配套资源更加完善。具体而言，主要具有以下几个方面的突出特点。

（1）坚持价值引领，充分发挥教材的育人功能

本书紧紧围绕"培养什么人、怎样培养人、为谁培养人"这一教育的根本问题，以落实立德树人为根本任务，结合机械设计制造类专业相关岗位（群）的共性职业素养要求，从"爱国情怀、民族自信、社会责任、职业态度、职业素养"等维度着眼，紧密围绕"知识、技能、素养"三位一体的教学目标，通过"知识窗、知识拓展、思政案例"等模块，润物细无声地将课程思政内容传递给学习者。

（2）坚持以人为本，体现"三新"和 X 证书要求

本书以学生综合职业能力培养为中心，以培养卓越工程师、大国工匠、高技能人才为目标，在编写中注重新标准、新规范和新工艺的融入，如多轴联动加工、航空铣等；注重对接多轴数控加工"X"证书，将考证部分的要求融入教学内容；同时遵循教育教学规律、技术技能型人才培养规律和职业院校学生认知特点，按照由易到难、由单一到综合的思路，设计连接器数控编程、叶片数控编程、螺旋桨数控编程等 8 个项目。

（3）坚持需求导向，按"导—析—学—练—拓"的实施流程组织教学内容

本书紧密围绕党和国家事业发展对人才培养的新要求，坚持"四个面向"，以企业零件数控编程真实生产项目、典型工作任务、案例为载体，采用"项目引领"和"基于工作过程"的编写理念，按"导—析—学—练—拓"的实施流程组织教学内容。按照"模块化"的思路，构建层层递进的训练内容——项目任务训练、巩固练习强化、拓展练习提升，能满足按需选学和分层教学的要求。

（4）坚持数字化赋能，构建适应"线上+线下"混合式教学新生态

本书是国家级职业教育专业教学资源库、国家级精品资源共享课程配套教材，配套资源丰富，可通过 https://zyk.icve.com.cn、https://www.icourses.cn/检索获取相关资源。

为方便教师教学和学生自主学习，本书各个项目从模型分析、加工工艺制定，到编程操作、后处理，每一步均配有微课视频的二维码链接，读者可通过手机等终端扫码观看。

此外，本书还提供各项目的源文件、练习文件、完成编程文件、机床模型、视频教程和加工动画，同时提供 FANUC 4 轴、HEIDENHAIN 5 轴双摆台和 SIEMENS 5 轴双摆头3 种不同类型的后处理方法（下载地址：https://www.abook.cn）。机床模型 MachineWorks文件夹的位置为 C:\ProgramData\Cimatron\Cimatron\16.0\Data\Nc\，后处理 Post2 文件夹的位置为 C:\ProgramData\Cimatron\Cimatron\16.0\Data\It\var\，开始学习前请将这两个文件夹复制到相应的位置。

本书由胡新华（金华职业技术学院）、章跃洪（金华职业技术学院）任主编，曾灿光（思美创（北京）科技有限公司）、李银海（金华职业技术学院）、戴素江（金华职业技术学院）、张新星（衢州职业技术学院）、成图雅（内蒙古机电职业技术学院）、张小新（上饶职业技术学院）任副主编，王科荣（金华职业技术学院）、李永斌（金华职业技术学院）、诸葛俊科（金华职业技术学院）、朱国飞（浙江海帝克机床有限公司）、李银森（浙江康灵汽车零部件有限公司）参与编写。全书由胡新华统稿和定稿。

由于编者水平有限，书中难免存在一些不足之处，敬请广大读者批评指正。

目　　录

项目 3　弯管数控编程　　84

项目 4　大力神杯数控编程　　102

项目 5　航空结构件数控编程　　128

项目 6　叶片数控编程 204

连接器数控编程

▌项目导读

连接器的毛坯材质为碳素工具钢，已车削成形。该零件为一个典型的机械类零件，加工内容包括槽和孔，如图 1-1 所示。本项目的工作过程如下：连接器模型分析→连接器加工工艺制定→编程操作→机床模拟→后处理。

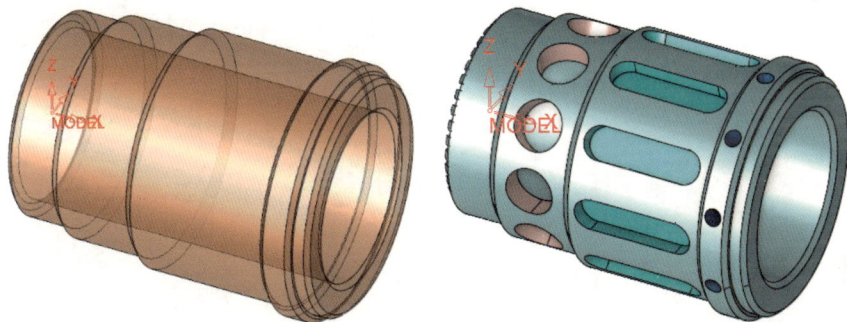

图 1-1　连接器毛坯和模型

▌学习目标

1）掌握机械类零件的铣削加工工艺。

2）掌握 3+1 定位加工的方式。

3）掌握多轴自动钻孔策略。

4）掌握 4 轴后处理的使用方法。

5）能创建毛坯、夹具，并运用加工策略进行编程及机床模拟。

6）培养职业认同感、责任感，自觉践行行业道德规范。

7）了解我国机床发展史，激发爱国情怀和民族自豪感。

1.1 连接器模型分析

打开 Cimatron 软件，然后打开"X:\...\项目 1 连接器数控编程\源文件\连接器.elt"文件，进入 Cimatron 16 编程界面，如图 1-2 所示。

视频 1.1 零件分析

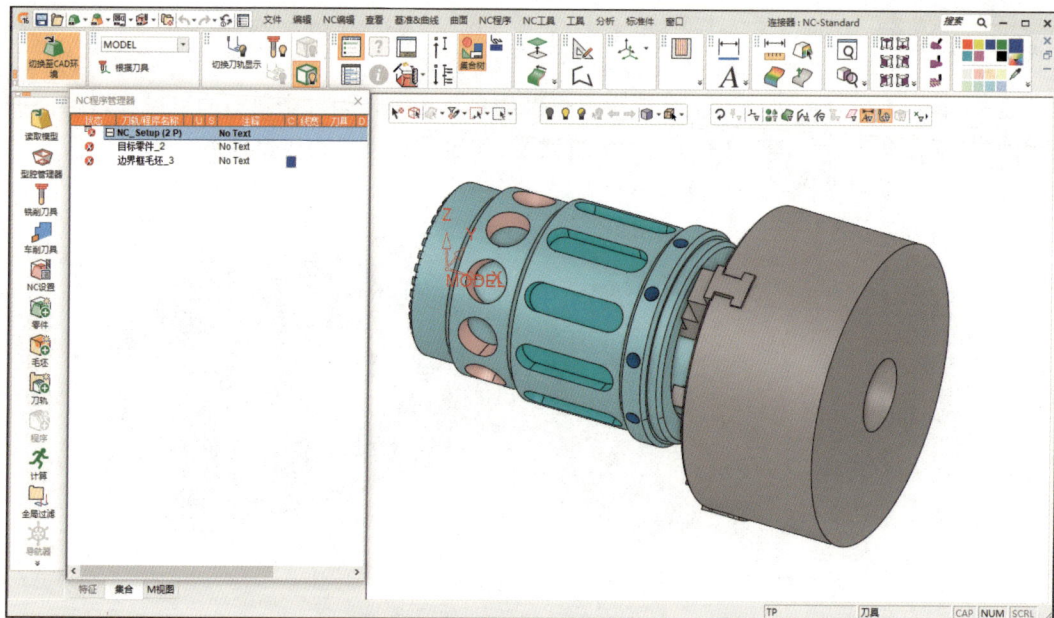

图 1-2　打开文件并进入编程界面

如果当前显示的编程界面与图 1-2 不同，则可选择主菜单中的"查看"→"面板"选项，然后设置为"向导模式"即可，如图 1-3 所示。

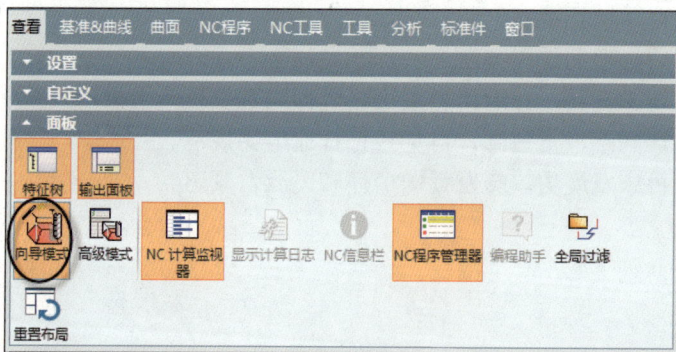

图 1-3　界面设置

选择主菜单中的"分析"→"曲率"选项,打开曲率分析特征向导。对模型进行分析,结果显示最大外径为 150,腰形槽宽度为 20,其他孔尺寸如图 1-4 所示。

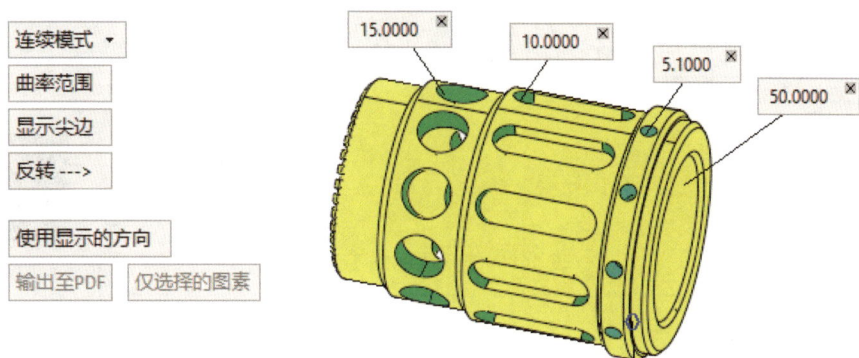

图 1-4　曲率分析

选择主菜单中的"分析"→"测量"选项,打开"测量"对话框。对模型进行分析,测量结果显示零件长度为 200,槽宽为 4,如图 1-5 所示。

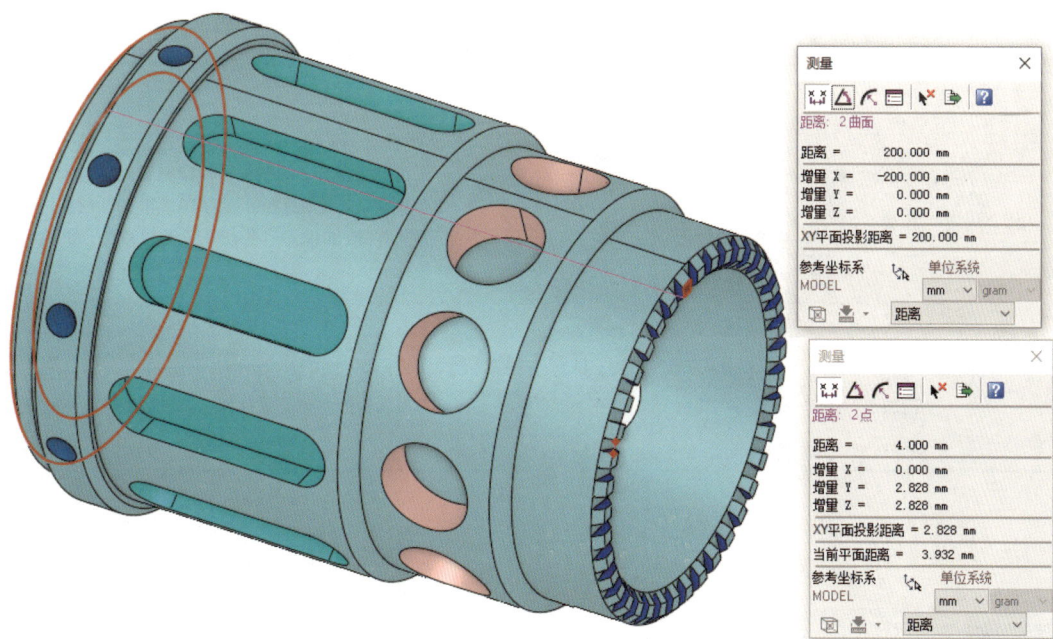

图 1-5　测量分析

1.2 连接器的加工工艺制定

连接器的加工工艺如表 1-1 所示。

视频 1.2 制定加工工艺

表 1-1 连接器的加工工艺

序号	加工内容	加工策略	图解	备注
01	腰形槽 粗加工	2.5 轴 螺旋铣		根据槽宽 20mm 及深度 10mm 确定使用直径为 12 的立铣刀进行螺旋粗加工，然后旋转阵列程序
02	腰形槽 精加工	2.5 轴 传统封闭轮廓		使用直径为 12 的立铣刀对粗加工预留的余量进行精加工，然后旋转阵列程序
03	孔加工	钻孔 4 轴自动钻孔		采用直径为 10.2 的钻头和 M12 丝锥对孔进行钻孔和攻螺纹。采用直径分别为 10.2 和 29.7 的钻头和直径为 30 的镗刀对孔 ϕ30H7 进行钻孔、扩孔和镗孔
04	端面 槽加工	2.5 轴 传统封闭轮廓		根据槽宽 4mm 确定使用直径为 20、刀柄为 12、厚度为 4 的 T 形刀进行加工，然后旋转阵列程序

1.3 连接器编程操作

1.3.1 编程准备

1. NC 设置

在"NC 程序管理器"中双击"NC_Setup"选项，在打开的"修改 NC 设置"对话框中的"机床"右侧单击 按钮，打开"机床参数"对话框，选择 4 轴立式机床"4X_Vert"，单击"确定"按钮 关闭"机床参数"对话框。然后点亮"修改 NC 设置"对话框中的"显示机床工作台"右侧的灰色灯泡 ，即可显示机床工作台并可查看工件位置。设置"设置原点"中的"X"为-230、"Y"为 0、"Z"为 0，然后单击"确定"按钮完成 NC 设置，如图 1-6 所示。

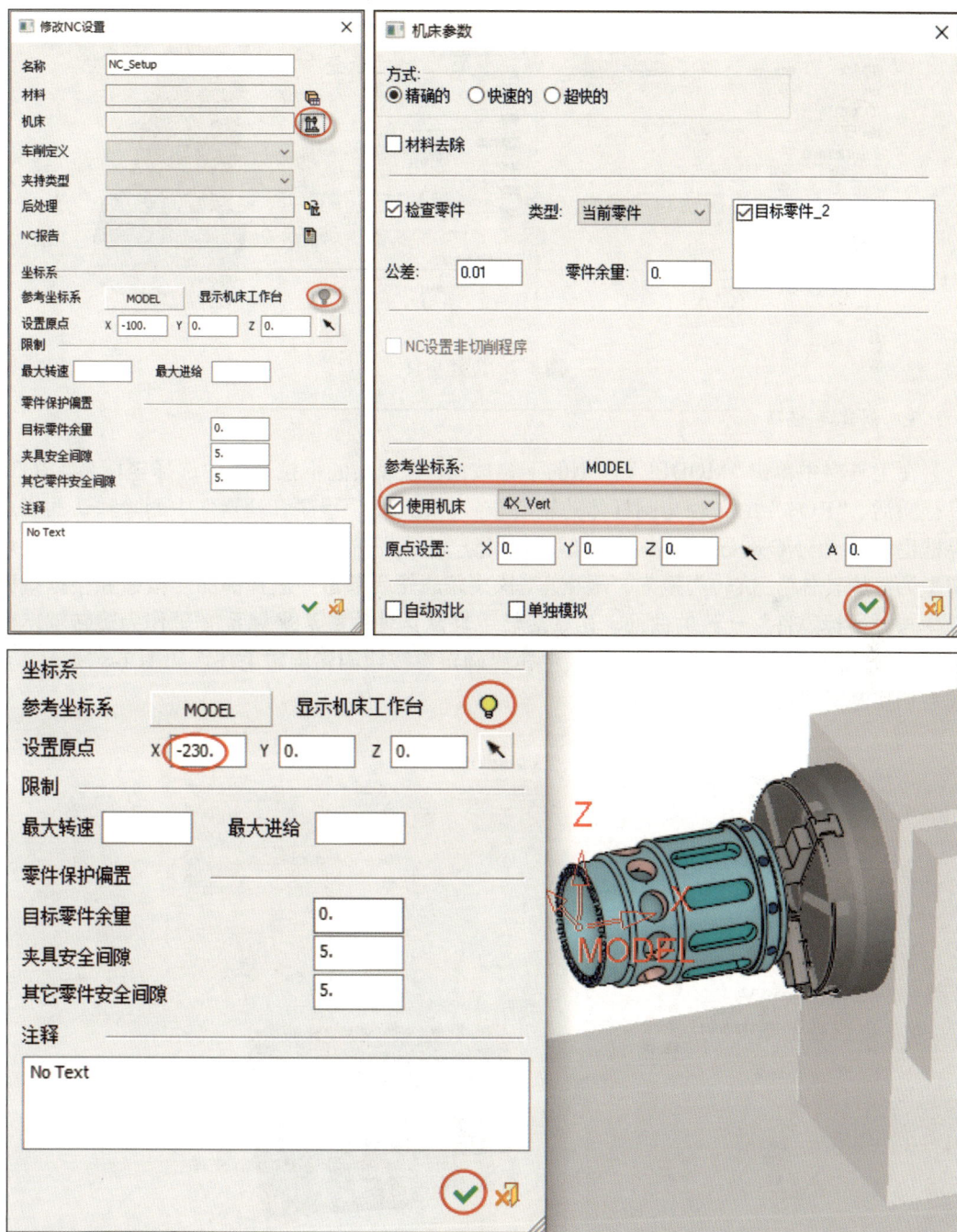

视频 1.3 编程准备

图 1-6　修改 NC 设置

2. 创建零件

在"NC 程序管理器"中双击"目标零件"选项，打开"零件"对话框，单击"重置选择"按钮，重置已默认选中的所有曲面。单击"根据规则选择曲面"按钮，在打开的"集合-创建及编辑"对话框中选择集合"01_零件"，然后依次单击"确定"按钮创建目标零件，如图 1-7 所示。

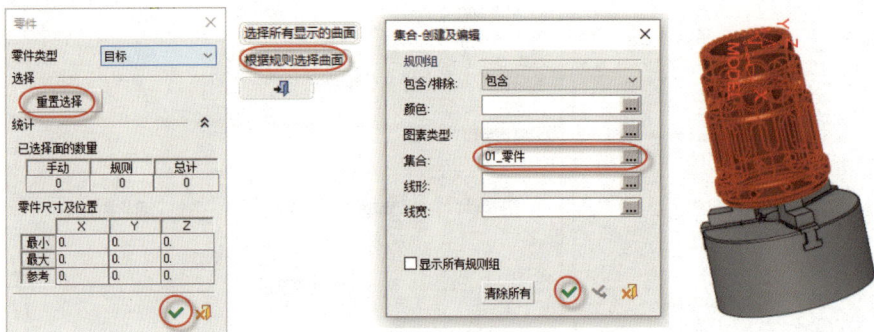

图 1-7　创建零件

3. 创建毛坯

在工具栏中单击"MODEL"右侧的下拉按钮，在弹出的下拉列表中选择坐标系"ROT"进行激活。"ROT"的 Z 轴与圆柱体的轴心一致。在"NC 程序管理器"中删除默认的"边界框毛坯"。在 NC 向导中单击"毛坯"按钮，在打开的"初始毛坯"对话框中选择毛坯类型为"旋转体"，旋转类型为"根据车削轮廓"，然后单击"选择曲面"按钮并根据规则选择与"目标零件"一致的曲面。由于旋转毛坯默认使用激活坐标系 Z 轴作为旋转轴，所以需要提前激活坐标系"ROT"，然后单击"确定"按钮创建旋转毛坯，如图 1-8 所示。完成后切换激活坐标系为"MODEL"。

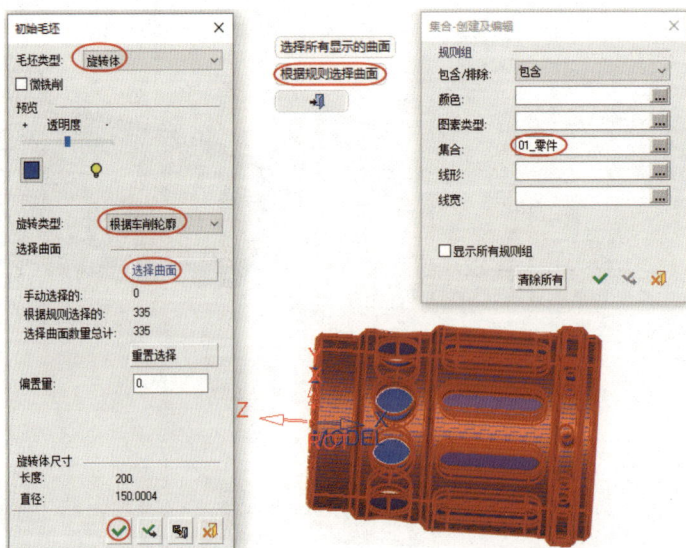

图 1-8　创建毛坯

4．创建夹具

在 NC 向导中单击"零件"按钮，在打开的"零件"对话框中选择零件类型为"夹具"，单击"重置选择"按钮后再单击"根据规则选择曲面"按钮，在打开的"集合-创建及编辑"对话框中选择集合"02_夹具"，如图 1-9 所示，然后依次单击"确定"按钮即可。

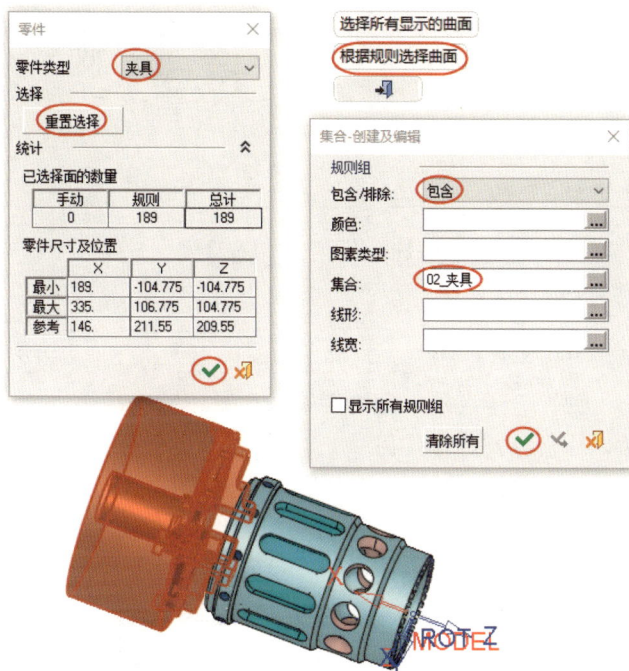

图 1-9　创建夹具

1.3.2　腰形槽粗加工

1．创建刀轨

在 NC 向导中单击"刀轨"按钮，在打开的"创建刀轨"对话框中设置名称为"01"，类型为"4 轴"，坐标系默认为"MODEL"，设置旋转轴为"X 轴"，"Z（安全高度）"为"100"，在"注释"文本框中输入"4 轴铣削"，然后单击"确定"按钮创建刀轨，如图 1-10 所示。

2．调入刀具

在 NC 向导中单击"铣削刀具"按钮，打开"铣削刀具和夹持"对话框，如图 1-11 所示。在工具栏中单击"从 Cimatron 文件中添加刀具"按钮，在打开的浏览器中选择"X:\...\项目 1 连接器数控编程\源文件\连接器刀库.chl"选项，然后在打开的对话框中按 Ctrl+A 组合键选择所有刀具，单击"确定"按钮调入刀具。

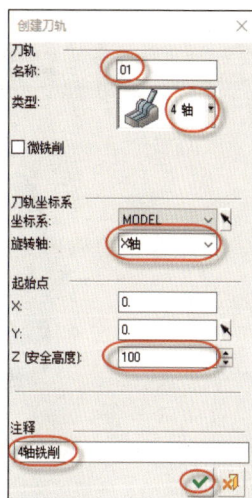

图 1-10　创建刀轨

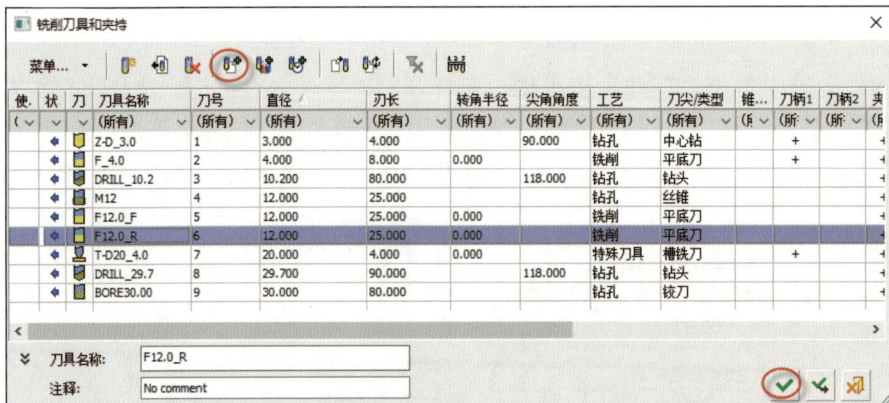

图 1-11　从刀库中调入刀具

3. 创建单个腰形槽粗加工程序

在 NC 向导中单击"程序"按钮，打开"程序向导"对话框。设置"主选项"为"2.5 轴"，"子选项"为"螺旋铣"。

视频 1.4 腰形槽粗加工

（1）选择几何

单击"轮廓"右侧的"0"按钮，在打开的"轮廓管理器"对话框中选择一个腰形槽的底面为加工轮廓。当前程序无须考虑自动干涉，可以将"零件保护"设置为"否"，如图 1-12 所示。

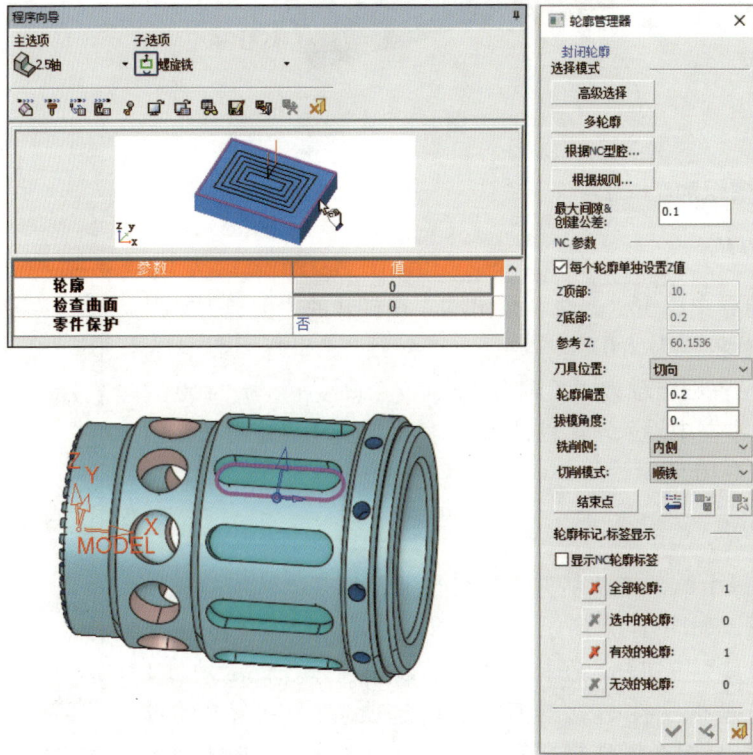

图 1-12　创建程序并选择几何

（2）选择刀具

单击"程序向导"对话框中的"刀具"按钮 ，在打开的"铣削刀具和夹持"对话框中选择"F12.0_R"立铣刀用于粗加工，如图 1-13 所示，然后单击"确定"按钮。

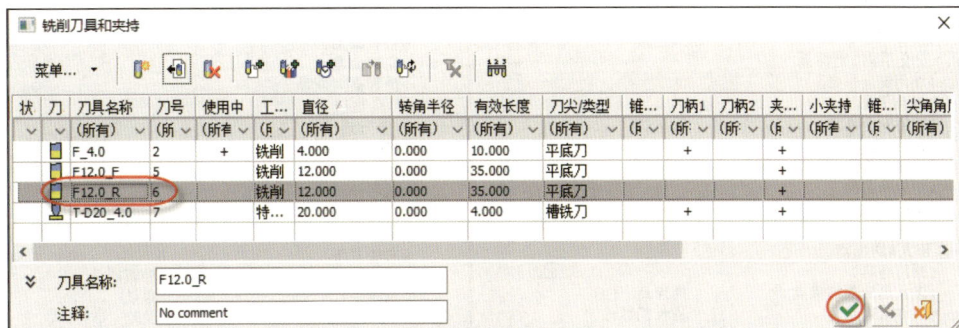

图 1-13　选择立铣刀

（3）设置刀轨参数

单击"程序向导"对话框中的"刀轨参数"按钮 ，切换至"刀轨参数"界面。单击"安全平面&坐标系"中的"创建坐标系"右侧的"进入"按钮，单击槽底面，创建程序坐标系，并打开"创建新的坐标系"对话框。请注意：3+1 和 3+2 定轴加工都需要创建新的坐标系，用来定义程序加工方向。新坐标的原点和 X 轴方向都不重要，只需要 Z 轴与加工方向匹配即可，如图 1-14 所示。

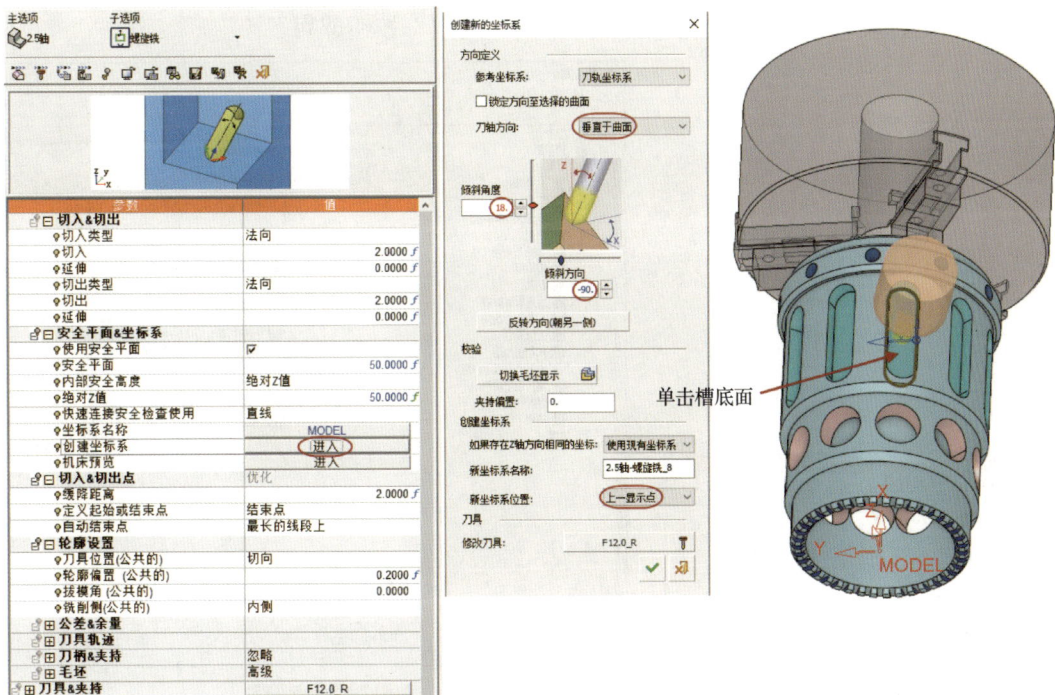

图 1-14　创建程序坐标系

依次设置其他刀轨参数，如图 1-15 所示。

参数	值		参数	值
切入&切出			**轮廓设置**	
切入类型	法向		刀具位置(公共的)	切向
切入	2.0000 f		轮廓偏置(公共的)	0.2000 f
延伸	0.0000 f		拔模角(公共的)	0.0000
切出类型	法向		铣削侧(公共的)	内侧
切出	2.0000 f		**公差&余量**	
延伸	0.0000 f		检查曲面余量	0.0000 f
安全平面&坐标系			检查曲面公差	0.0100 f
使用安全平面	☑		轮廓公差	0.0100 f
安全平面	50.0000 f		轮廓最大间隙	0.1000
内部安全高度	绝对Z值		**刀具轨迹**	
绝对Z值	50.0000 f		Z值方式	自轮廓
快速连接安全检查使用	直线		Z顶部	10.0000 f
坐标系名称	2.5轴-螺旋铣_7		Z底部	0.1000 f
创建坐标系	进入		底层补铣	☑
机床预览	进入		下切步距	1.0000 f
切入&切出点	优化		最大螺旋角度	90.0000 f
缓降距离	2.0000 f		毛坯宽度	0.0000 f
定义起始或结束点	结束点		转角铣削	外部圆角
自动结束点	最长的线段上		铣削模式	顺铣
			刀柄&夹持	忽略
			毛坯	忽略
			刀具&夹持	F12.0 R

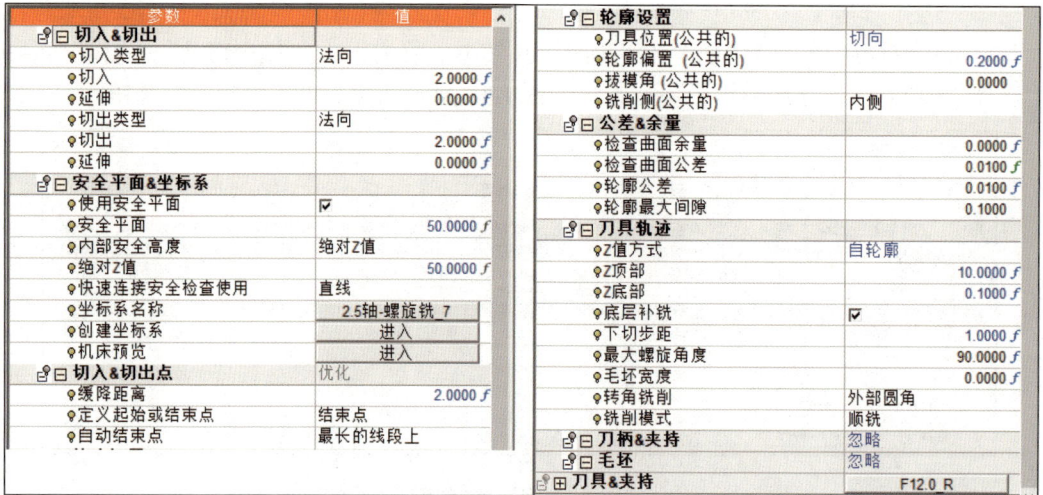

图 1-15 设置刀轨参数 1

（4）设置机床参数

单击"程序向导"对话框中的"机床参数"按钮📷，系统已自动加载相应的参数，如图 1-16（a）所示。此选项由"预设定"进行设置，选择主菜单中的"工具"→"预设定"→"NC"→"通用"选项，在打开的"预设置编辑器"对话框中选中"通过刀具和夹持自动更新"复选框，这样在选择刀具时即会自动加载刀具设置的对应参数，如图 1-16（b）所示，然后选择"所有应用程序"选项，单击"确定"按钮即可。

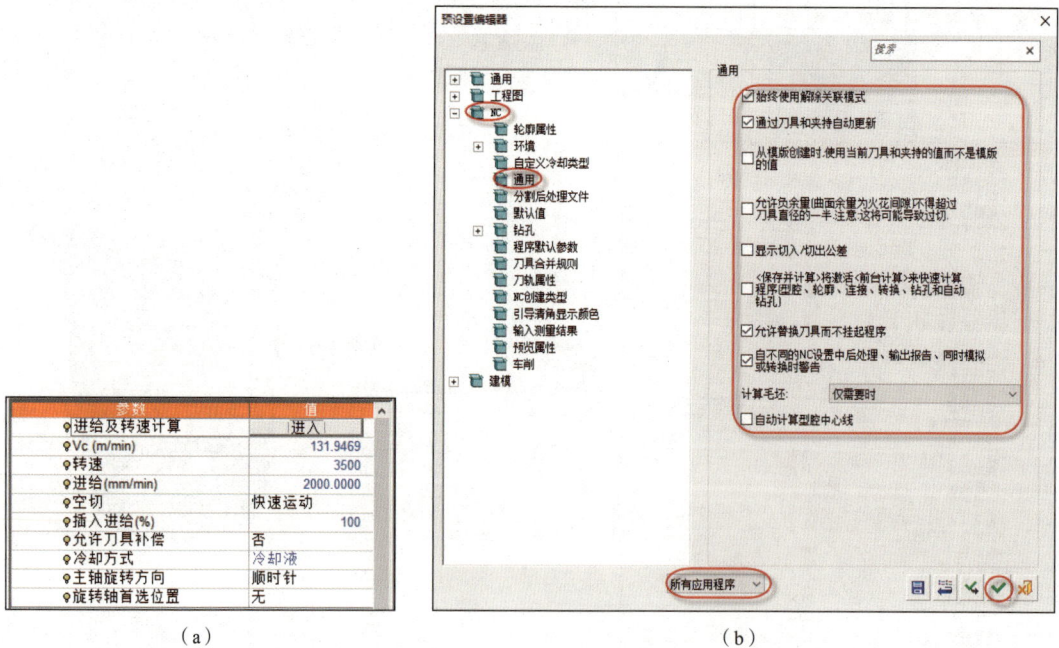

参数	值
进给及转速计算	进入
Vc (m/min)	131.9469
转速	3500
进给(mm/min)	2000.0000
空切	快速运动
插入进给(%)	100
允许刀具补偿	否
冷却方式	冷却液
主轴旋转方向	顺时针
旋转轴首选位置	无

（a）

（b）

图 1-16 设置机床参数

（5）生成程序

单击"程序向导"对话框中的"保存并计算"按钮，系统根据当前设置的参数计算生成螺旋铣削的刀具路径，并在绘图区显示。通过在"NC 程序管理器"中打开或关闭灯泡图标可显示或隐藏创建的刀具路径，修改程序注释为"腰形槽粗加工"。确认程序无误后，单击按钮计算剩余毛坯，如图 1-17 所示。

图 1-17　生成螺旋刀具路径

4. 腰形槽粗加工程序旋转阵列

（1）旋转阵列程序

在 NC 向导中单击"程序"按钮，打开"程序向导"对话框。在没有退出 Cimatron 软件之前，新建程序会自动继承上一条程序的参数。修改"主选项"为"转换"，"子选项"为"复制阵列"。

（2）选择几何

单击"程序"右侧的"0"按钮，在打开的"选择程序"对话框中选择上一条程序并确认，如图 1-18 所示。

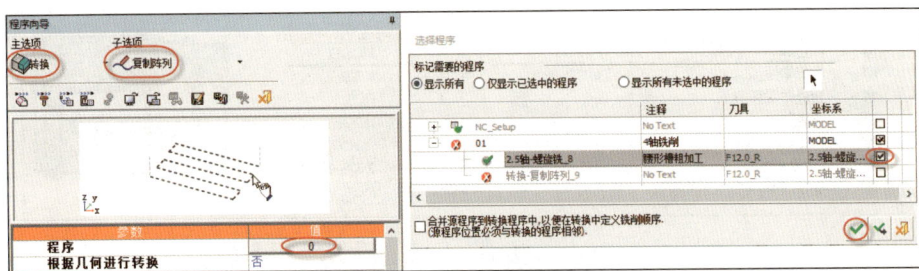

图 1-18　选择复制阵列的源程序

设置"根据几何进行转换"为"仅放射中心"，单击"中心点"右侧的"0"按钮，然后选择坐标系"MODEL"的原点作为中心点，如图 1-19 所示。

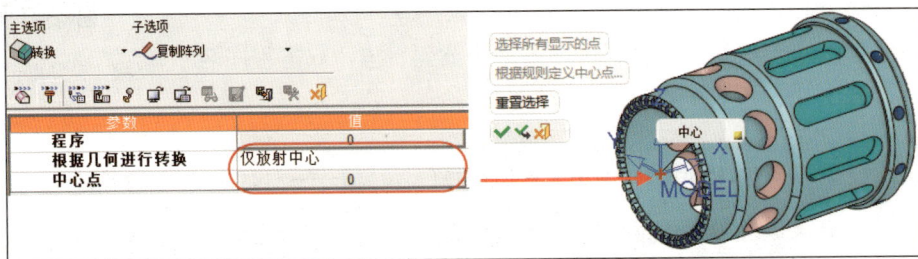

图 1-19　选择旋转中心点

（3）设置刀轨参数

单击"程序向导"对话框中的"刀轨参数"按钮，系统切换到"刀轨参数"界面，设置"坐标系名称"为 ROT，系统使用程序坐标系"ROT"的 *XY* 平面作为旋转平面。设置"阵列类型"为"旋转阵列"，"次数"为 10，"角度"为 36，如图 1-20 所示。

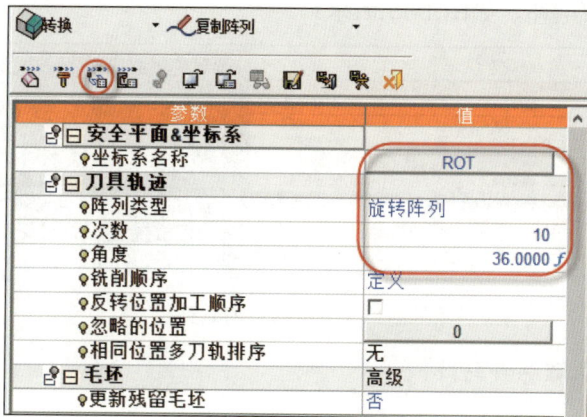

图 1-20　设置旋转参数

（4）生成程序

单击"程序向导"对话框中的"保存并计算"按钮，系统将根据当前设置的参数生成绕"ROT"坐标系 Z 轴旋转 10 次的刀具路径。在"NC 程序管理器"中修改程序注释为"旋转阵列"，如图 1-21 所示。

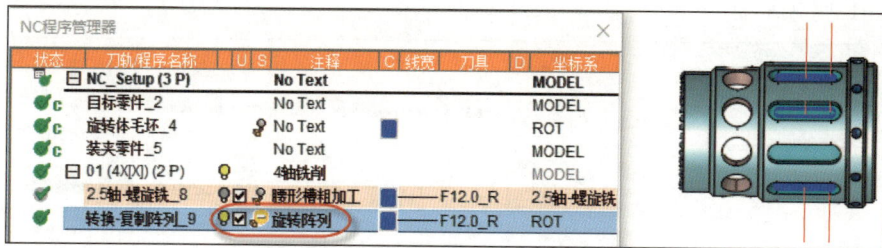

图 1-21　生成旋转阵列程序 1

1.3.3　腰形槽精加工

1. 创建单个腰形槽精加工程序

（1）复制程序

在"NC 程序管理器"中复制第一条程序至列表末，双击程序名称进行修改，如图 1-22 所示。

视频 1.5 腰形槽精加工

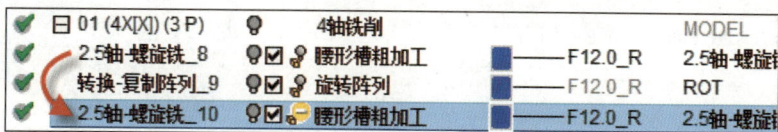

图 1-22　创建腰形槽精加工程序

（2）选择刀具

单击"程序向导"对话框中的"刀具"按钮，在打开的"铣削刀具和夹持"对话框中选择"F12.0_F"平底刀，如图 1-23 所示，然后单击"确定"按钮。

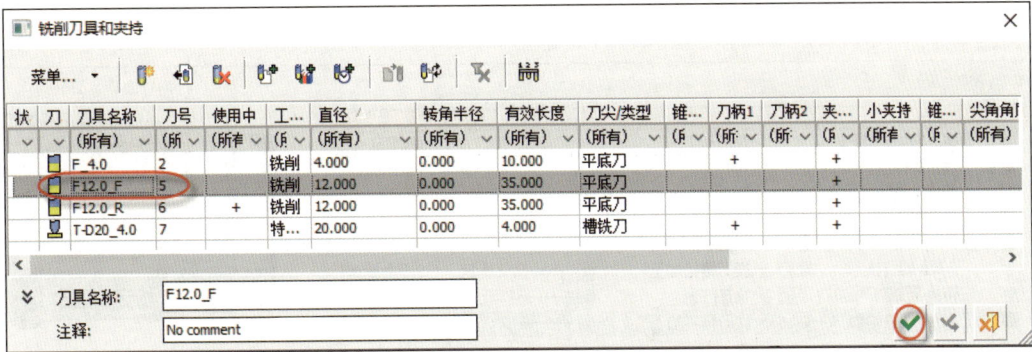

图 1-23　选择刀具

（3）设置刀轨参数

在"程序向导"对话框中修改程序"子选项"为"传统封闭轮廓"，然后单击"刀轨参数"按钮切换至"刀轨参数"界面。设置"轮廓偏置（公共的）"为 0，"Z 顶部"为 1，"Z 底部"为 0，"毛坯宽度"为 0.2，"侧向步距"为 0.1，如图 1-24 所示。

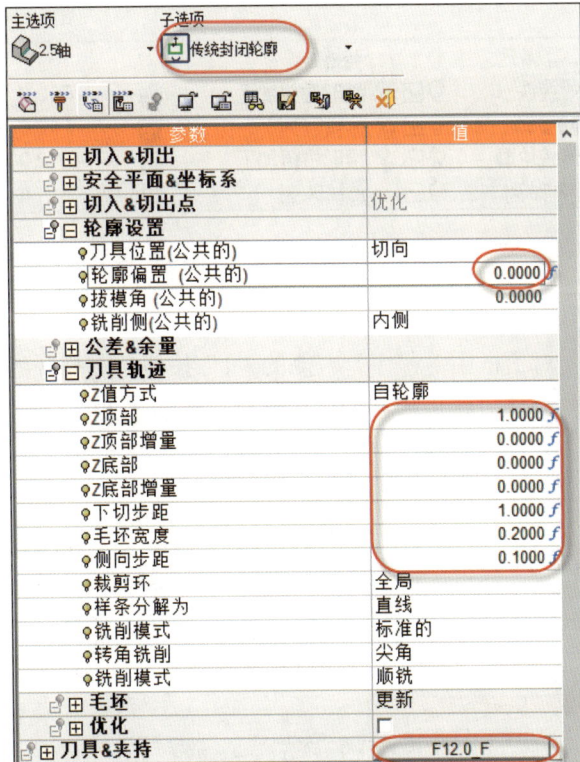

图 1-24　设置刀轨参数 2

（4）生成程序

单击"程序向导"对话框中的"保存并计算"按钮，系统将根据当前设置的参数生成侧向分 2 行的精加工刀具路径。在"NC 程序管理器"中修改程序注释为"腰形槽精加工"，如图 1-25 所示。

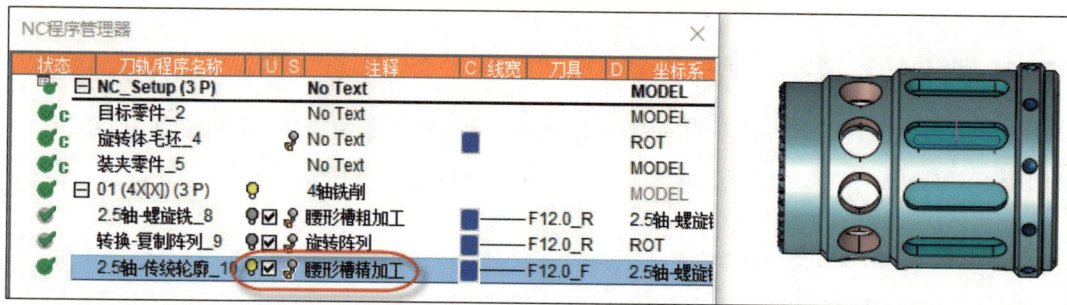

图 1-25　腰形槽精加工的刀具路径

2.　腰形槽精加工程序旋转阵列

（1）复制旋转阵列程序

在"NC 程序管理器"中复制第二条程序至列表末，双击程序名称进行修改，如图 1-26 所示。

图 1-26　复制旋转阵列程序

（2）设置刀轨参数

单击"程序向导"对话框中"程序"右侧的"1"按钮，在打开的"选择程序"对话框中取消之前的源文件，选择"腰形槽精加工"程序，如图 1-27 所示，然后单击"确定"按钮即可。

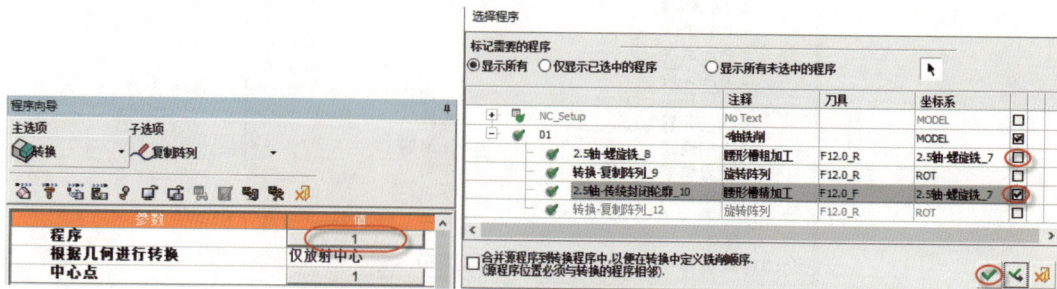

图 1-27　设置刀轨参数 3

（3）生成程序

程序其他参数无须修改，直接单击"程序向导"对话框中的"保存并计算"按钮，系统将根据当前设置的参数生成绕"ROT"坐标系 Z 轴旋转 10 次的刀具路径，如图 1-28 所示。

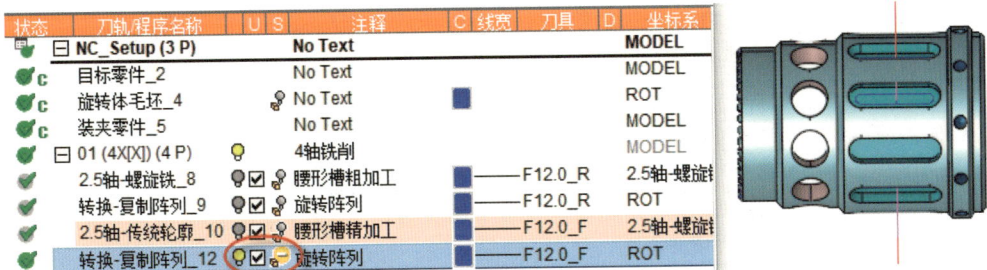

图 1-28　生成旋转阵列程序 2

1.3.4　自动钻孔

在 NC 向导中单击"程序"按钮，打开"程序向导"对话框。修改"主选项"为"钻孔"，"子选项"为"4 轴自动钻孔"。单击"零件曲面"右侧的"0"按钮，再单击"根据规则选择曲面"按钮，在打开的"集合-创建及编辑"对话框中选择集合"01_零件"并确定。在"程序向导"对话框中将"零件保护"设置为"否"，如图 1-29 所示。

视频 1.6　自动钻孔加工

图 1-29　自动钻孔几何

1.　设置刀轨参数

单击"程序向导"对话框中的"刀轨参数"按钮，系统切换到"刀轨参数"界面，设置"局部安全高度"为 100，"最大倾斜角度"为 180。该值用于匹配机床旋转轴极限，当前机床 A 轴为无限循环旋转，所以倾斜角度可以设置为（±）180。为确保安全，系统默认会选中"夹持和连接干涉检查"复选框，如图 1-30 所示。

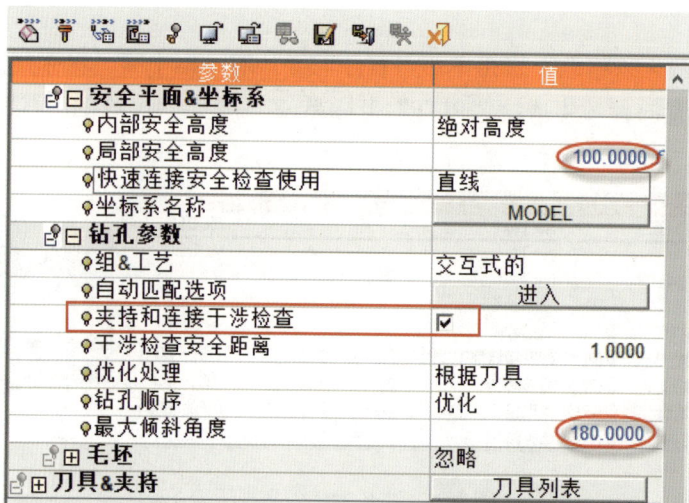

图 1-30 设置自动钻孔刀轨参数

2. 分配孔组

单击自动钻孔向导中的"组管理器"按钮 ，系统默认"选择孔"，框选所有的孔或按 Ctrl+A 组合键，然后单击"确定"按钮将选择的孔组添加至组管理器，如图 1-31 所示。

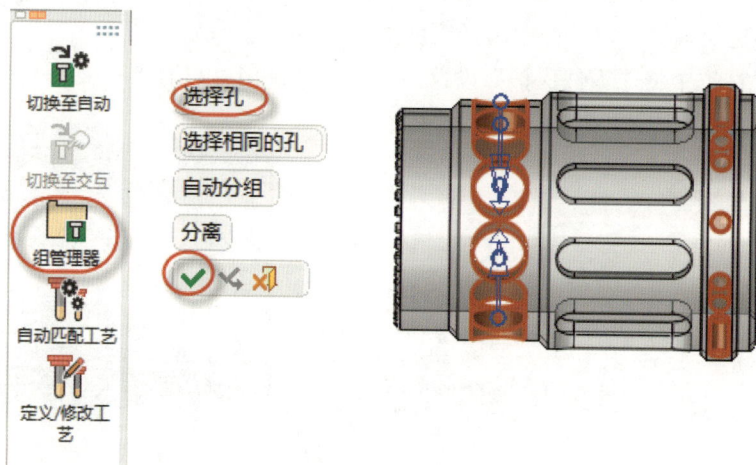

图 1-31 分配孔组

在"自动钻孔"对话框中对"孔组"及其他曲面进行分类管理，在此将对孔组进行工艺分配。在对话框中可查看"之前毛坯"，对"其它曲面""未选择的孔""已钻削的孔""自由的孔"进行显示和隐藏操作。

注意：分配孔组时会自动隐藏"已钻削的孔"，如果某些孔组需要分阶段多次钻孔，则应手动显示该孔组，如图 1-32 所示。

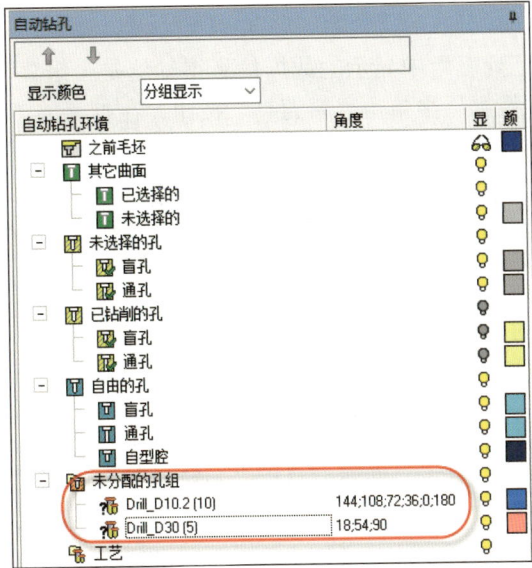

图 1-32 "自动钻孔"对话框

在"自动钻孔"对话框中的"未分配的孔组"下双击第一组"Drill_D10.2（10）"，打开工艺匹配对话框，默认仅显示激活的孔，根据需要可修改参数显示其他曲面。"几何/工艺列表"中显示当前孔组的所有数据信息，"工艺数据"中显示当前孔组所使用的钻孔工艺的相关参数，"钻孔/铣削参数"中的相关选项用于对每一个"工艺数据"进行修改，如图 1-33 所示。

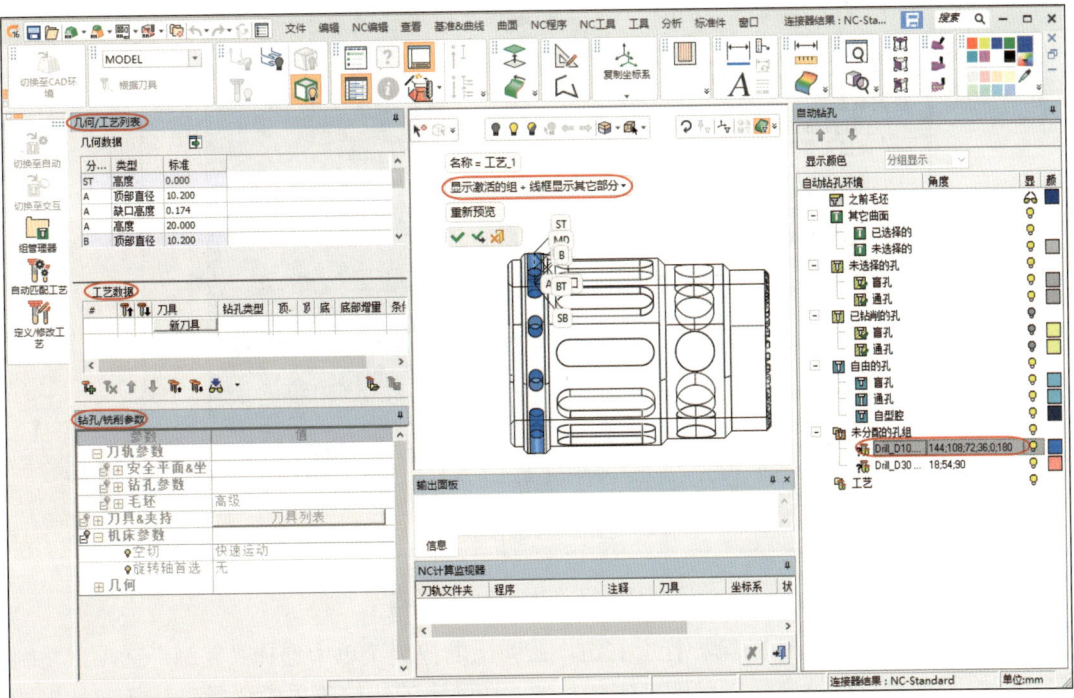

图 1-33 钻孔工艺

3. 定义钻孔工艺

1）根据"几何/工艺列表"中显示的数据信息得知这是一组直径为 10.2 的通孔，也就是 M12 通孔。在"工艺数据"中单击"新刀具"按钮，在打开的"铣削刀具和夹持"对话框中选择中心钻"Z-D_3.0"，如图 1-34 所示。

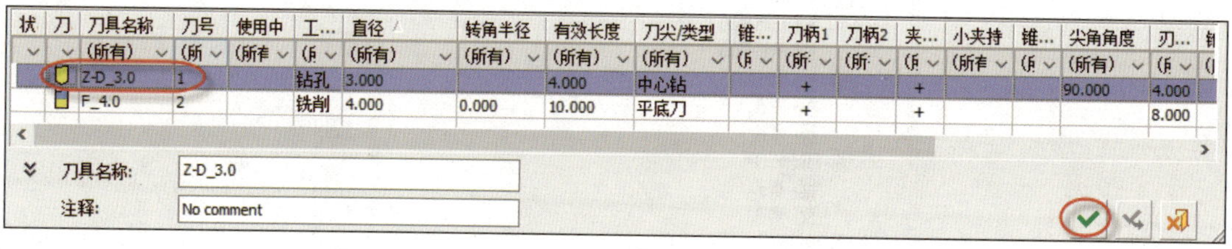

状	刀	刀具名称	刀号	使用中	工...	直径	转角半径	有效长度	刀尖/类型	锥...	刀柄1	刀柄2	夹...	小夹持	锥...	尖角角度	刃...	
∨	∨	(所有)	(所	(所有)	(所	(所有)	(所有)	(所有)	(所有)	(所	(所	(所	(所有)	(所	(所	(所有)	(所	刃...
		Z-D_3.0	1		钻孔	3.000		4.000	中心钻		+		+			90.000	4.000	
		F_4.0	2		铣削	4.000	0.000	10.000	平底刀		+		+				8.000	

刀具名称： Z-D_3.0
注释： No comment

图 1-34　选择钻孔刀具

2）在"钻孔/铣削参数"中定义当前刀具的"刀轨参数"。设置"钻孔类型"为"点钻"，"顶部参考"和"底部参考"为"DP"，"底部增量"为-1，"底部类型"为"刀尖"，如图 1-35 所示。"钻孔类型"和"机床参数"会自动加载刀具参数。位置参数中的"ST"代表毛坯顶部，"DP"代表孔顶部，"A-Breach"代表 A 段缺口底部，"A"代表孔的第一段，"Breach"意思为缺口；复合型孔依次还有"B,C,D…"，代表第二、三、四……段；"MD"代表孔中点，"BT"代表孔底部，"SB"代表毛坯底部。

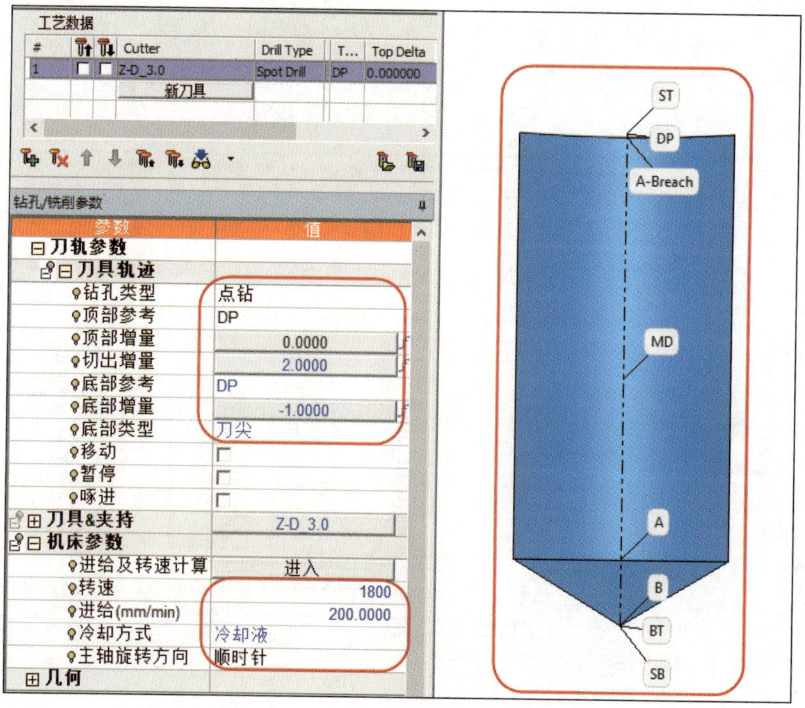

图 1-35　定义中心钻点孔工艺

3）在"工艺数据"中的第一行上右击，在弹出的快捷菜单中选择"复制"选项，复制第一行的所有参数至第二行。在第二行上右击，在弹出的快捷菜单中选择"替换刀具"选项，在刀库中选择"DRILL_10.2"，如图 1-36 所示。

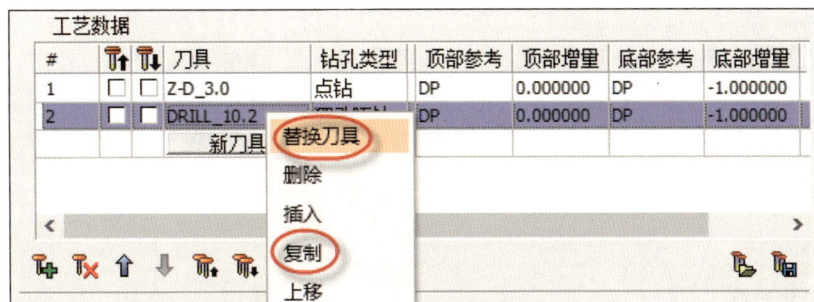

图 1-36　复制工艺并修改刀具

4）在"钻孔/铣削参数"中设置"底部参考"为"A"，"底部增量"为 0，"底部类型"为"完整直径"，其他参数由刀具自动加载。选中"刀具"列前的复选框，显示刀尖底部位置，在钻孔最低点显示刀具，如图 1-37 所示。

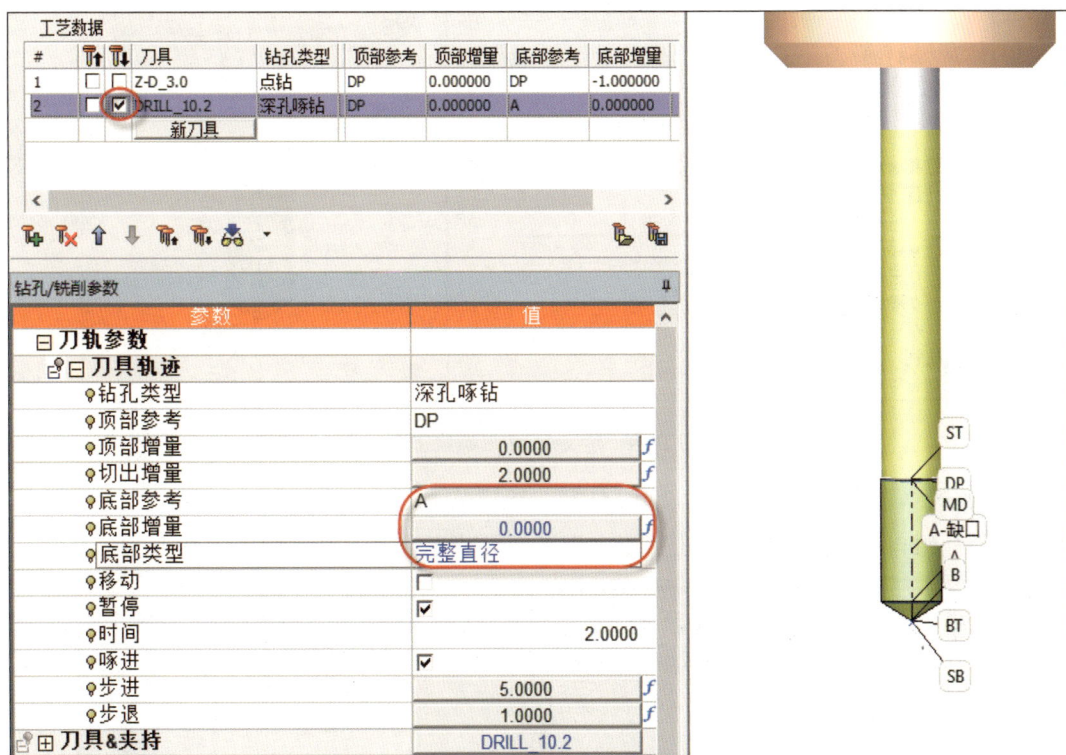

图 1-37　定义底孔钻孔工艺

5）再次复制#2（第二行）的工艺，替换刀具为"M12"，参数设置如图 1-38 所示。

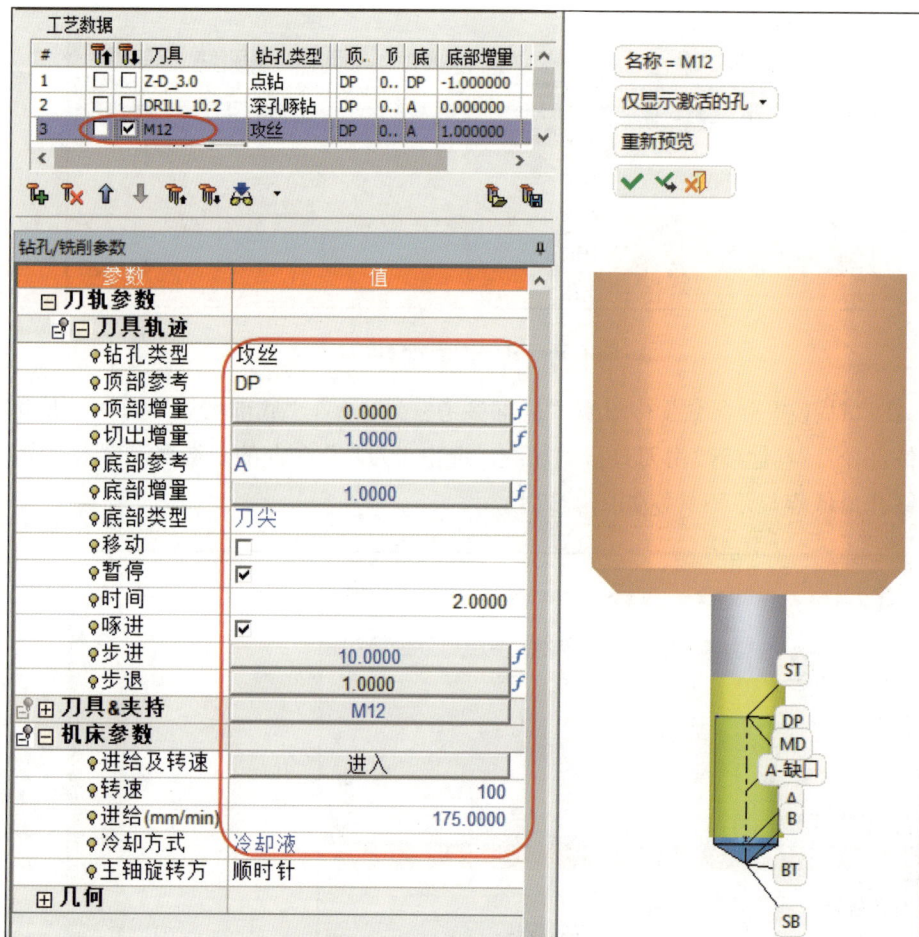

图 1-38　定义 M12 攻螺纹工艺

6）修改当前孔组的工艺名称为"M12"，然后单击"保存工艺"按钮，以便进行下次同类型孔组自动匹配，最后单击"确定"按钮完成工艺的定义，如图 1-39 所示。

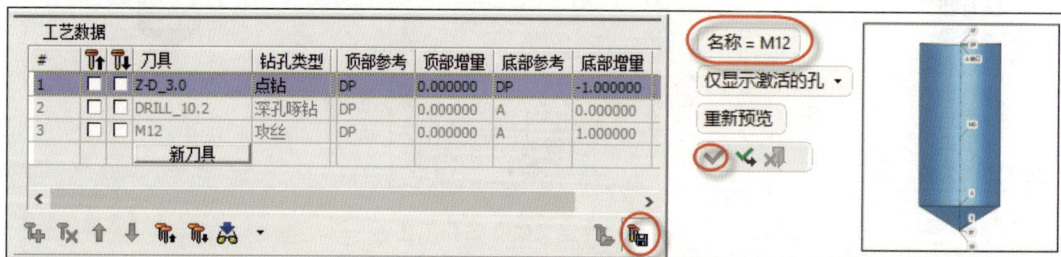

图 1-39　保存工艺 1

7）确认后在自动钻孔管理器中生成 M12 钻孔工艺。在"自动钻孔"对话框中的"未分配的孔组"下双击第二组"Drill_D30（5）"进行工艺设定，如图 1-40 所示。

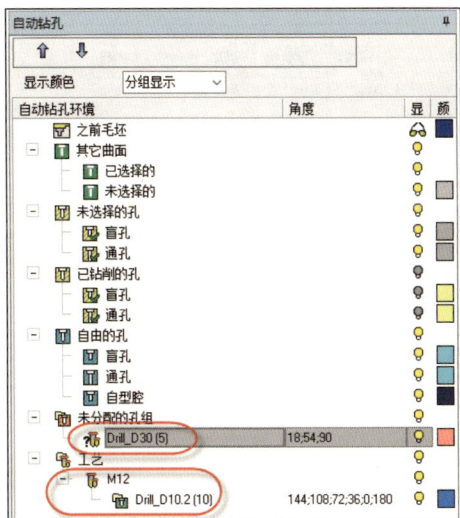

图 1-40   保存工艺 2

8）根据"几何/工艺列表"中显示的数据信息得知这是一组直径为 30 的通孔，绘图区显示为双向通孔。在"工艺数据"中单击"新刀具"按钮，在打开的"铣削刀具和夹持"对话框中选择中心钻"Z-D_3.0"，然后分别设定其钻孔参数，如图 1-41 所示。

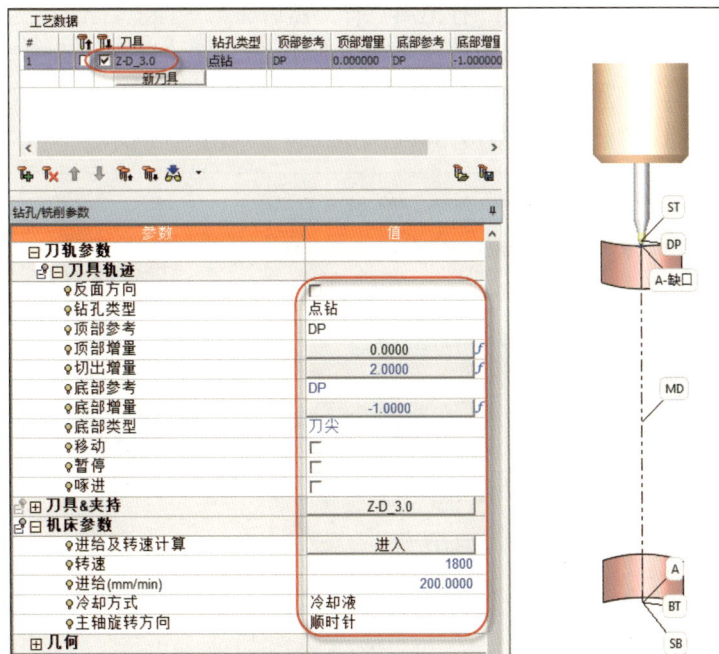

图 1-41   定义点钻参数

9）在"工艺数据"中的第一行上右击，在弹出的快捷菜单中选择"复制"选项，复制第一行的所有参数至第二行并选中进行修改。在"钻孔/铣削参数"中选中"反面方向"复选框，设置"顶部参考"和"底部参考"为"BT"，单击显示全部刀尖底部位置，如图 1-42 所示。

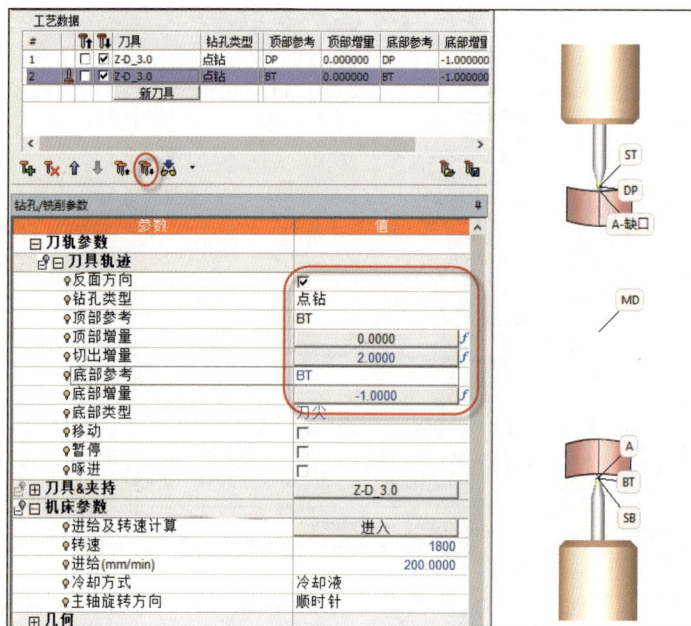

图 1-42　定义反向点孔参数

10）复制"工艺数据"中的第二行至第三行，然后在第三行上右击，在弹出的快捷菜单中选择"替换刀具"选项，在刀库中选择"DRILL_10.2"。在"钻孔/铣削参数"中取消选中"反面方向"复选框，设置"顶部参考"和"底部参考"为"DP"，"底部增量"为−20，"底部类型"为"完整直径"，其他参数由刀具自动加载，如图 1-43 所示。

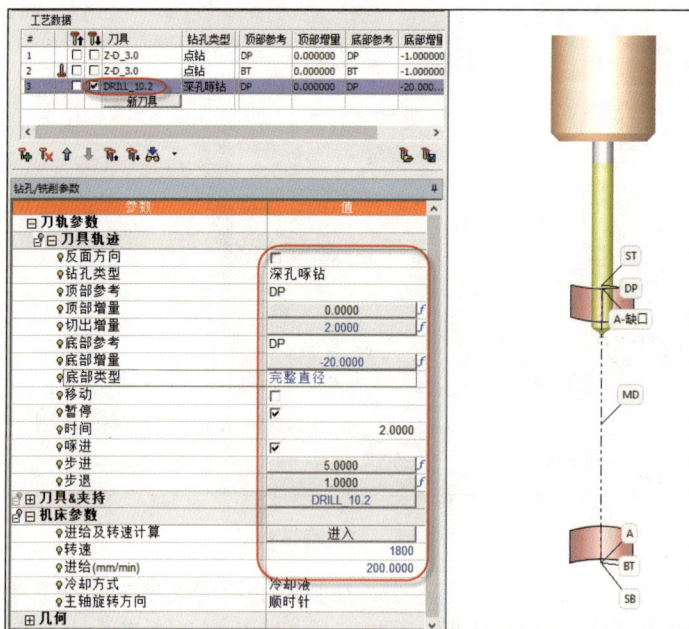

图 1-43　定义钻孔参数

11）再次复制#3（第三行）的工艺，修改为反向钻孔，参数设置如图 1-44 所示。

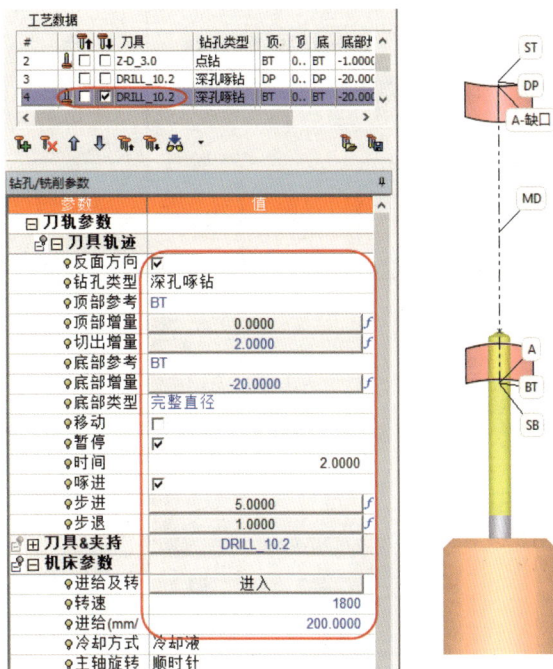

图 1-44　定义反向钻孔参数

12）再次复制#3 和#4 的工艺，修改刀具为"DRILL_29.7"，参数设置如图 1-45 所示。

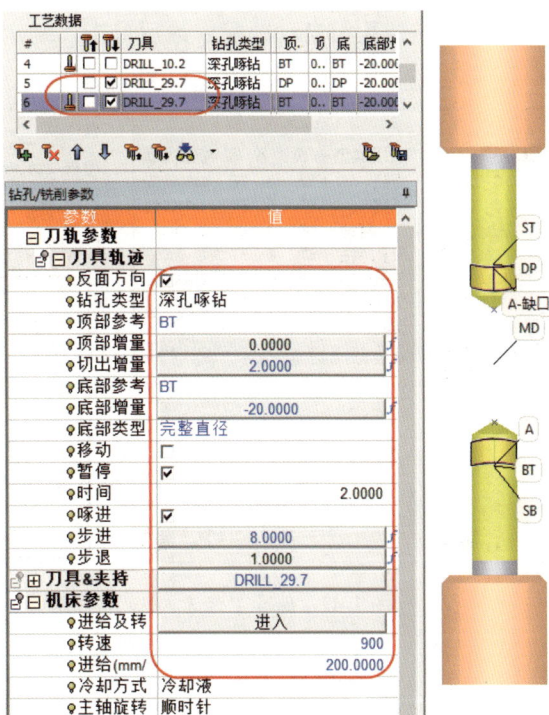

图 1-45　定义扩孔参数

13）再次复制#5 和#6 的工艺，修改刀具为"BORE30.00"，参数设置如图 1-46 所示。

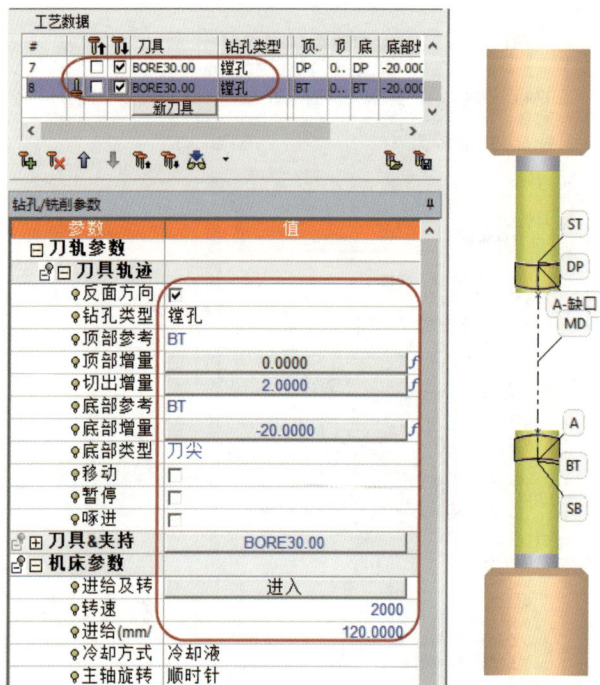

图 1-46　定义镗孔参数

至此，当前孔组的工艺已定义完毕。修改名称为"D30H7 双向通孔"，然后单击"保存工艺"按钮，以便进行下次同类型孔组自动匹配。最后单击"确定"按钮完成工艺的定义，如图 1-47 所示。

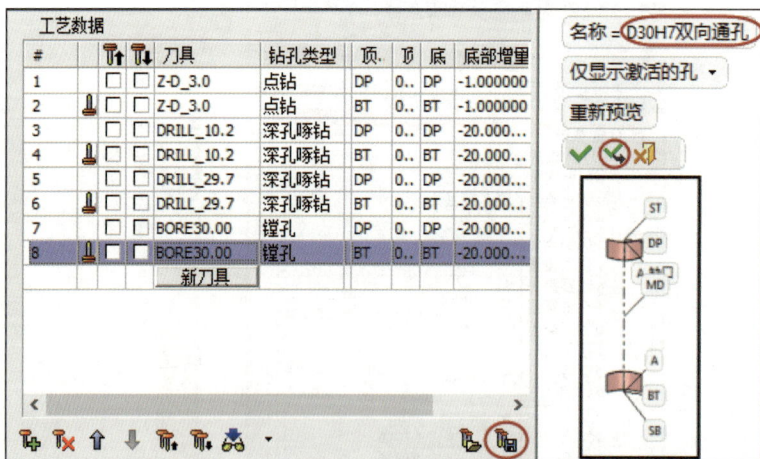

图 1-47　保存工艺 3

4. 生成程序

单击"程序向导"对话框中的"保存并计算"按钮，系统将根据当前设置的参数生成所有孔的加工程序。在"NC 程序管理器"中修改程序注释为"所有孔"，如图 1-48 所示。

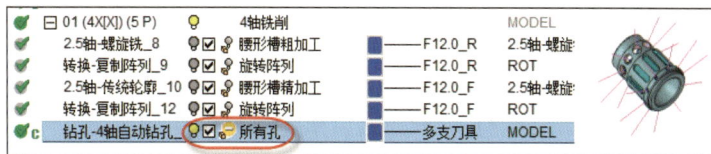

图 1-48　自动钻孔的刀具路径

注意：为确保安全，自动钻孔程序默认会对夹持和连接进行干涉检查。如果程序无法计算，则可选择主菜单中的"查看"→"面板"→"输出面板"选项，在打开的"输出面板"中查看具体信息。

1.3.5　端面槽加工

在"NC 程序管理器"中复制第三条程序至列表末，然后双击程序名称进行修改，如图 1-49 所示。

视频 1.7 端面槽加工

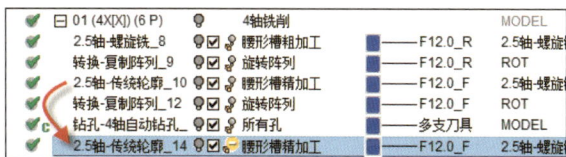

图 1-49　创建端面槽加工程序

1．创建单个端面槽加工程序

（1）修改几何

在"程序向导"对话框中修改"子选项"为"传统开放轮廓"，然后单击"轮廓"右侧的"1"按钮，在打开的"轮廓管理器"对话框中删除之前的封闭轮廓。再选择"MODEL"坐标系 XY 平面上的一个平面槽上的一条边，如图 1-50 所示。

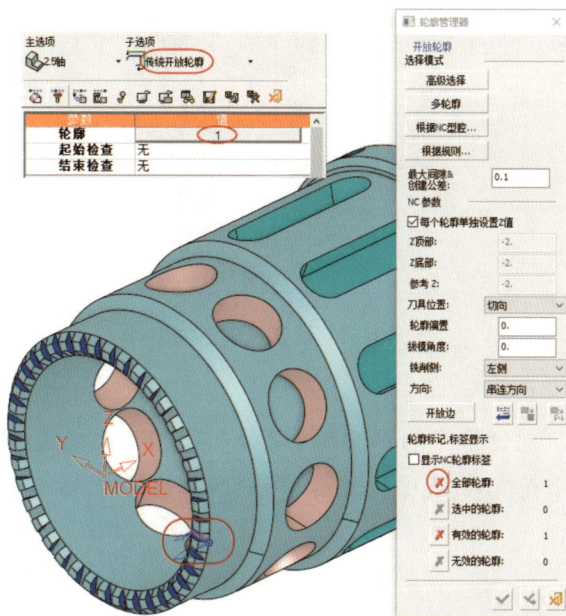

图 1-50　修改轮廓

（2）选择刀具

单击"程序向导"对话框中的"刀具"按钮，在打开的"铣削刀具和夹持"对话框中选择"T-D20_4.0"刀具，如图1-51所示，然后单击"确定"按钮。

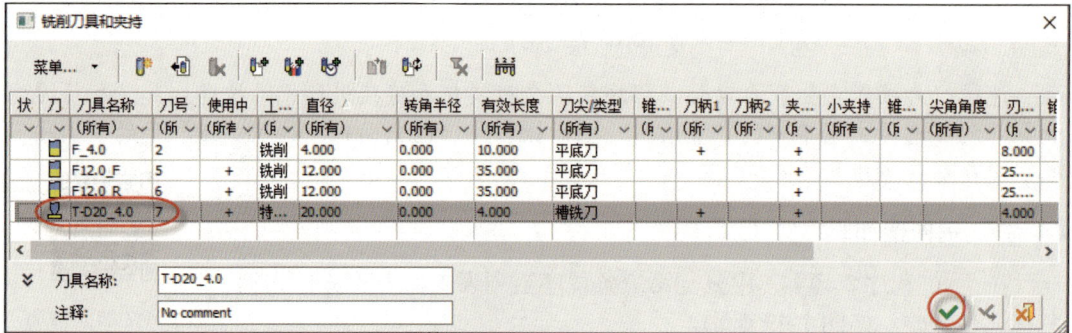

图1-51 选择T形刀

（3）设置刀轨参数

单击"程序向导"对话框中的"刀轨参数"按钮，系统切换到"刀轨参数"界面。设置"坐标系名称"为"MODEL"、"安全平面"为100、"内部安全高度"为"增量"、"增量"为0、"毛坯宽度"为3、侧向步距为0.2，更多参数设置如图1-52所示。

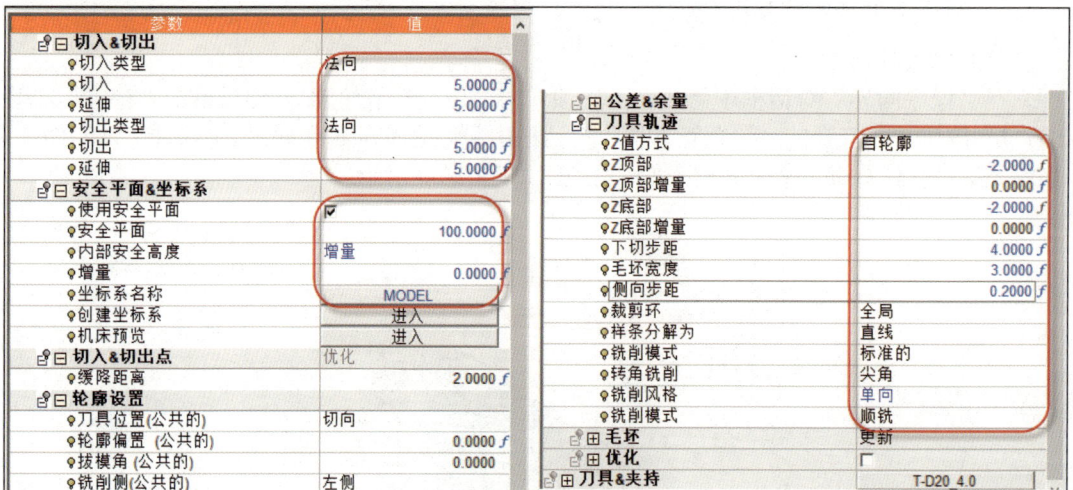

图1-52 设置刀轨参数4

（4）生成程序

单击"程序向导"对话框中的"保存并计算"按钮，系统将根据当前设置的参数生成端面槽的刀具路径。在"NC程序管理器"中修改程序注释为"端面槽加工"，如图1-53所示。

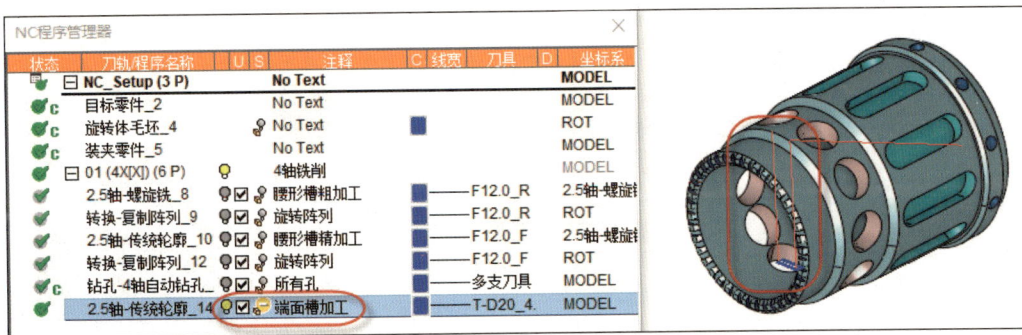

图 1-53 生成端面槽加工的刀具路径

2. 端面槽加工程序旋转阵列

（1）旋转阵列程序

在"NC 程序管理器"中复制第四条程序至列表末，然后双击程序名称进行修改，如图 1-54 所示。

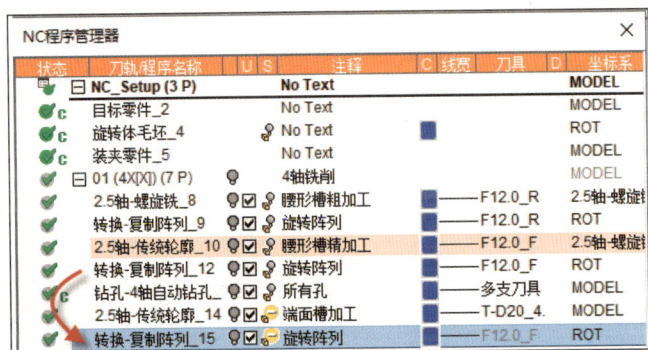

图 1-54 复制程序

（2）设置刀轨参数

1）单击"程序向导"对话框中的"程序"右侧的"1"按钮，在打开的"选择程序"对话框中取消之前的源文件，选择"端面槽加工"程序，如图 1-55 所示，然后单击"确定"按钮。

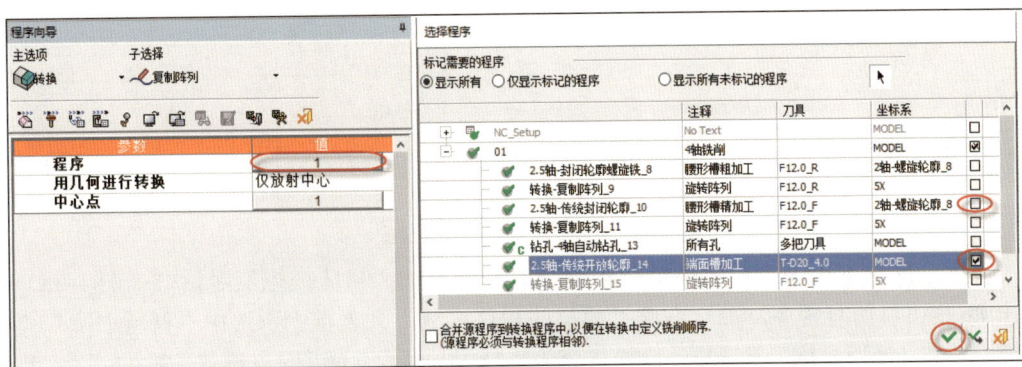

图 1-55 几何参数

2）单击"程序向导"对话框中的"刀轨参数"按钮，系统切换到"刀轨参数"界面。设置"次数"为40、"角度"为9，如图1-56所示。

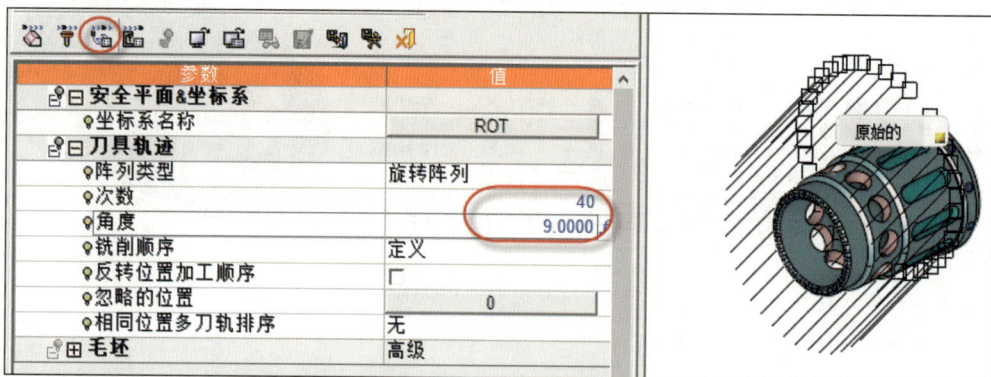

图1-56　设置刀轨参数5

视频1.8 机床模拟

（3）生成程序

单击"程序向导"对话框中的"保存并计算"按钮，系统将根据当前设置的参数生成所有端面槽的刀具路径，如图1-57所示。

至此，当前零件的所有加工程序已编程完成。

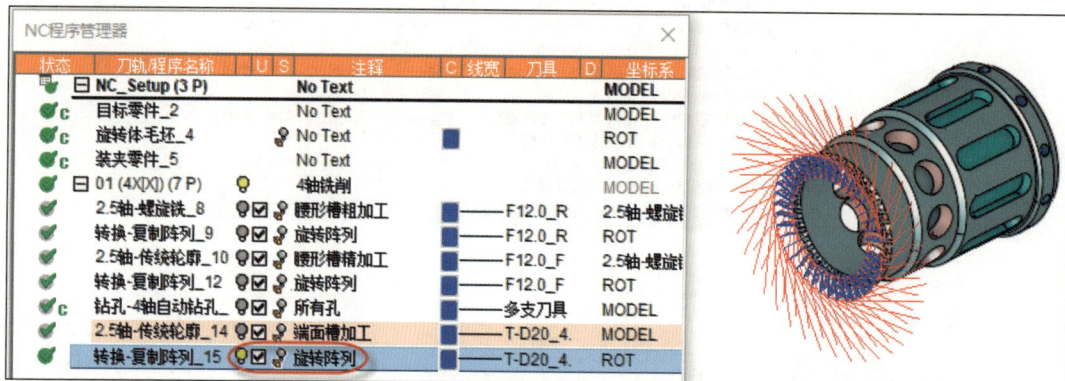

图1-57　生成旋转阵列程序3

1.4 机床模拟

在NC向导中单击"机床模拟"按钮，在打开的"机床模拟"对话框（图1-58）中单击按钮将所有程序添加至右侧"模拟的程序序列"列表框中。选中"材料去除"、"检查零件"和"使用机床"复选框，选择机床为"4X_Vert"。设置"原点设置"的"X"为-230。以上参数皆由NC设置参数自动加载，然后单击"确定"按钮进入机床模拟界面。

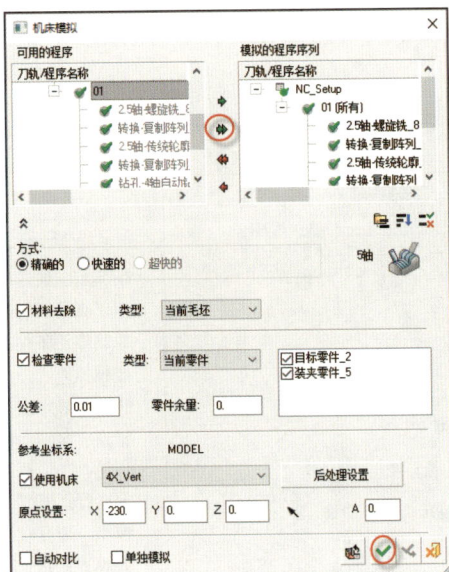

图 1-58 "机床模拟"对话框设置

如果显示界面与图 1-59 不相同，则可以在模拟向导工具条中选择"布局"→"重置模拟布局"选项，再单击"模拟报告"按钮，将打开的"模拟报告"对话框拖拽至主窗口右侧固定。

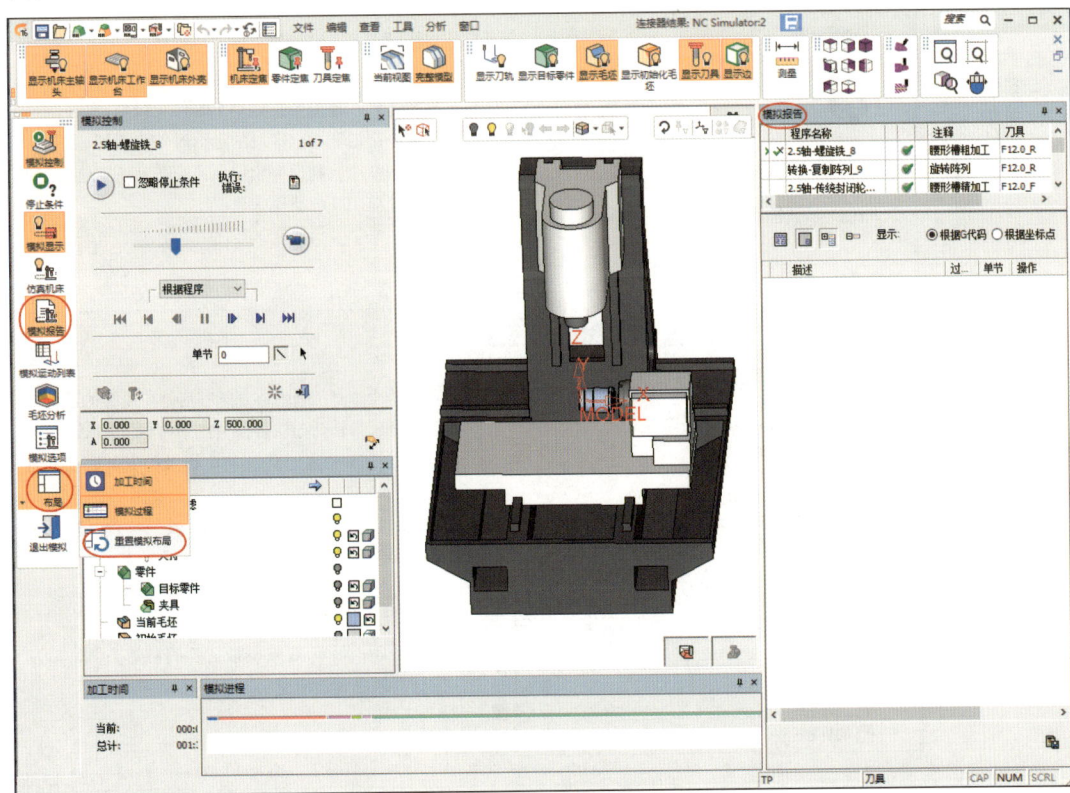

图 1-59 机床模拟界面

机床模拟界面包含模拟向导和特有的工具栏，模拟向导参数说明如表 1-2 所示。

表 1-2　模拟向导参数说明

功能	图示	说明
模拟控制		▶运行：快速模拟至结束，不显示中途过程，通常用于直接查看最终结果。 忽略停止条件：选中该复选框后，忽略停止条件继续模拟。 执行：显示当前模拟进度。 错误：显示当前模拟过程中发生的错误数量。 模拟速率：拖动滑块以控制模拟速率。 运行：模拟至结束，加载机床部件逐个单节进行模拟，速度较慢。 ※重置模拟：重置当前的模拟结果，还原初始状态
模拟终止条件		当出现以下情况之一时停止模拟： 发生错误时：发生错误时停止模拟。 刀具变更：换刀时停止模拟。 单节编号：模拟至指定单节时停止模拟。 进给率：遇到指定区域的进给时停止模拟。 超过 100 个问题后停止记录：若选中该复选框，则仅记录前 100 个错误信息
模拟显示		局部运动过滤：选中该复选框后，在模拟的过程中同时显示刀轨。刀轨各部分细节可单独控制。 刀具：显示/隐藏刀具/夹持，以及控制其颜色和透明度。 零件：显示/隐藏零件、夹具及其他零件，以及控制其颜色和透明度。 当前毛坯：显示/隐藏当前模拟的毛坯结果，以及控制其颜色和透明度。 初始毛坯：显示/隐藏模拟之前的初始毛坯，以及控制其颜色和透明度

功能	图示	说明
仿真机床	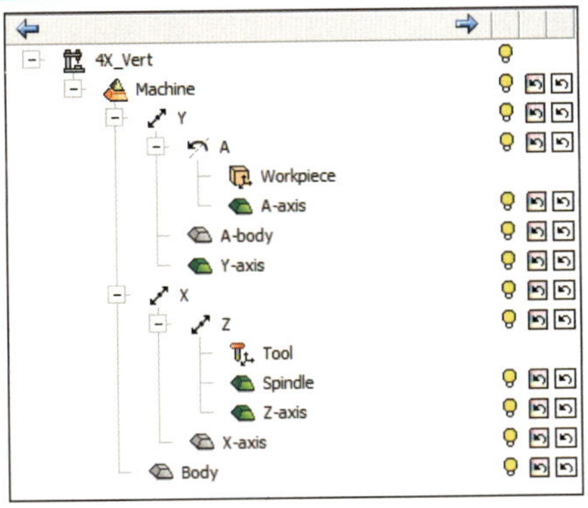	显示当前机床结构及各组成部分，可对其显示/隐藏、颜色和透明度等显示属性进行修改。在机床定义时会将所有组件分为 3 大类，分别是机头、工作台和外壳
模拟报告	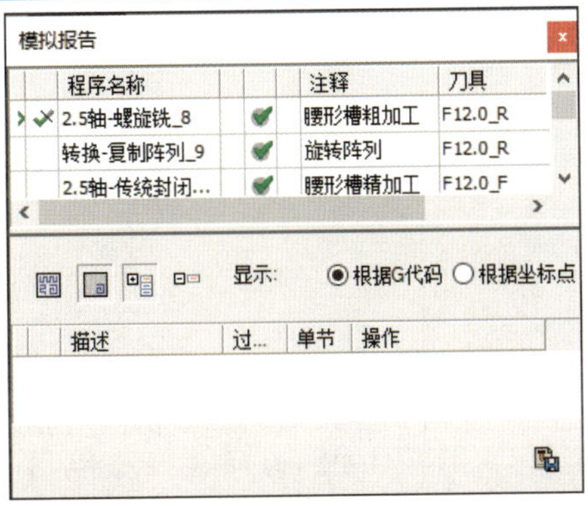	显示当前加载的模拟程序，如果出现过切或干涉等错误，则会在窗口的下半部分显示详细信息。保存模拟报告：单击"保存模拟报告"按钮，将信息保存至文本文件，里面会记录所有程序的模拟结果，发生错误时会记录程序的单节，在"导航器"中可输入单节号直接定位至错误的位置，便于查看并修正
模拟运动列表	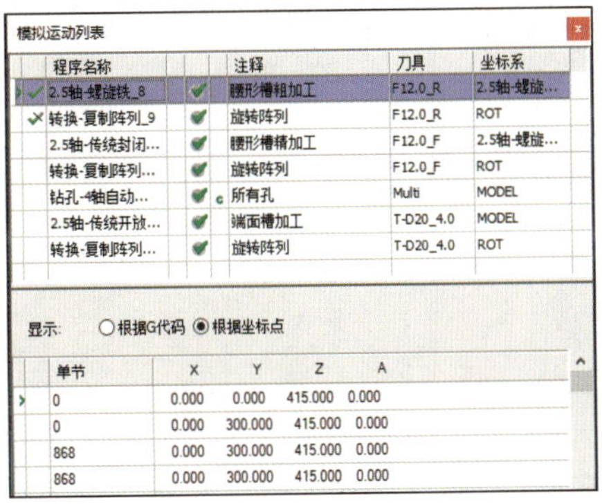	可显示 G 代码或坐标点。G 代码为后处理输出的实际代码，坐标点为相对于程序坐标系的刀位点。与 3 轴程序不同的是，多轴机床的控制系统通常有刀尖跟随"RTCP"和任意工作平面"WorkPlane"等高级功能来辅助坐标转换，所有实际输出的 G 代码未必会与"导航器"中看到的坐标值相同
毛坯分析	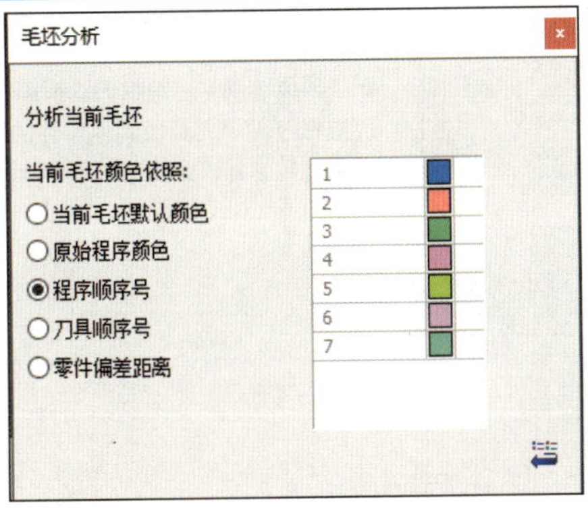	定义模拟时毛坯显示的颜色，可使用毛坯本身的颜色、原始程序的颜色或按程序顺序、刀具顺序自动匹配不同的颜色。模拟完毕后可选中"零件偏差距离"单选按钮，以显示不同区域的毛坯余量，以不同的颜色显示各区域毛坯是否过切或存在残留

功能	图示	说明
模拟选项——文件	模拟选项 文件　模型　模拟　显示　刀具 保存当前毛坯... 保存模拟报告... 保存偏差和安全值 读取偏差和安全值	保存当前毛坯：将当前模拟的毛坯结果输出为 STL 文件。 保存模拟报告：单击"保存模拟报告"按钮，将信息保存至文本文件，用于在刀轨中查找错误并修正。 保存/读取偏差和安全值：保存毛坯偏差距离和刀具各部件的安全间隙值为一个文件，在需要的时候直接读取即可
模拟选项——模型	模拟选项　✕ 文件　模型　模拟　显示　刀具 边框信息 ◉整个模型　○查看　○自定义 第一点：　　　　第二点： X 0.　　　　　X 334.999896 Y -104.774961　Y 106.765881 Z -104.77498　Z 104.77502 删除毛坯体 选择并删除 公差 公差阈值　　　0.018 ☑ 计算过切深度 毛坯公差设定　自动　∨ 毛坯最大切除进给(%)　200	公差阈值：默认为"机床模拟"对话框中的 1.8 倍，当超过该值时系统会显示过切报警。（注：图中的"阀值"为"阈值"的错别字。） 毛坯最大切除进给（%）：默认为 200，用于判断刀具切入毛坯时是否为快速运动（G00），如果出现误报碰撞，则可将该值改大
模拟选项——模拟	模拟选项　✕ 文件　模型　模拟　显示　刀具 模拟引擎 安全偏置： 夹具偏置　　　5. 其它零件偏置　5.	在"模拟选项"对话框的"模拟"选项卡中可以修改模拟过程中夹具或其他零件的额外余量，而无须退出模拟界面，单击"确定"按钮会自动刷新模拟过程

功能	图示	说明
模拟选项——显示	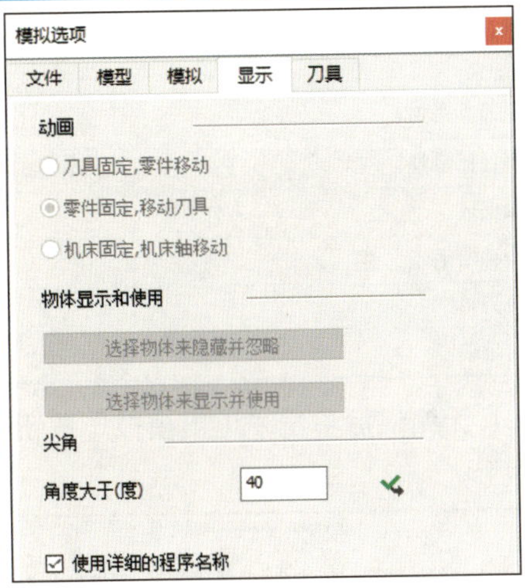	其功能与工具栏中的"机床定焦"、"零件定焦"和"刀具定焦"等的功能一致
模拟选项——刀具	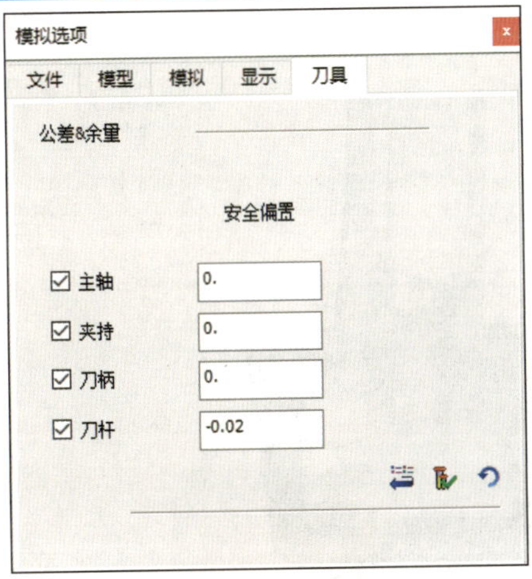	设定刀具的夹持、刀柄和刀杆的安全间隙值
布局	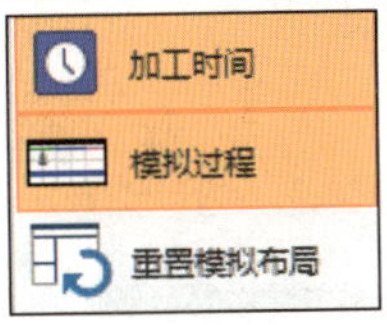	显示/隐藏窗口底部的"加工时间"和"模拟过程"。单击"重置模拟布局"按钮将重置整个模拟界面

工具栏中的图标说明如表 1-3 所示。

表 1-3   工具栏中的图标说明

名称	图标	说明
显示/隐藏机头		显示/隐藏机床的机头部分
显示/隐藏工作台		显示/隐藏机床的工作台部分
显示/隐藏外壳		显示/隐藏机床的外壳部分
机床定焦		在模拟过程中，机床底座保持不动，刀具和工件跟随程序运动
零件定焦		在模拟过程中，零件保持不动，机床和刀具跟随程序运动
刀具定焦		在模拟过程中，刀具保持不动，机床和工件跟随程序运动

续表

名称	图标	说明
当前视图		显示当前视图
完整模型		显示整个模型
显示/隐藏刀具路径		工作区显示/隐藏刀具路径
显示/隐藏目标零件		工作区显示/隐藏目标零件
显示/隐藏毛坯		工作区显示/隐藏毛坯
显示/隐藏初始毛坯		工作区显示/隐藏初始毛坯
显示/隐藏刀具		模拟时显示/隐藏刀具
显示边		显示/隐藏零件的边

单击 按钮开始模拟，模拟至 100%且无错误后单击"退出模拟"按钮 退出模拟界面，如图 1-60 所示。

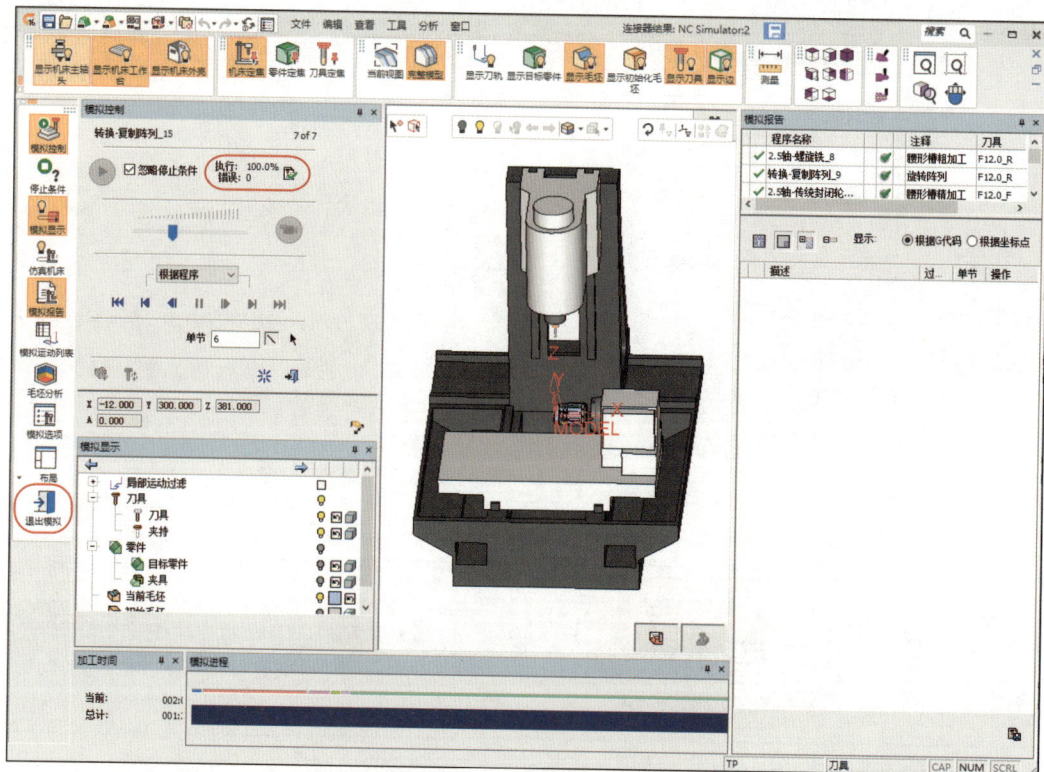

图 1-60　机床模拟结果

退出模拟环境，保存文档。文件保存路径为"X:\...\项目 1 连接器数控编程\源文件"，文件名为"连接器结果.elt"。

动画 1.1
腰形槽粗加工模拟

动画 1.2
腰形槽精加工模拟

动画 1.3
4 轴自动钻孔模拟

动画 1.4
端面槽加工模拟

1.5　后　处　理

在 NC 向导中单击"后处理"按钮![icon]，打开"后处理"对话框。

1）选择需要后处理的程序，通常是选择全部程序一起后处理，也可以选择一部分。

2）选择对应的后处理，通常使用机床型号命名。当前选择"4X_Fanuc"，这是一台控制系统为 FANUC 的 4 轴立式机床。

视频 1.9 后处理

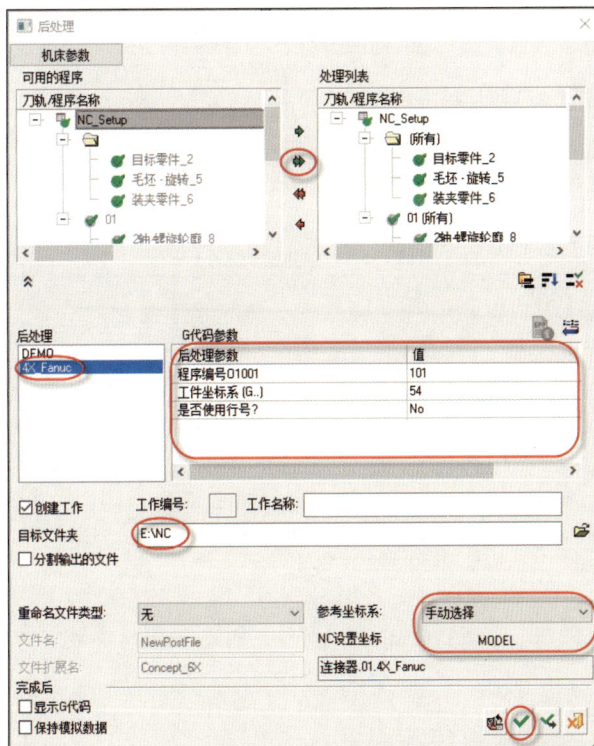

3）设定交互区参数。

① 程序编号：设定程序的编号，支持不大于 4 位的数字。

② 工件坐标系（G..）：默认为 54，即机床坐标系为 G54。

③ 是否使用行号：如果选择"Yes"，即在每个单节前输出行号。

4）设定目标文件夹，如 E:\NC，建议选择一个相对简单的目录，以便查找。

5）选择参考坐标系，对应机床上取数的坐标系，在没有"刀尖跟随"和"任意工作平面"的控制系统上工作时，坐标系通常放置在机床的旋转中心。其通常在 NC_Setup 中提前设置，也可以在此进行修改。

6）设置完成后单击"确定"按钮进行后处理输出，如图 1-61 所示。

图 1-61　后处理设置

注意：不同的后处理交互区参数不一样，请阅读后处理对应的使用说明。

为便于阅读，仅选择"腰形槽精加工"和其对应的阵列程序进行后处理，生成的 G 代码如表 1-4 所示。

表 1-4　腰形槽精加工程序的 G 代码

G 代码	注释
%	
O0101	程序编号
(连接器)	图档名称
(POST:4X_FANUC)	后处理名称，避免混淆机床
(UCS:MODEL)	参考坐标系，对应程序单上显示的坐标，避免出错
(T05 F12.0_F D=12.R=0.0 TL=35. CL=25. HN:HOLDER5)	所有刀具信息，当前程序仅一个刀具
(加工时间:00:03:49)	程序的加工时间
G00 G17 G40 G54 G80 G90	机床初始化
G91 G28 Z0	Z 返回最高点
(F12.0_F D=12. R=0.0 TL=35. CL=25.)	当前的加工刀具信息
T05 M06	换刀
S4500 M03	主轴正转
G00 G54 G90	调用加工坐标 G54，使用绝对坐标模式 G90
(2.5 轴-传统封闭轮廓 #10，　腰形槽精加工)	程序信息
M11	旋转轴松开
G00 A342.	A 轴快速旋转到位
M10	旋转轴锁定
X126.694 Y-1.9	快速到达 XY 的起始位置
G43 H05 Z110.	开启刀长补偿，到达 Z 安全高度
M08	开启冷却液
G05.1 Q1	开启高速高精度模式
X126.694 Y-1.9 Z63.	快速到达加工位置
G01 Z60. F800.	进给切入
Y-3.9	
X154.081	
G3 Y3.9 R3.9	
G01 X99.308	
G3 Y-3.9 R3.9	
G01 X126.694	
Y-1.9	
G00 Z110.	开始加工第 1 条槽
Y-2.	
Z63.	
G01 Z60. F800.	
Y-4.	
X154.081	
G3 Y4. R4.	

续表

G 代码	注释
G01 X99.308	
G3 Y-4. R4.	开始加工第 1 条槽
G01 X126.694	
Y-2.	
G00 Z110.	加工完毕后返回安全高度
M01	选择性停止，便于查看加工结果和机床调试
(2.5 轴-传统封闭轮廓 #10，腰形槽精加工)	旋转阵列后的第 2 条程序
M11	旋转轴松开
G00 A18.	A 轴快速旋转到位
M10	旋转轴锁定
X126.694 Y-1.9	快速到达 XY 的起始位置
M08	开启冷却液
X126.694 Y-1.9 Z63.	快速到达加工位置
G01 Z60. F800.	进给切入
Y-3.9	
X154.081	
G3 Y3.9 R3.9	
G01 X99.308	开始加工第 2 条槽
G3 Y-3.9 R3.9	
G01 X126.694	
G00 Z110.	加工完毕后返回安全高度
*** 分割线 ***	为了便于阅读，此处删除了中间的 7 条程序
(2.5 轴-传统封闭轮廓 #10，腰形槽精加工)	旋转阵列后的第 2 条程序
M11	旋转轴松开
G00 A306.	A 轴快速旋转到位
M10	旋转轴锁定
X126.694 Y-1.9	快速到达 XY 起始位置
M08	开启冷却液
X126.694 Y-1.9 Z63.	快速到达加工位置
G01 Z60. F800.	进给切入
Y-3.9	
X154.081	
G3 Y3.9 R3.9	
G01 X99.308	
G3 Y-3.9 R3.9	
G01 X126.694	开始加工第 10 条槽
Y-1.9	
G00 Z110.	
Y-2.	
Z63.	
G01 Z60. F800.	

续表

G 代码	注释
Y-4.	
X154.081	
G3 Y4. R4.	
G01 X99.308	开始加工第 10 条槽
G3 Y-4. R4.	
G01 X126.694	
Y-2.	
G00 Z110.	加工完毕后返回安全高度
M05	主轴停止
M09	关闭冷却液
G05.1 Q0	关闭高速高精度模式
G91 G28 Z0	Z 返回最高点
G91 G28 Y0	Y 返回最大位置，工作台外移，便于装夹零件
M11	旋转轴松开
G00 G54 G90 A0	A 轴快速旋转至初始零点
M10	旋转轴锁定
M30	程序结束
%	

1.6 程 序 单

连接器的 NC 加工程序单如表 1-5 所示。

表 1-5　连接器的 NC 加工程序单

计划时间	
实际时间	
上机时间	
下机时间	
工作尺寸	单位：mm
X_c	圆柱左侧端面
Y_c	圆柱中心
Z_c	圆柱中心

工作数量：1 件

程序名称	加工类型	刀具	背吃刀量	加工余量	上机时间	完成时间	备注
01	腰形槽粗加工	F12.0_R	1	0.2			
02	腰形槽精加工	F12.0_F	0.1	0			
03	点钻	Z-D_3.0		0			

续表

程序名称	加工类型	刀具	背吃刀量	加工余量	上机时间	完成时间	备注
04	钻孔	DRILL_10.2		0			
05	钻孔	DRILL_29.7		0			
06	攻牙	M12		0			
07	镗孔	BORE30.00		0			
08	T 形槽	T-D20_4.0	0.2	0			

巩固练习

根据本项目学习的内容，自行设计装夹、定义毛坯，并选择合适的刀具完成如图 1-62 所示练习零件"油塞"的编程。

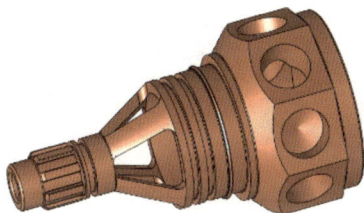

图 1-62　油塞

拓展练习

完成如图 1-63 所示壳体的数控程序创建。

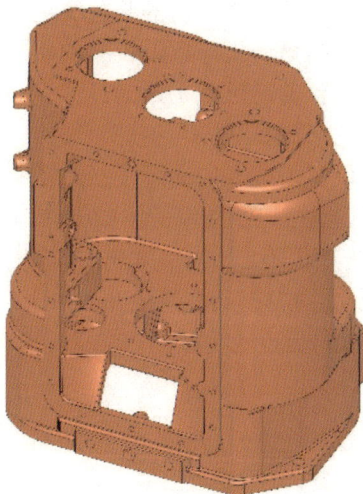

图 1-63　壳体

知识拓展　4轴机床结构布置

数控加工中心根据轴数的不同可分为3轴、4轴、5轴等多种类型。4轴加工中心，即在传统X、Y、Z这3个轴的基础上添加了一个旋转轴，它的第四轴可以是A轴、B轴或C轴。利用4轴加工中心，可以完成3轴加工中心无法完成的许多加工，加工效率也得到了提高，其已被广泛用于加工多面体、螺旋槽、圆柱面凸轮、叶片等零件。4轴机床结构布置如图1-64所示。

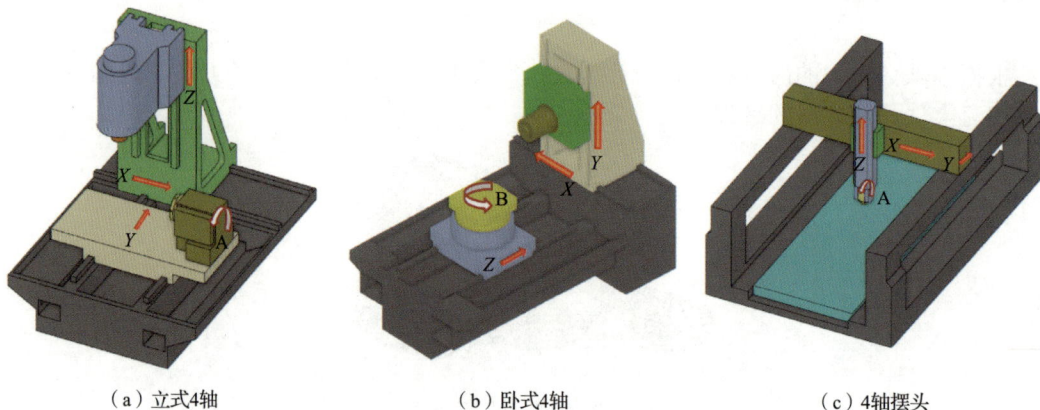

（a）立式4轴　　　　　　　　（b）卧式4轴　　　　　　　　（c）4轴摆头

图1-64　4轴机床结构布置

思政案例　印在人民币上的中国车床

中华人民共和国成立之初，包括机床在内的装备制造业几乎可以说是一片空白。1953年，原沈阳第一机器厂更名为沈阳第一机床厂，机床的研制工作被列入国家"一五"计划重点工程项目，我国开始了第一台普通卧式车床的设计。当时我国的机器设备和技术都相对国外大幅落后，而生产这台机床需要7条可变流水线，在机械加工时还需要组合机床、联动镗床、龙门铣床等百余台设备。工人们通过发扬艰苦奋斗的优良传统和精益求精的工匠精神，于1955年8月，我国自主生产的第一台C620-1卧式车床诞生了，车床的精度可以达到当年世界水平，量产后长期供不应求，一度还出口到了国外。在20世纪五六十年代，该机床年产量达2200台，占全国同类产品产量的八成以上，是全国机床行业"十八罗汉"之首。为彰显C620-1机床所做的历史性贡献，1960年，国家发行第三套人民币时，将该台机床印在两元面值人民币上。

（资料来源：知乎——《中国机床发展简史》）

2 项目

机器人数控编程

项目导读

机器人模型是一个创意设计模型，如图 2-1 所示。毛坯为长方体，材质为铝合金 6061。本项目的工作过程如下：机器人模型分析→机器人加工工艺制定→编程操作→机床模拟→后处理。

图 2-1　机器人模型

学习目标

1）掌握复杂零件的定位粗加工方式。

2）能合理设置平行铣削、平行于曲线、投影曲线、两曲线仿形、流线铣削等加工策略的刀路参数。

3）能合理设置相对于铣削方向倾斜、与轴成固定角度倾斜、通过曲线倾斜、自点往外倾斜等刀轴控制参数。

4）能合理设置刀具切出、倾斜刀具、修剪并重连接刀轨、停止刀轨计算等干涉检查参数。

5）能合理设置安全区域、切入切出、铣削间隙、层间连接和行间连接等连接参数。

6）能合理设置深腔铣削、多行加工等粗加工参数。

7）能合理设置各区域进给控制、轴向移动等其他参数。

8）树立质量意识、成本意识、创新意识、效率意识。

9）传承和发扬大国工匠的创新精神、进取精神、奋斗精神。

2.1 机器人模型分析

打开 Cimatron 软件，打开"X:\...\项目 2 机器人数控编程\源文件\机器人.elt"文件，进入 Cimatron 16 编程界面。在开始编程之前，首先应对图形进行整体分析。

1. 尺寸分析

视频 2.1 零件分析

选择主菜单中的"工具"→"PMI"→"标注"选项，对零件和夹具尺寸进行标注，如图 2-2 所示。根据零件尺寸来确定编程时刀具的尺寸，由于是 5 轴编程，需要考虑工作台旋转时可能发生的碰撞，夹具的高度非常重要。

注意：标注的 PMI 信息，可以在鼠标中键+右键菜单中选择"显示 PMI"选项进行隐藏。

2. 曲率分析

选择主菜单中的"分析"→"曲率"选项，对零件和夹具尺寸进行大体标注，如图 2-3 所示。

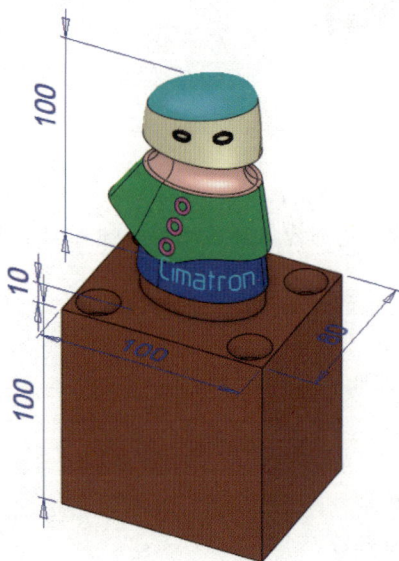

图 2-2　整体尺寸

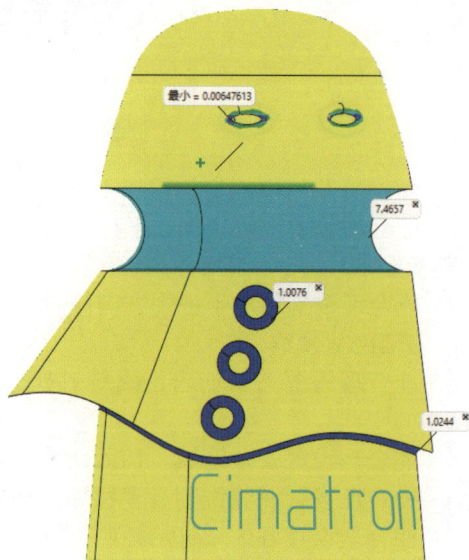

图 2-3　曲率分析

3.方向分析

选择主菜单中的"分析"→"方向分析"选项,分别对俯视图和前视图进行分析。根据分析的结果确定粗加工的刀轴方向,如图 2-4 所示。

图 2-4　方向分析

2.2　机器人的加工工艺制定

机器人的加工工艺如表 2-1 所示。

视频 2.2 制定加工工艺

表 2-1　机器人的加工工艺

序号	加工内容	加工策略	图解	备注
01	粗加工	体积铣 环绕粗铣		根据分析的结果使用直径为 12、刀尖圆角为 1 的牛鼻刀分 2 个方向进行定位粗加工
02	头部精加工	5 轴加工 通用 5 轴		使用直径为 10 的球刀,选择流线铣削策略对机器人的头部进行精加工

序号	加工内容	加工策略	图解	备注
03	脸部精加工	5 轴加工 通用 5 轴		使用直径为 10 的球刀，选择平行铣削策略对机器人的脸部进行精加工
04	颈部精加工	5 轴加工 通用 5 轴		使用直径为 10 的球刀，选择两曲线仿形铣削策略对机器人的颈部进行精加工
05	身体精加工	5 轴加工 通用 5 轴		使用直径为 10 的球刀，选择两曲线仿形铣削策略对机器人的身体进行精加工
06	裙边精加工	5 轴加工 通用 5 轴		使用直径为 4 的球刀，选择两曲线仿形铣削策略对机器人的裙边进行精加工
07	底座精加工	5 轴加工 通用 5 轴		使用直径为 4 的球刀，选择两曲线仿形铣削策略对机器人的底座进行精加工
08	文字雕刻	5 轴加工 通用 5 轴		使用直径为 1 的球刀，选择曲线投影策略进行文字雕刻精加工
09	眼睛清角	5 轴加工 通用 5 轴		使用直径为 1 的球刀，选择曲线投影策略对机器人的眼睛部分进行清角加工

续表

序号	加工内容	加工策略	图解	备注
10	纽扣铣削	5 轴加工 通用 5 轴		使用直径为 2 的球刀，选择曲线投影策略对机器人的纽扣部分进行加工

2.3　机器人编程操作

2.3.1　编程准备

1. NC 设置

1）在"NC 程序管理器"中双击"NC_Setup"选项，在打开的"修改 NC 设置"对话框中单击 按钮，在打开的"机床参数"对话框中选择 5 轴双摆台机床"5XTT-Mikron"，设置"原点设置"中的"X"为 0、"Y"为 0、"Z"为 210，单击"确定"按钮返回"修改 NC 设置"对话框。设置"后处理"为 MikronP500U、"夹具安全间隙"为 0.5，然后单击"确定"按钮完成机床设置，如图 2-5 所示。

视频 2.3 编程准备

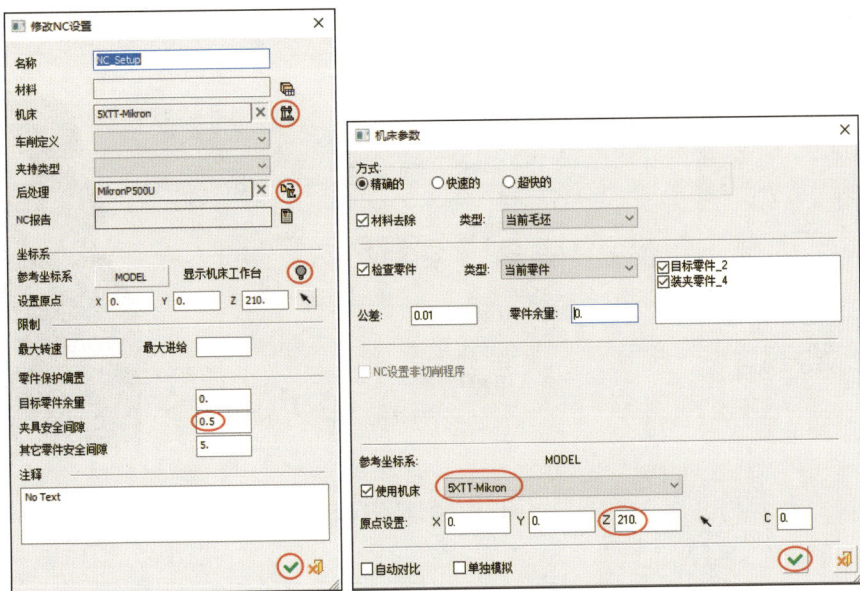

图 2-5　修改 NC 设置

2）在"修改 NC 设置"对话框中点亮"显示机床工作台"右侧的灰色灯泡💡，即可显示机床工作台及工件放置位置，如图 2-6 所示。Z210 为 MODEL 坐标系至夹具底部的距离，确认无误后单击"确定"按钮完成 NC 设置。

图 2-6　显示机床工作台和工件放置位置

2. 创建零件

在"NC 程序管理器"中双击"目标零件"选项，在打开的"零件"对话框中单击"重置选择"按钮，重置已默认选中的所有曲面。再单击"根据规则选择曲面"按钮，在打开的"集合-创建及编辑"对话框中选择集合"01_零件"，如图 2-7 所示，然后依次单击"确定"按钮创建目标零件。

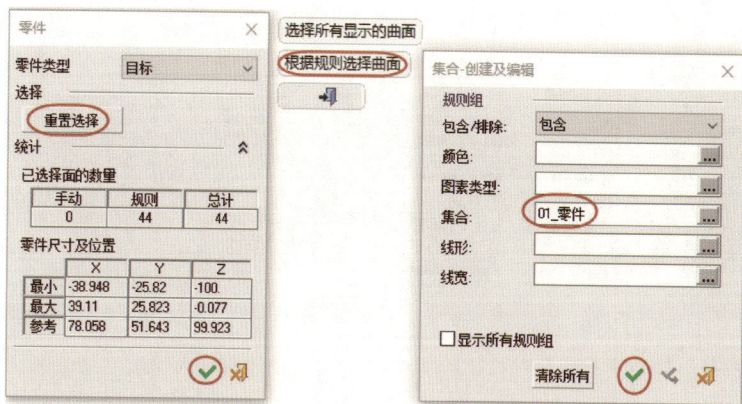

图 2-7　创建零件

3. 创建毛坯

在 "NC 程序管理器" 中双击 "边界框毛坯" 选项，在打开的 "初始毛坯" 对话框中设置 "毛坯类型" 为 "长方体"，并设置尺寸，如图 2-8 所示，然后单击 "确定" 按钮创建毛坯。

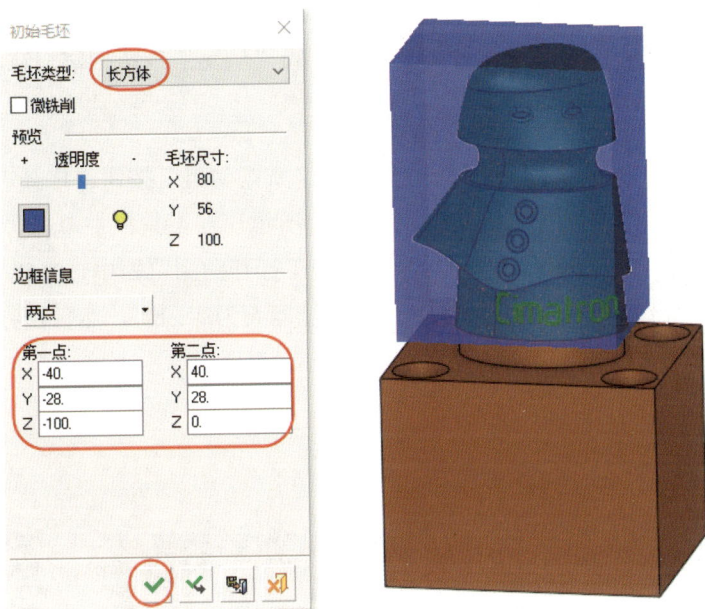

图 2-8　创建毛坯

4. 创建夹具

在 NC 向导中单击 "零件" 按钮，在打开的 "零件" 对话框中设置零件类型为 "夹具"。单击 "重置选择" 按钮后再单击 "根据规则选择曲面" 按钮，在打开的 "集合-创建及编辑" 对话框中选择集合 "02_夹具"，然后单击 "确定" 按钮，如图 2-9 所示。

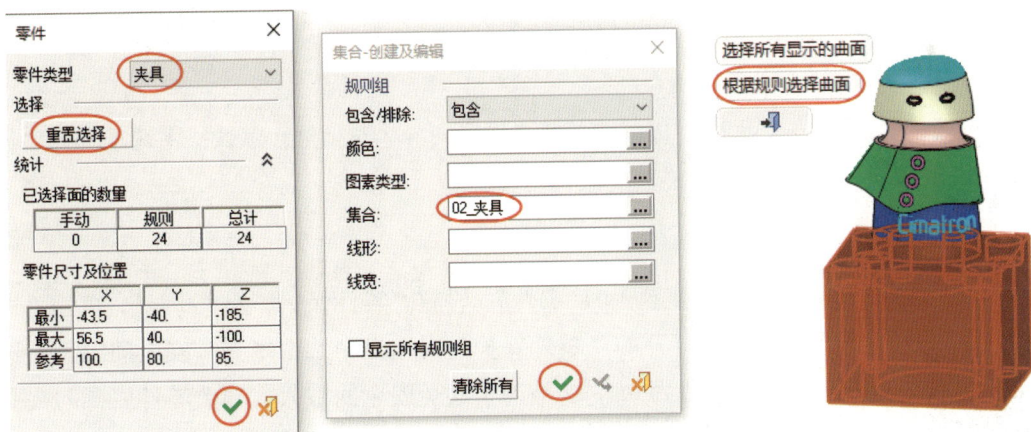

图 2-9　创建夹具

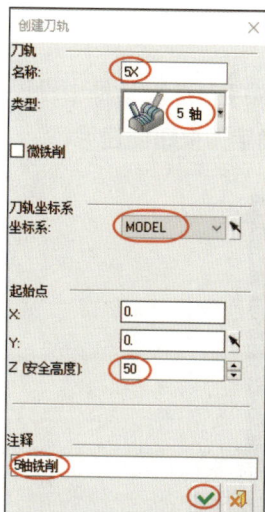

图 2-10　创建 5 轴刀轨

5. 创建刀轨

在 NC 向导中单击"刀轨"按钮，在打开的"创建刀轨"对话框中设置"名称"为 5X，"类型"为 5 轴，"坐标系"为 MODEL，"Z（安全高度）"为 50，在"注释"文本框中输入"5 轴铣削"，如图 2-10 所示，然后单击"确定"按钮创建刀轨。

6. 调入刀具

在 NC 向导中单击"铣削刀具"按钮，打开"铣削刀具和夹持"对话框，如图 2-11 所示，在工具栏中单击"从 Cimatron 文件中添加刀具"按钮，在打开的浏览器中选择"X:\...\项目 2 机器人数控编程\源文件\机器人刀库.chl"，然后在打开的对话框中按 Ctrl+A 组合键选择所有刀具，单击"确定"按钮调入刀具。

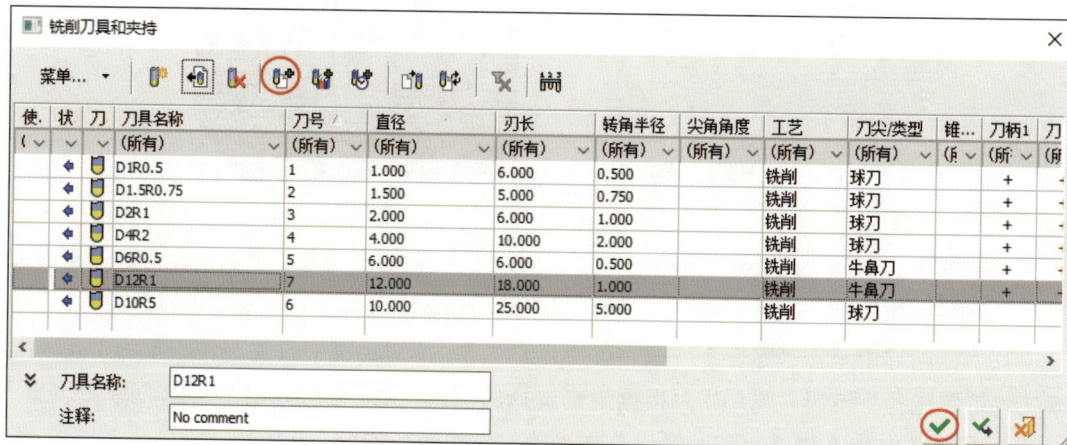

图 2-11　调入刀具

2.3.2　粗加工

在 NC 向导中单击"程序"按钮，打开"程序向导"对话框。默认"主选项"为"体积铣"，"子选项"为"环绕粗铣"。

1. 选择几何

"零件曲面"根据规则选择集合"01_零件"。设置"零件保护"为"高级"，单击"进入"按钮，在打开的"零件保护"对话框中选中"夹具安全间隙"复选框，并设置其值为 0.5，这是为了避免安全间隙太大导致零件底部与夹具接触的位置无法加工，如图 2-12 所示，然后单击"确定"按钮。

视频 2.4 粗加工

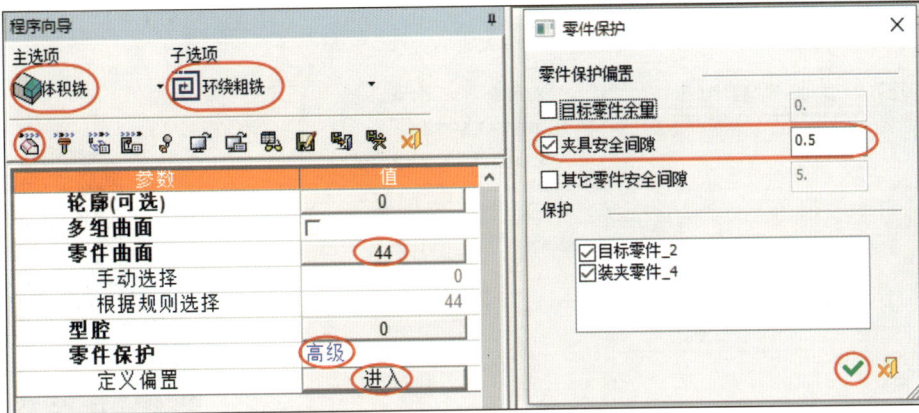

图 2-12　创建程序并选择零件曲面

2. 选择刀具

单击"程序向导"对话框中的"刀具"按钮，在打开的"铣削刀具和夹持"对话框中选择"D12R1"牛鼻刀用于粗加工，如图 2-13 所示，然后单击"确定"按钮。

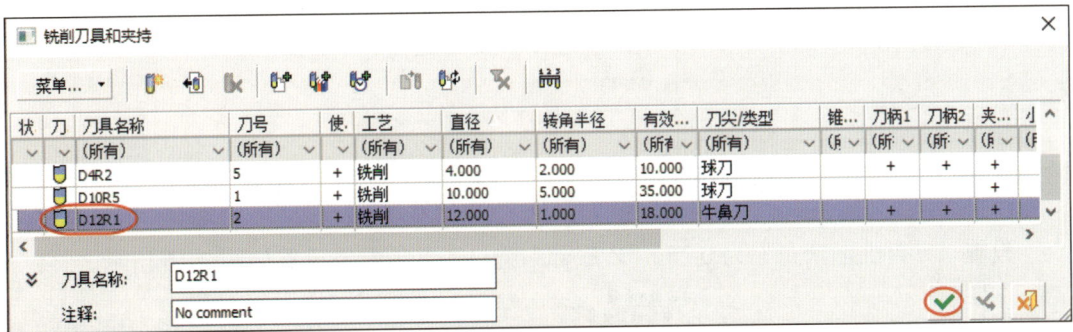

图 2-13　选择刀具 1

3. 设置刀轨参数

单击"程序向导"对话框中的"刀轨参数"按钮，切换至"刀轨参数"界面。单击"安全平面&坐标系"中的"创建坐标系"右侧的"进入"按钮创建程序坐标系，打开"创建新的坐标系"对话框。单击夹具外侧面作为"参考曲面"，新坐标的 Z 轴将垂直于该面，为便于设置加工深度，设置"新坐标系位置"为"参考坐标系"，如图 2-14 所示，然后单击"确定"按钮创建程序坐标系。

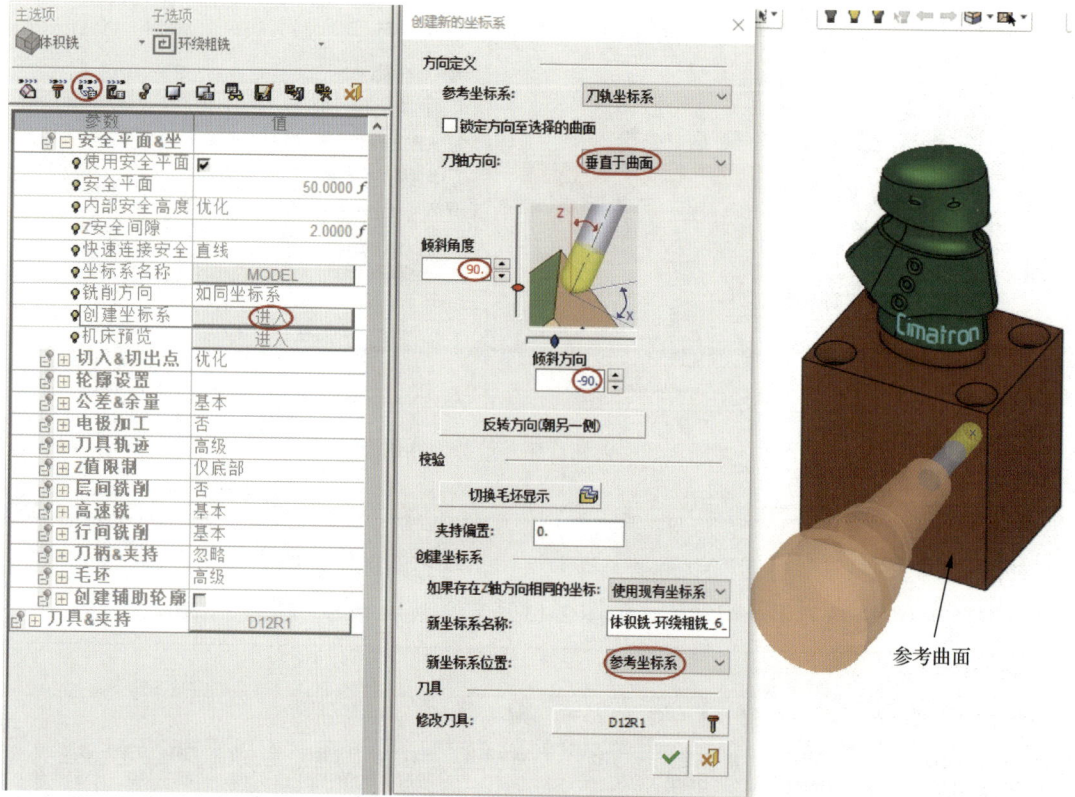

图 2-14　创建程序坐标系

设置"零件曲面余量"为 0.25，"Z 底部"为-1，其他参数设置如图 2-15 所示。

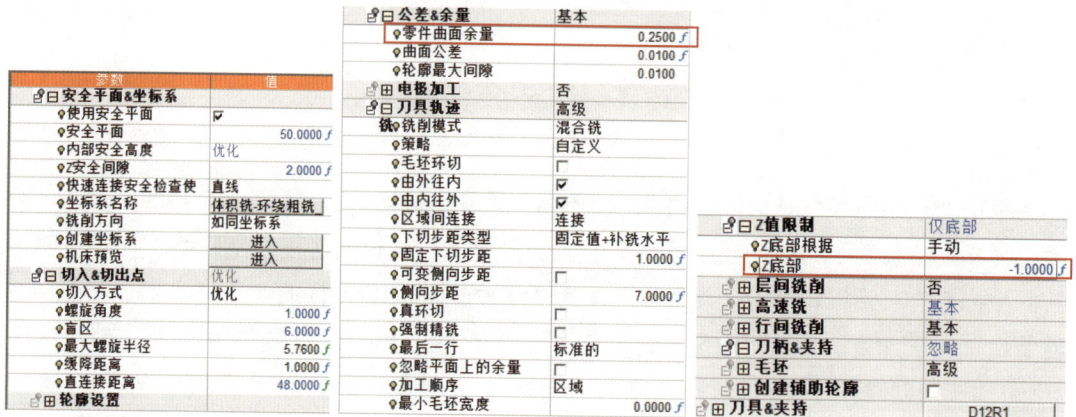

图 2-15　设置刀轨参数 1

4. 设置机床参数

单击"程序向导"对话框中的"机床参数"按钮，系统已自动加载相应的参数，如图 2-16 所示。设置"旋转轴首选位置"为"负值"、"首选旋转轴名称"为"A"，表示 A 轴首选往负方向旋转。

图 2-16　设置机床参数 1

5 轴机床角度的两种方案：多数 5 轴机床在其机械极限范围内，有一部分旋转轴存在两个解。本项目使用的机床是 MikronP500U，A 轴角度范围为 $-120°$ ～ $+90°$，C 轴角度范围为 $0°$ ～ $360°$ 循环运动。当 A 轴的旋转角度不超过 $90°$ 时就同时存在两种角度方案，如 A30、C0 与 A-30、C180 的加工位置是一样的。实际加工时为便于观察，通常希望工作台往操作者方向旋转，这可以在编程时进行设定，这是指定角度方向的一种方式，后处理时同样也可以指定。5 轴机床角度的两种方案如图 2-17 所示。

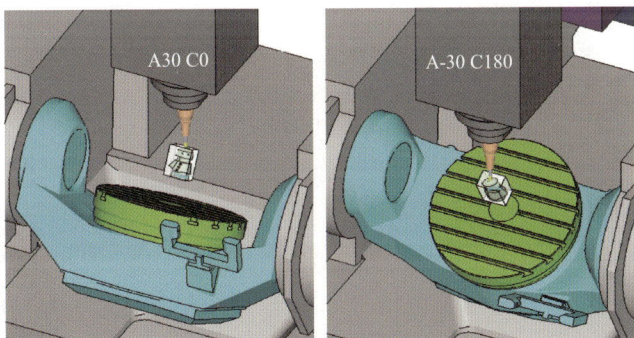

图 2-17　5 轴机床角度的两种方案

5. 生成程序

单击"程序向导"对话框中的"保存并计算"按钮，系统将根据当前设置的参数计算刀具路径，并在绘图区显示生成刀具路径。通过在"NC 程序管理器"中打开或关闭灯泡图标可显示或隐藏创建的刀具路径，然后修改程序注释为"正面粗加工"。确认程序无误后，单击 按钮计算剩余毛坯，结果如图 2-18 所示。

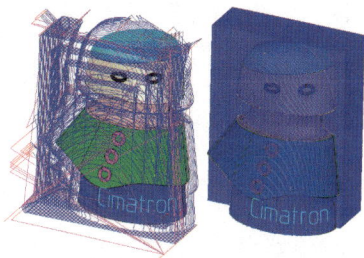

图 2-18　正面粗加工的刀具路径和残留毛坯

2.3.3 反面粗加工

在"NC 程序管理器"中复制第一条程序至列表末，修改注释为"反面粗加工"，如图 2-19 所示。

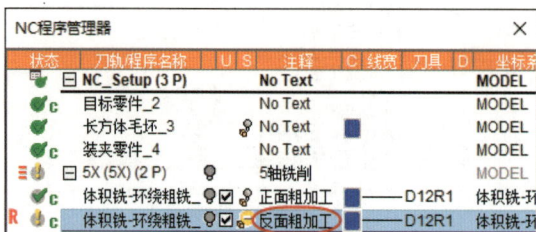

图 2-19 复制程序 1

1. 修改坐标系

在 NC 向导中单击"程序"按钮，打开"程序向导"对话框，单击"刀轨参数"按钮，切换至"刀轨参数"界面。单击"安全平面&坐标系"中的"创建坐标系"右侧的"进入"按钮，创建程序坐标系，打开"创建新的坐标系"对话框。单击夹具内侧面作为"参考曲面"，新坐标的 Z 轴将垂直于该面，与"正面粗加工"程序坐标系刚好相反。然后单击"确定"按钮创建程序坐标系。其他所有的刀轨参数都无须修改，如图 2-20 所示。

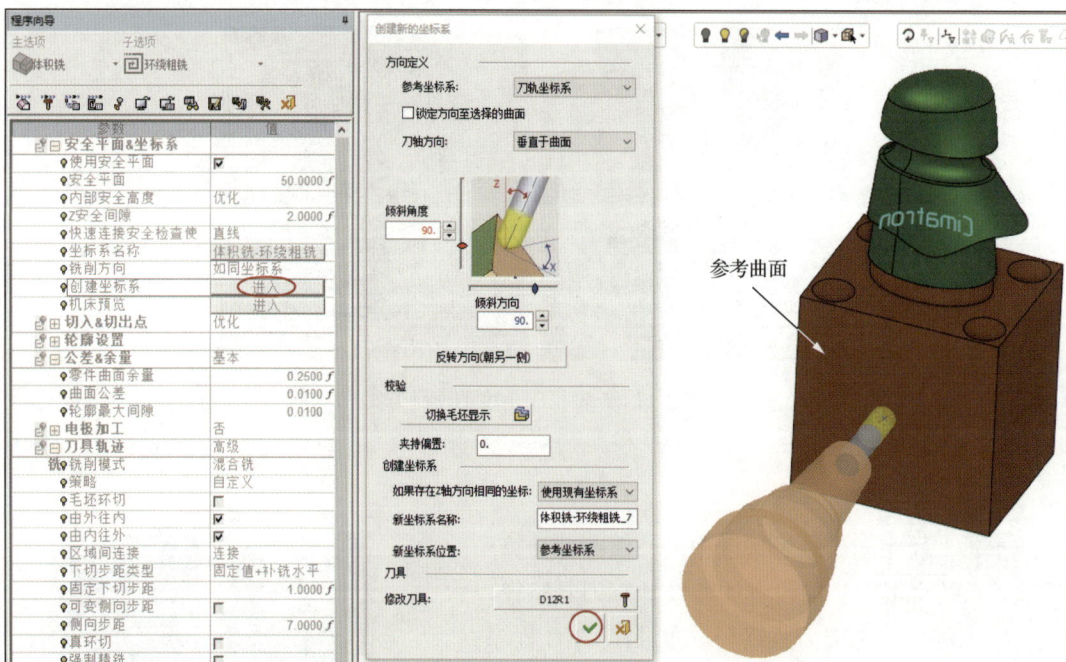

图 2-20 修改程序坐标系

2. 生成程序

单击"程序向导"对话框中的"保存并计算"按钮，系统将根据当前设置的参数计算刀具路径，如图 2-21 所示。确认程序无误后，单击 按钮计算剩余毛坯。

图 2-21　反面粗加工的刀具路径和残留毛坯

2.3.4　头部精加工

1. 新建 5 轴程序

在 NC 向导中单击"程序"按钮，打开"程序向导"对话框，修改"主选项"为"5 轴加工"，"子选项"为"通用 5 轴"，如图 2-22 所示。与 3 轴程序不同的是，在"几何"选项卡中暂时不需要选择几何，待后续选择了加工策略后再进行几何选择。

视频 2.5 头部精加工

图 2-22　新建 5 轴程序

2. 选择刀具

单击"程序向导"对话框中的"刀具"按钮，在打开的"铣削刀具和夹持"对话框中选择"D10R5"球刀用于精加工，如图 2-23 所示，然后单击"确定"按钮。

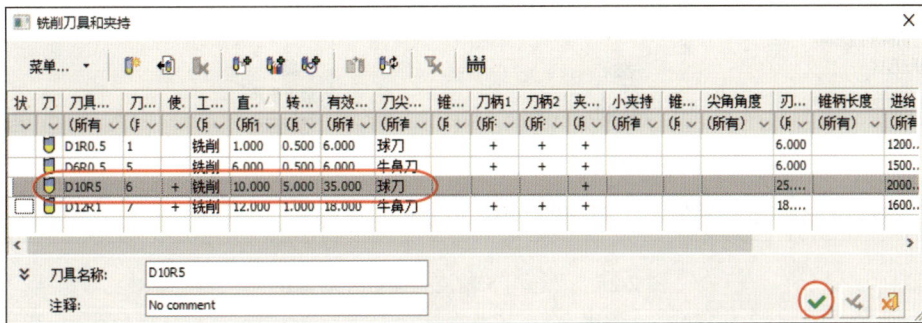

图 2-23　选择刀具 2

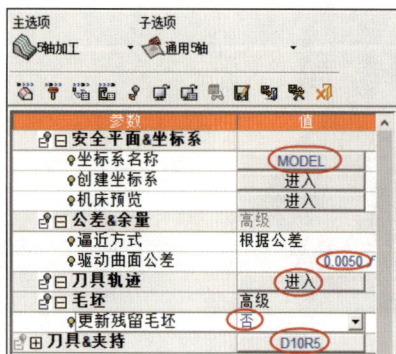

图 2-24　设置刀轨参数 2

3. 设置刀轨参数

单击"程序向导"对话框中的"刀轨参数"按钮，切换至"刀轨参数"界面，设置"坐标系名称"为 MODEL，"驱动曲面公差"为 0.005。通常精加工都无须更新毛坯，为了提高计算效率，将"更新残留毛坯"设置为"否"，如图 2-24 所示。

4. 设置"通用 5 轴控制面板"对话框

单击"刀具轨迹"右侧的"进入"按钮，打开"通用 5 轴控制面板"对话框。"通用 5 轴控制面板"对话框中包含 6 个选项卡：曲面路径、刀轴控制、干涉检查、连接、粗加工和实用工具，如图 2-25 所示。

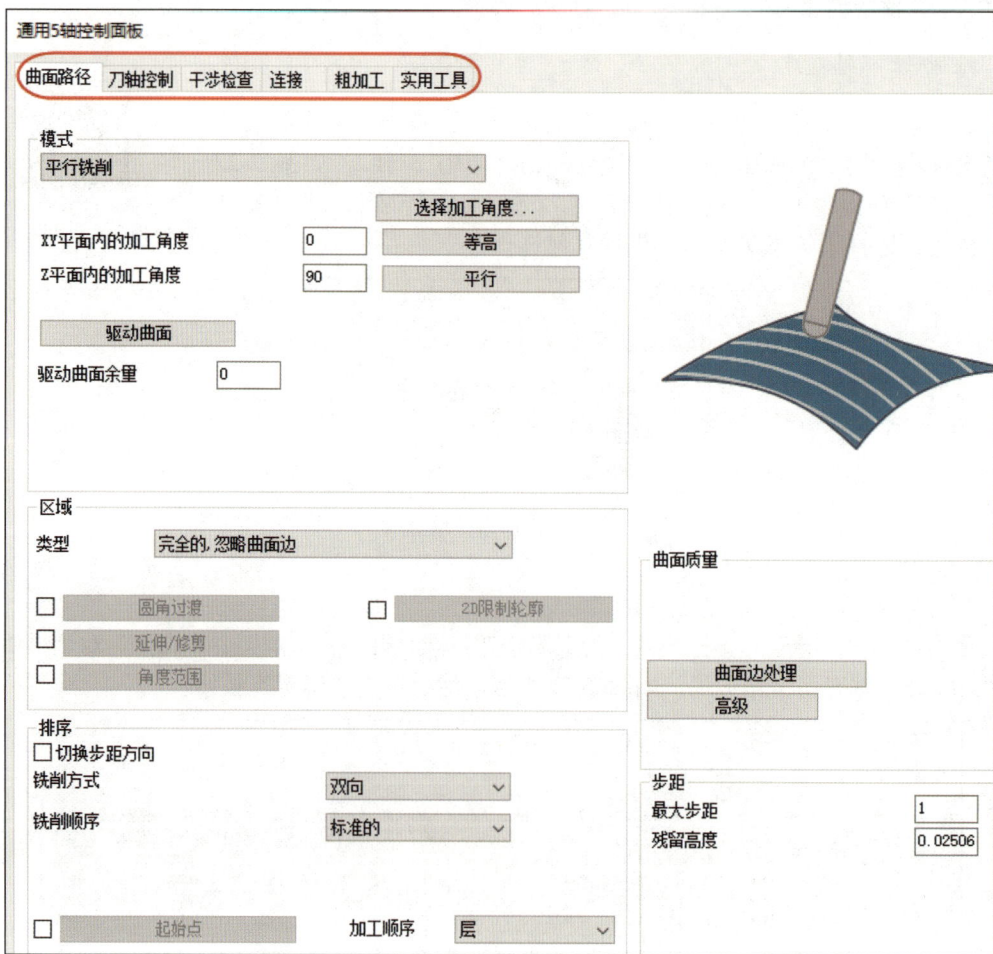

图 2-25　"通用 5 轴控制面板"对话框

以上 6 个选项卡分别控制刀轨的不同部分，详情如表 2-2 所示。

表 2-2　"通用 5 轴控制面板"对话框中的选项卡说明

选项卡	说明
曲面路径	刀具路径形状由此选项卡控制,使用对应的参数根据定义的几何(曲面和曲线)与刀具计算接触点
刀轴控制	刀轴由此选项卡控制,使用对应的参数和刀具接触点计算刀位点(G 代码位置点)
干涉检查	当刀具或夹持与零件或夹具发生过切或干涉时,使用对应的参数进行修正并避免过切或干涉
连接	控制安全区域、铣削间隙、层间连接、行间连接的连接方式和切入/切出
粗加工	定义毛坯、刀轨分层、分行、旋转、平移、阵列及排序
实用工具	控制局部区域进给、刀具轴向移动等参数

5. 设置"曲面路径"选项卡

在"通用 5 轴控制面板"对话框的"曲面路径"选项卡中,设置"模式"为"流线","加工方向"为"长边",单击"驱动曲面"按钮重新选择机器人的头部曲面作为驱动曲面。设置"区域"选项组中的"类型"为"完全的,自起始边至结束边",设置"步距"选项组中的"最大步距"为 0.15,如图 2-26 所示。

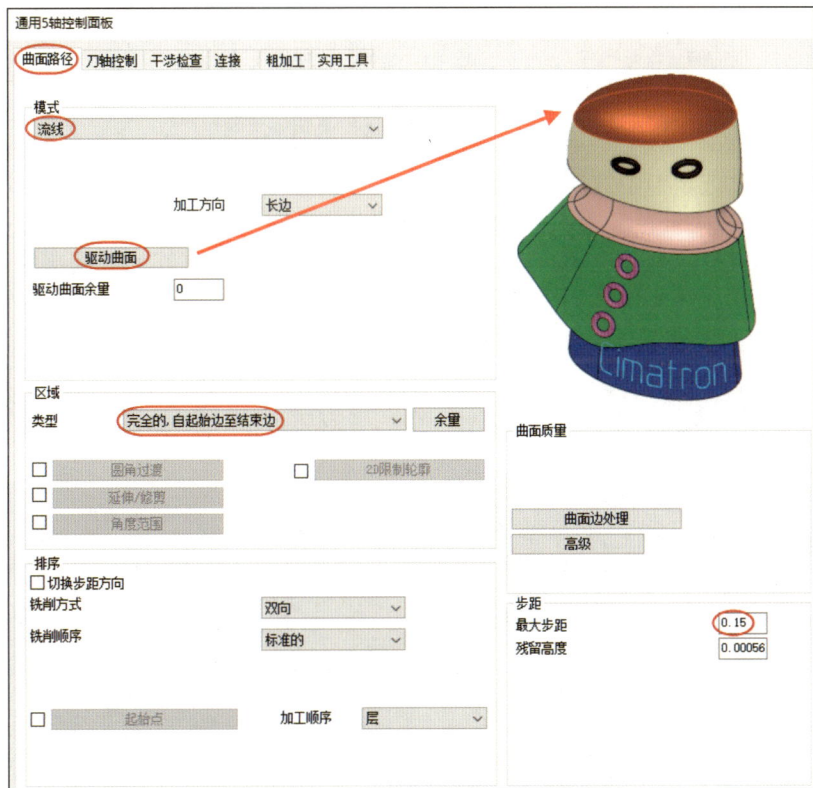

图 2-26　设置"曲面路径"选项卡 1

6. 设置"连接"选项卡

当前程序的"刀轴控制"和"干涉检查"选项组中的参数皆使用默认参数。

切换至"连接"选项卡,设置"首次切入"为"使用切入","最终切出"为"使用切出"。设置"铣削间隙"选项组中的"阈值"为 1,若小于 1 则判定为"小间隙","沿曲面"进行连接；若大于 1 则判定为"大间隙"，使用"切出至安全区域"进行连接。设置"层间连接"选项组中的"阈值"为 5，距离小于 5 时为"较短的轨迹"，使用"沿曲面"进行连接，如图 2-27 所示。

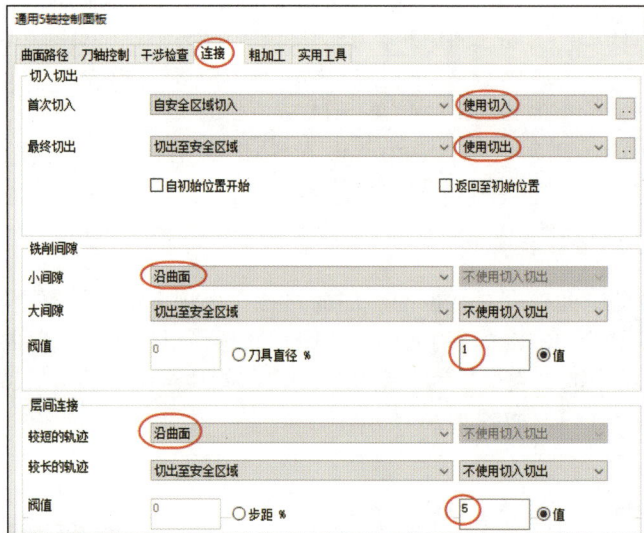

图 2-27　设置"连接"选项卡 1

单击"连接"选项卡中的"安全区域"按钮，在打开的"安全区域"对话框中，设置"类型"为"球面"，"半径"为 50，"快进距离"为 100，"切入进给距离"为 2，其余参数不变。单击"连接"选项卡中的"默认的切入切出"按钮，在打开的"默认的切入切出"对话框中，设置切入"类型"为"垂直相切圆弧"，"宽度"和"长度"都为 3，并复制参数至切出，如图 2-28 所示。

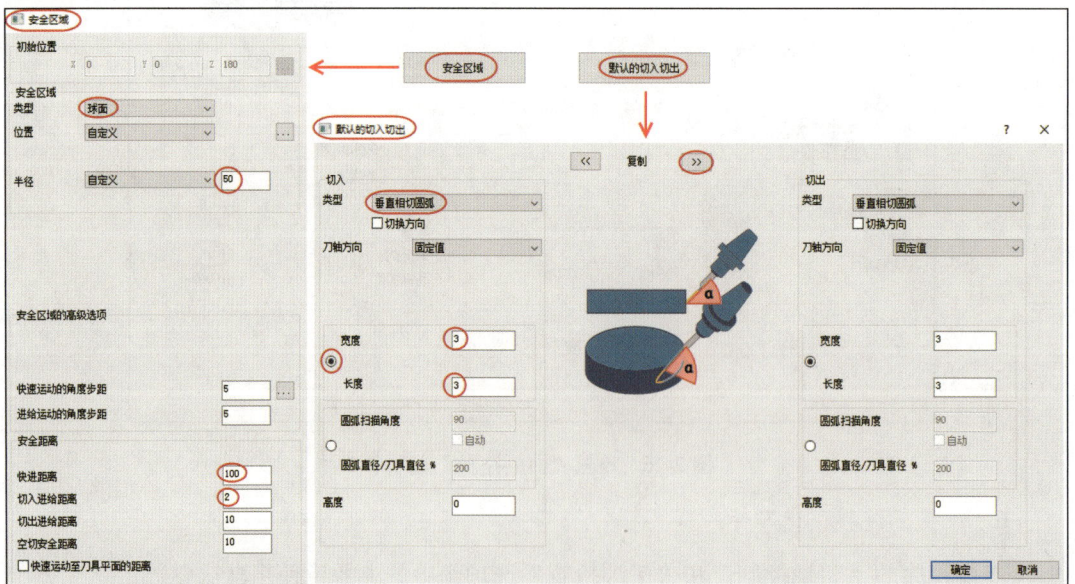

图 2-28　"安全区域"和"默认的切入切出"对话框

7. 设置机床参数

当前程序的"粗加工"和"实用工具"选项卡中的参数皆使用默认参数。

设置完以上参数后单击"确定"按钮返回"程序向导"对话框，单击"机床参数"按钮，打开"机床参数"界面，修改"插刀速率"为 1500，选中"快速切出"复选框，如图 2-29 所示。

8. 生成程序

单击"程序向导"对话框中的"保存并计算"按钮，即可生成完全跟随曲面 UV 线均匀铣削的 5 轴刀具路径。在"NC 程序管理器"中修改程序注释为"头部精加工"。使用"导航器"进行查看，刀轴（I、J、K 矢量）始终跟随曲面法向，如图 2-30 所示。

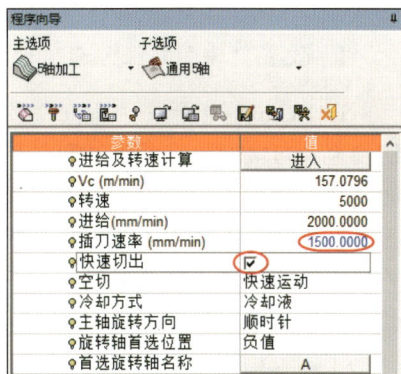

图 2-29　设置机床参数 2

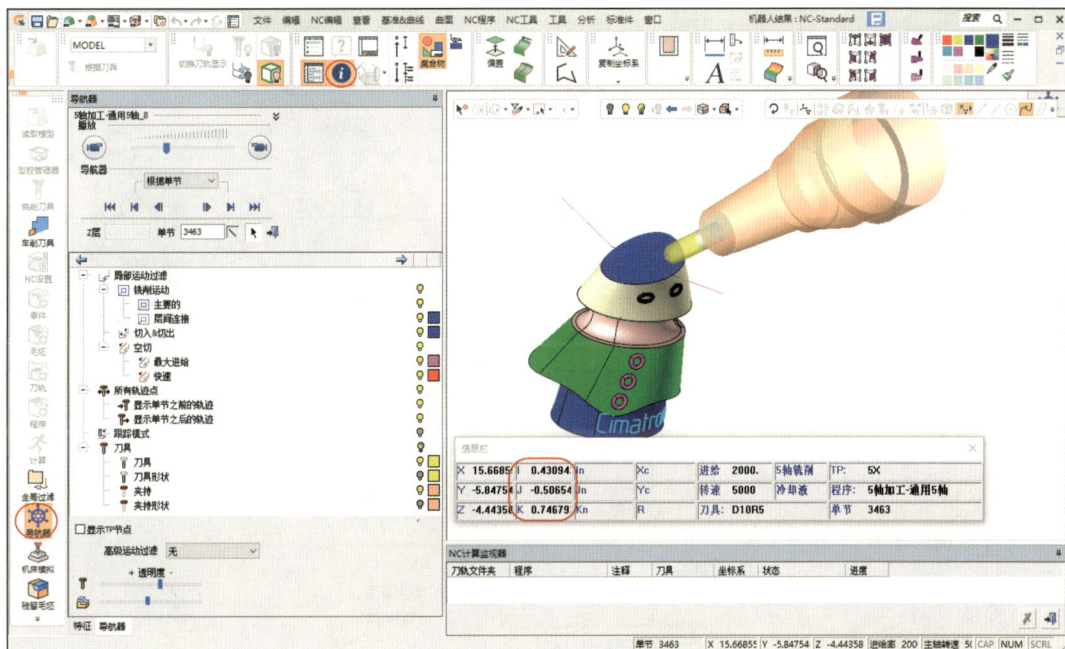

图 2-30　头部精加工流线铣削

注意：流线铣削仅支持单一曲面，如果存在多个曲面则可以使用曲面命令将其"组合"为一个曲面。

2.3.5　脸部精加工

在"NC 程序管理器"中复制"头部精加工"至列表末，然后修改注释为"脸部精加工"，如图 2-31 所示。

视频 2.6 脸部精加工

图 2-31　复制程序 2

1. 设置"曲面路径"选项卡

在 NC 向导中单击"程序"按钮，打开"程序向导"对话框，单击"刀轨参数"按钮，切换至"刀轨参数"界面。单击"进入"按钮，打开"通用 5 轴控制面板"对话框。在"曲面路径"选项卡中，设置"模式"为"平行铣削"，单击"等高"按钮后在"Z 平面内的加工角度"文本框中输入 0，相当于 3 轴加工的"层切"。单击"驱动曲面"按钮，重新选择机器人的脸部曲面作为驱动曲面。设置"铣削方式"为"螺旋铣"，"单向铣削方向"为"封闭轮廓使用顺时针方向"，如图 2-32 所示。

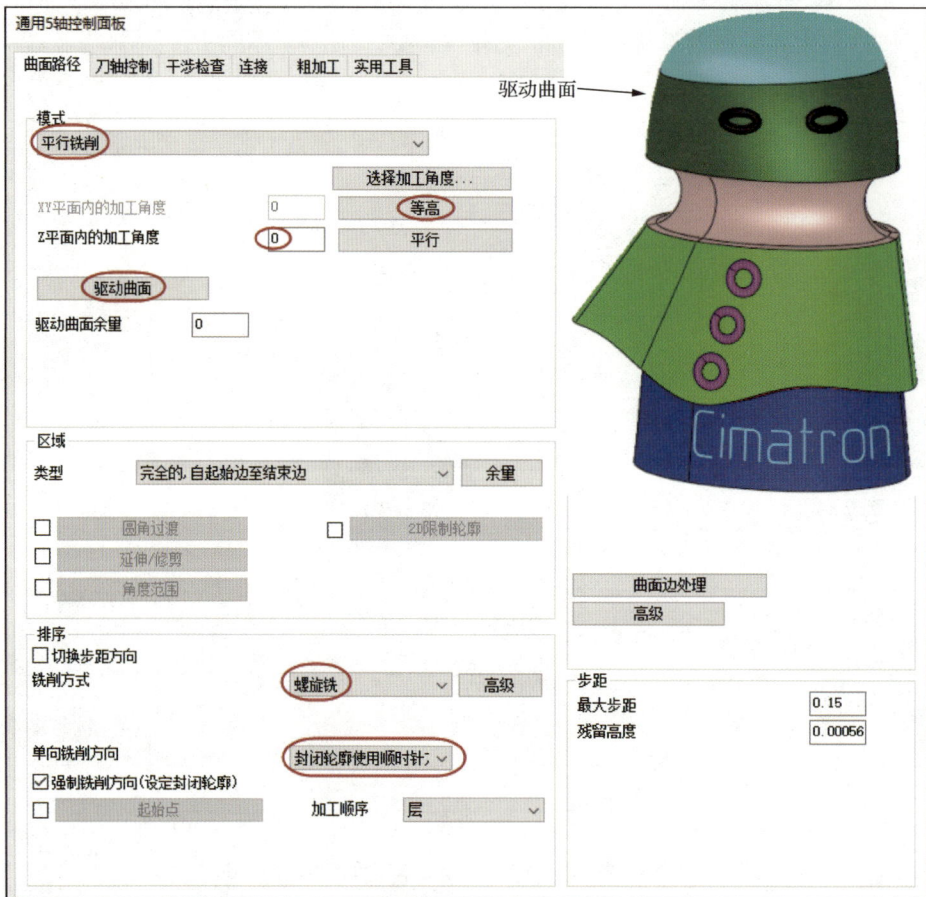

图 2-32　设置"曲面路径"选项卡 2

2. 设置"刀轴控制"选项卡

切换至"刀轴控制"选项卡，设置"刀轴将"为"与轴成固定角度倾斜"，参考轴为"Z 轴"，"倾斜角度"为 45，如图 2-33 所示。

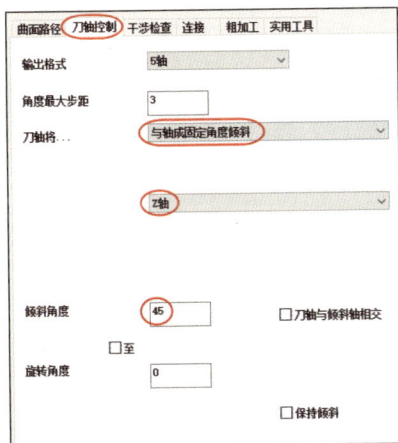

图 2-33　设置"刀轴控制"选项卡 1

3. 设置"干涉检查"选项卡

切换至"干涉检查"选项卡,选择开启第 1 组干涉检查,刀具部分仅选择"刀刃",选中"检查曲面"复选框,选择 2 个"眼睛"为检查曲面。当"刀刃"与"检查曲面"发生干涉时采取的策略为"沿曲面法向"切出刀具,如图 2-34 所示。

图 2-34　设置"干涉检查"选项卡 1

4. 设置"连接"选项卡

切换至"连接"选项卡,单击"安全区域"按钮,在打开的"安全区域"对话框中设置"类型"为"圆柱","方向"为"Z 轴","半径"为 50,如图 2-35 所示。

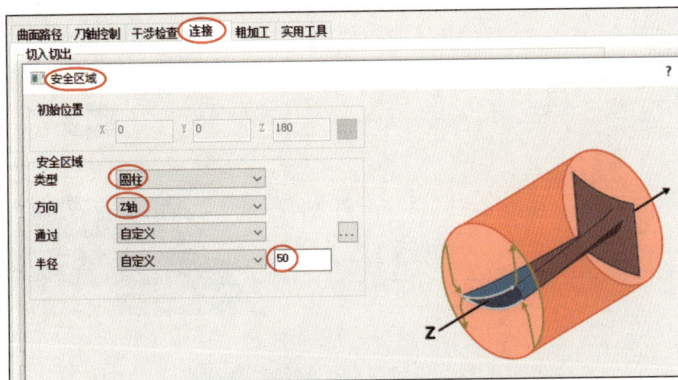

图 2-35　设置"连接"选项卡 2

5. 生成程序

设置完以上参数后单击"确定"按钮返回"程序向导"对话框，然后单击"保存并计算"按钮，即可生成 4+1 轴的螺旋刀具路径。使用"导航器"进行查看，当加工至"眼睛"位置时，刀具沿曲面法向切出，避免了过切，如图 2-36 所示。

图 2-36　脸部铣削

2.3.6　颈部精加工

在"NC 程序管理器"中复制"脸部精加工"至列表末，然后修改注释为"颈部精加工"，如图 2-37 所示。

视频 2.7 颈部精加工

图 2-37　复制程序 3

1. 设置"曲面路径"选项卡

在 NC 向导中单击"程序"按钮，打开"程序向导"对话框，单击"刀轨参数"按钮，切换至"刀轨参数"界面，单击"进入"按钮，打开"通用 5 轴控制面板"对话框。在"曲面路径"选项卡中设置"模式"为"两曲线仿形"，单击"驱动曲面"按钮，重新选择机器人的颈部整圈曲面作为驱动曲面；单击"第一"按钮，选择顶部的整圈曲线作为第一曲线；单击"第二"按钮，选择底部的整圈曲线作为第二曲线，如图 2-38 所示。

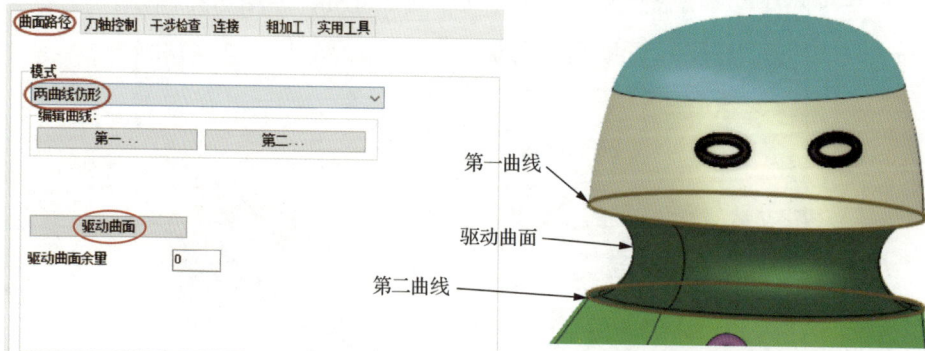

图 2-38　设置"曲面路径"选项卡 3

2. 设置"刀轴控制"选项卡

切换至"刀轴控制"选项卡,设置"刀轴将"为"通过曲线倾斜",单击"倾斜曲线"按钮,选择集合"03_倾斜曲线"中的曲线,设置"曲线倾斜类型"为"靠近点",如图 2-39 所示。

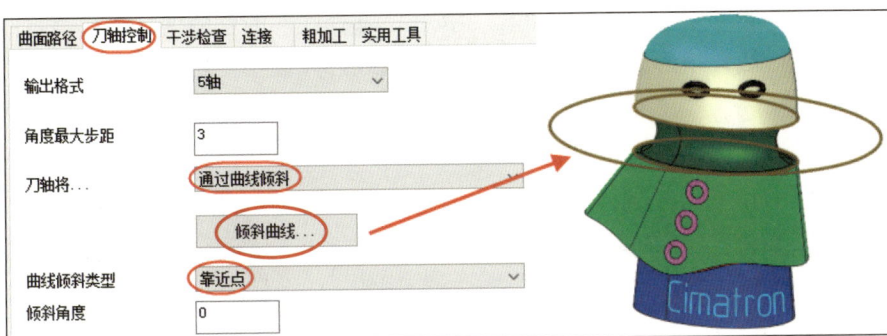

图 2-39　设置"刀轴控制"选项卡 2

3. 设置"干涉检查"选项卡

切换至"干涉检查"选项卡,直接关闭干涉检查即可。

4. 生成程序

设置完以上参数后单击"确定"按钮返回"程序向导"对话框,然后单击"保存并计算"按钮,即可生成颈部的刀具路径。使用"导航器"进行查看,刀轴始终通过指定的倾斜曲线,如图 2-40 所示。

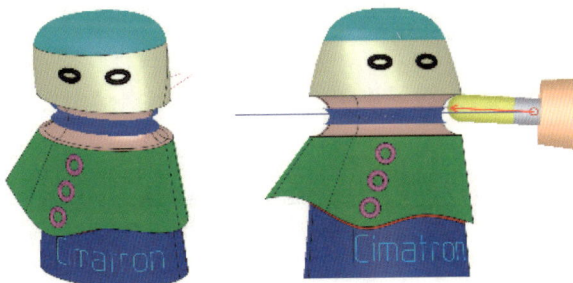

图 2-40　颈部铣削

2.3.7　身体精加工

在"NC 程序管理器"中复制"颈部精加工"至列表末,然后修改注释为"身体精加工",如图 2-41 所示。

视频 2.8 身体精加工

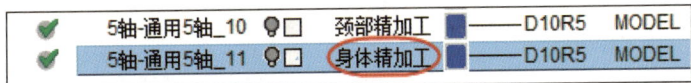

图 2-41　复制程序 4

1. 设置"曲面路径"选项卡

在 NC 向导中单击"程序"按钮,打开"程序向导"对话框,单击"刀轨参数"按钮,切换至"刀轨参数"界面,单击"进入"按钮,打开"通用 5 轴控制面板"对话框。在"曲面路径"选项卡中单击"驱动曲面"按钮,重新选择机器人的身体曲面和集合"04_纽扣岛屿"内的曲面作为驱动曲面;单击"第一"按钮,选择底部的整圈曲线作为第一曲线;单击"第二"按钮,选择顶部的整圈曲线作为第二曲线,并选中"切换步距方向"复选框,如图 2-42 所示。

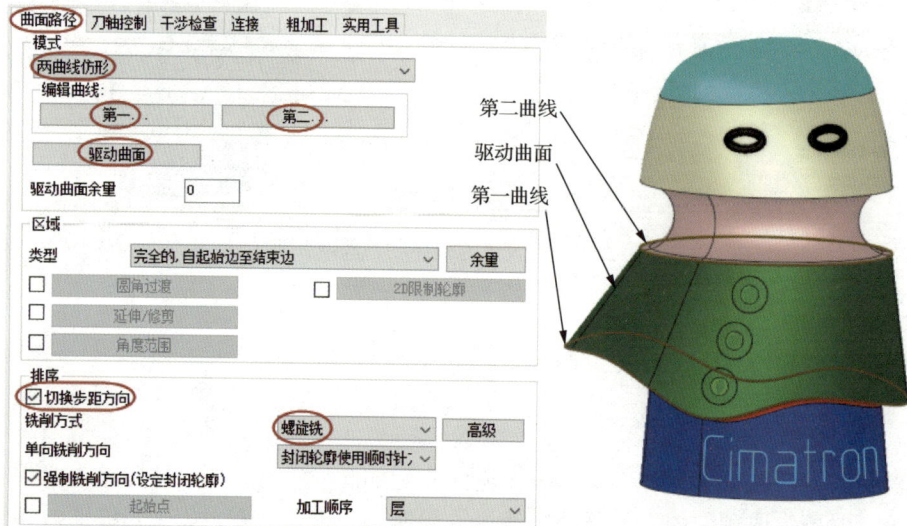

图 2-42　设置"曲面路径"选项卡 4

2. 设置"刀轴控制"选项卡

切换至"刀轴控制"选项卡,设置"刀轴将"为"从点往外倾斜","倾斜点"为(0,0,-100),如图 2-43 所示。

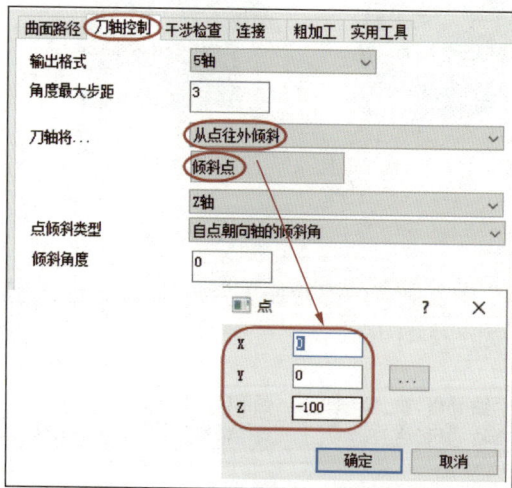

图 2-43　设置"刀轴控制"选项卡 3

3. 生成程序

设置完以上参数后单击"确定"按钮返回"程序向导"对话框，然后单击"保存并计算"按钮，即可生成身体部分的刀具路径。使用"导航器"进行查看，刀轴始终通过指定的点，如图 2-44 所示。

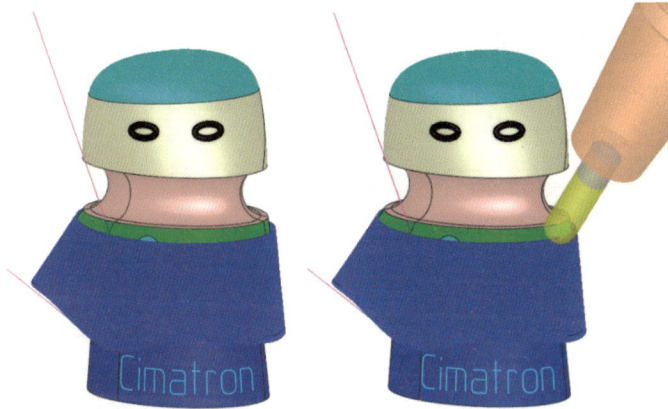

图 2-44 身体部分铣削

2.3.8 裙边精加工

在"NC 程序管理器"中复制"身体精加工"至列表末，然后修改注释为"裙边精加工"，如图 2-45 所示。

视频 2.9 裙边精加工

图 2-45 复制程序 5

1. 选择刀具

在 NC 向导中单击"程序"按钮，打开"程序向导"对话框，单击"刀具"按钮，在打开的"铣削刀具和夹持"对话框中选择"D4R2"球刀用于精加工，如图 2-46 所示，然后单击"确定"按钮。

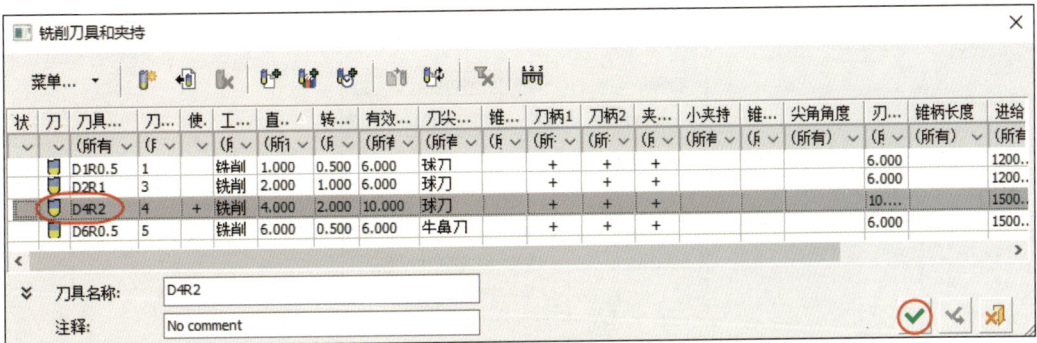

图 2-46 选择刀具 3

2. 设置"曲面路径"选项卡

单击"程序向导"对话框中的"刀轨参数"按钮，切换至"刀轨参数"界面，单击"进入"按钮，打开"通用5轴控制面板"对话框。在"曲面路径"选项卡中单击"驱动曲面"按钮，重新选择机器人的裙边曲面作为驱动曲面；单击"第一"按钮，选择外侧的整圈曲线作为第一曲线；单击"第二"按钮，选择内侧的整圈曲线作为第二曲线，如图2-47所示。选中"圆角过渡"复选框，在打开的对话框中设置"附加半径"为1；设置"铣削方式"为"单向"，单击"高级"按钮，在打开的对话框中设置"步距计算方式"为"精确的"并选中"光顺刀轨"复选框，然后设置"光顺距离"为1。

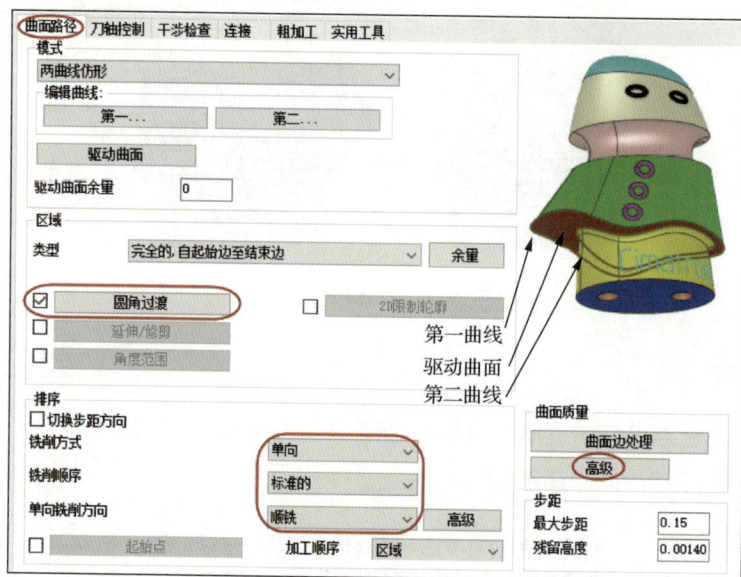

图2-47 设置"曲面路径"选项卡5

3. 设置"刀轴控制"选项卡

切换至"刀轴控制"选项卡，设置"刀轴将"为"相对铣削方向倾斜"，"铣削方向的侧倾角"为88，"侧向倾斜定义"为"垂直于每个位置的铣削方向"，如图2-48所示。

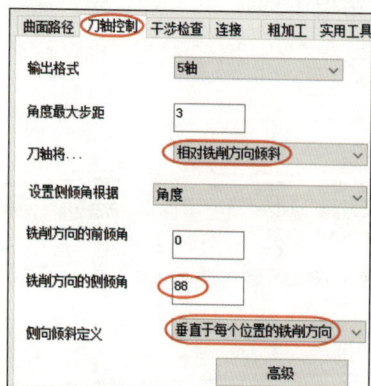

图2-48 设置"刀轴控制"选项卡4

4. 设置"干涉检查"选项卡

切换至"干涉检查"选项卡，选择开启第 1 组干涉检查，刀具部分仅选择"刀刃"，选中"检查曲面"复选框，选择底座和圆角曲面为检查曲面。当"刀刃"与"检查曲面"发生干涉时，采取的策略为"沿曲面法向"切出刀具。选择开启第 2 组干涉检查，刀具部分选择"刀刃、刀杆、刀柄、夹持"，检查几何选中"驱动曲面"复选框。当刀具与"驱动曲面"发生干涉时，采取的策略为"使用侧倾角"倾斜刀具，如图 2-49 所示。

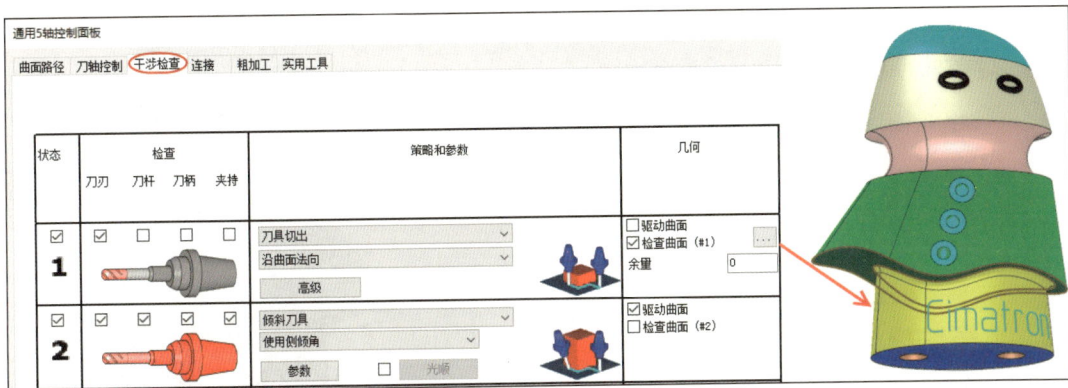

图 2-49　设置"干涉检查"选项卡 2

5. 生成程序

设置完以上参数后单击"确定"按钮返回"程序向导"对话框，然后单击"保存并计算"按钮，即可生成裙边部分的刀具路径。使用"导航器"进行查看，当刀柄可能发生干涉时会自动倾斜进行避让，如图 2-50 所示。

图 2-50　裙边部分铣削

2.3.9　底座精加工

在"NC 程序管理器"中复制"裙边精加工"至列表末，然后修改注释为"底座精加工"，如图 2-51 所示。

视频 2.10 底座精加工

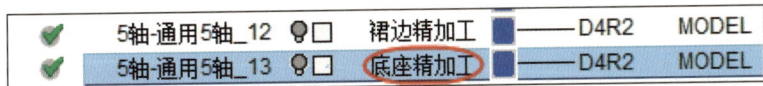

图 2-51　复制程序 6

1. 设置"曲面路径"选项卡

在"程序向导"对话框中单击"刀轨参数"按钮，切换至"刀轨参数"界面，单击"进入"按钮，打开"通用 5 轴控制面板"对话框。在"曲面路径"选项卡中单击"驱动曲面"按钮，重新选择机器人的底座曲面作为驱动曲面；单击"第一"按钮，选择底部的整圈曲线作为第一曲线；单击"第二"按钮，选择顶部的整圈曲线作为第二曲线，如图 2-52 所示。

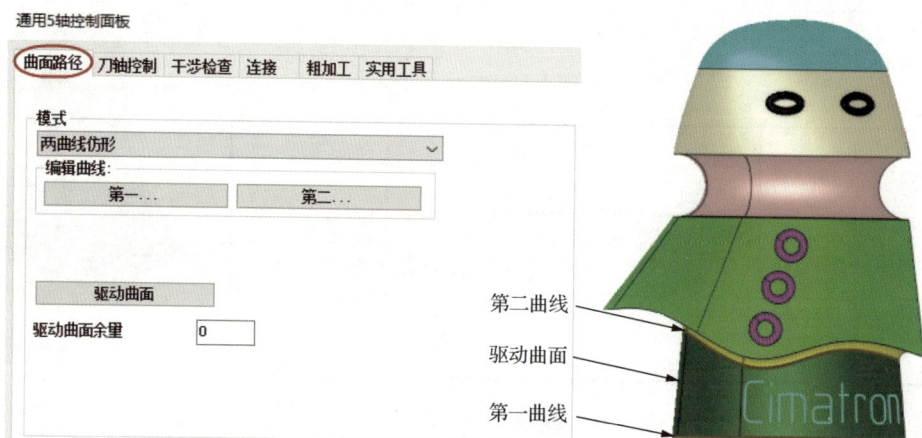

图 2-52 设置"曲面路径"选项卡 6

2. 设置"刀轴控制"选项卡

切换至"刀轴控制"选项卡，设置"铣削方向的侧倾角"为 20，如图 2-53 所示。

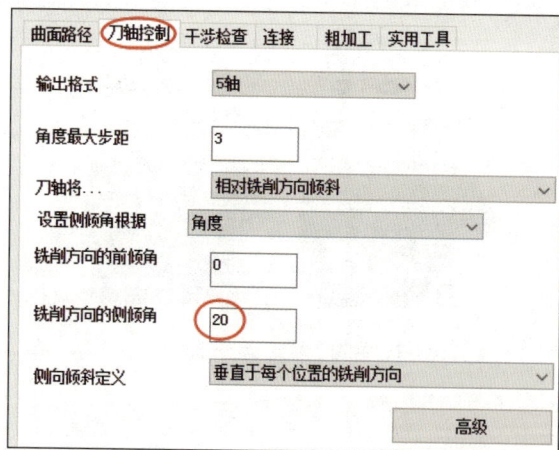

图 2-53 设置"刀轴控制"选项卡 5

3. 设置"干涉检查"选项卡

切换至"干涉检查"选项卡，修改第 1 组的策略为"沿刀轴"切出刀具，选中"驱动曲面"和"检查曲面"复选框，选择整圈圆角为检查曲面。修改第 2 组的检查几何为"检查曲面"，选择裙边底部曲面和夹具大平面为检查曲面，如图 2-54 所示。

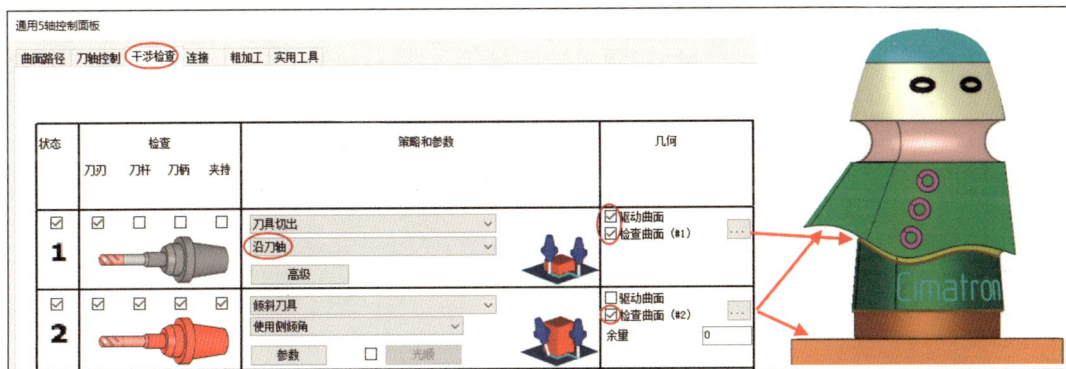

图 2-54　设置"干涉检查"选项卡 3

4. 生成程序

设置完以上参数后单击"确定"按钮返回"程序向导"对话框,然后单击"保存并计算"按钮,即可生成裙边部分的刀具路径。修改刀轨颜色为"蓝绿色"。使用"导航器"进行查看,当加工至底部圆角时会存在刀具沿刀轴退出的情况,当刀具与裙边底部或夹具发生干涉时,会自动倾斜进行避让,如图 2-55 所示。

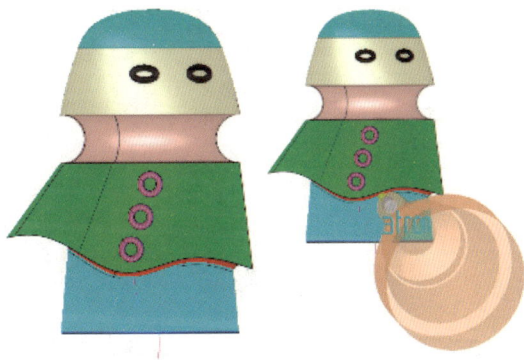

图 2-55　底座部分铣削

2.3.10　文字雕刻

在"NC 程序管理器"中复制"底座精加工"至列表末,然后修改注释为"文字雕刻",如图 2-56 所示。

视频 2.11 文字雕刻

图 2-56　复制程序 7

1. 选择刀具

在"程序向导"对话框中单击"刀具"按钮,在打开的"铣削刀具和夹持"对话框中选择"D1R0.5"球刀用于文字雕刻加工,如图 2-57 所示,然后单击"确定"按钮。

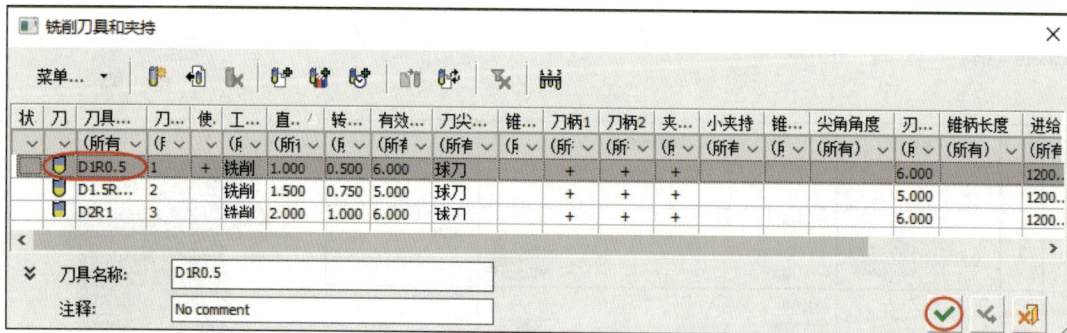

图 2-57　选择刀具 4

2. 设置"曲面路径"选项卡

单击"程序向导"对话框中的"刀轨参数"按钮，切换至"刀轨参数"界面，单击"进入"按钮，打开"通用 5 轴控制面板"对话框。在"曲面路径"选项卡中设置铣削"模式"为"投影曲线"，单击"投影"按钮，在打开的"轮廓管理器"对话框中单击"多轮廓"按钮，框选文字"Cimatron"。在"曲面路径"选项卡中设置"最大投影距离"为 1，取消选中"圆角过渡"复选框，"驱动曲面"保持为底座曲面不变，如图 2-58 所示。

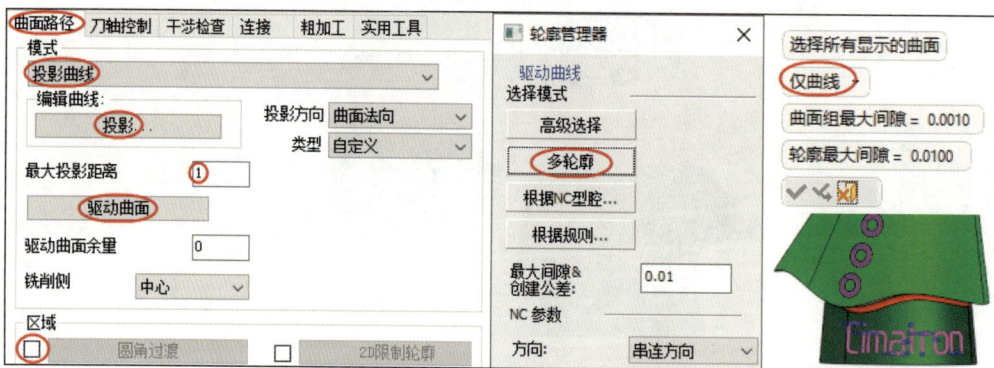

图 2-58　设置"曲面路径"选项卡 7

3. 设置"刀轴控制"选项卡

切换至"刀轴控制"选项卡，设置"铣削方向的侧倾角"为 0，如图 2-59 所示。

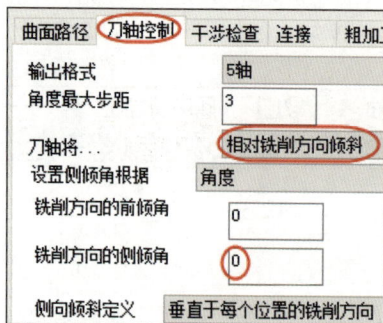

图 2-59　设置"刀轴控制"选项卡 6

4. 设置"干涉检查"选项卡

切换至"干涉检查"选项卡，取消所有干涉检查策略，如图 2-60 所示。

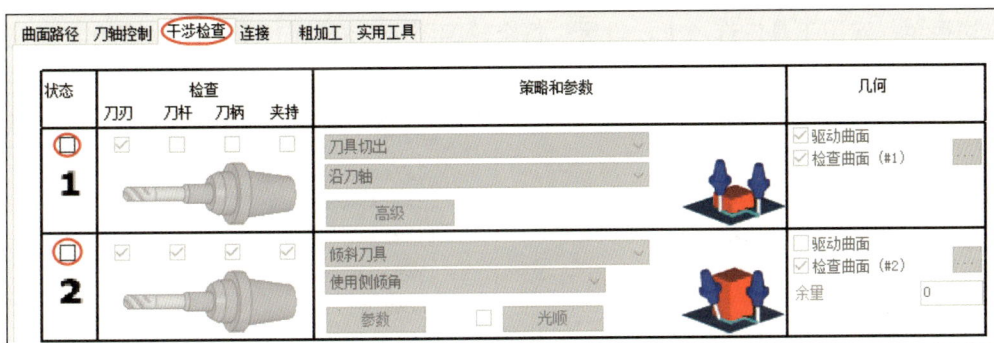

图 2-60　设置"干涉检查"选项卡 4

5. 设置"连接"选项卡

切换至"连接"选项卡，设置所有的连接选项，单击"默认的切入切出"按钮，在打开的"默认的切入切出"对话框中设置切入"类型"为"反向垂直轮廓斜线"，并复制为切出类型，如图 2-61 所示。

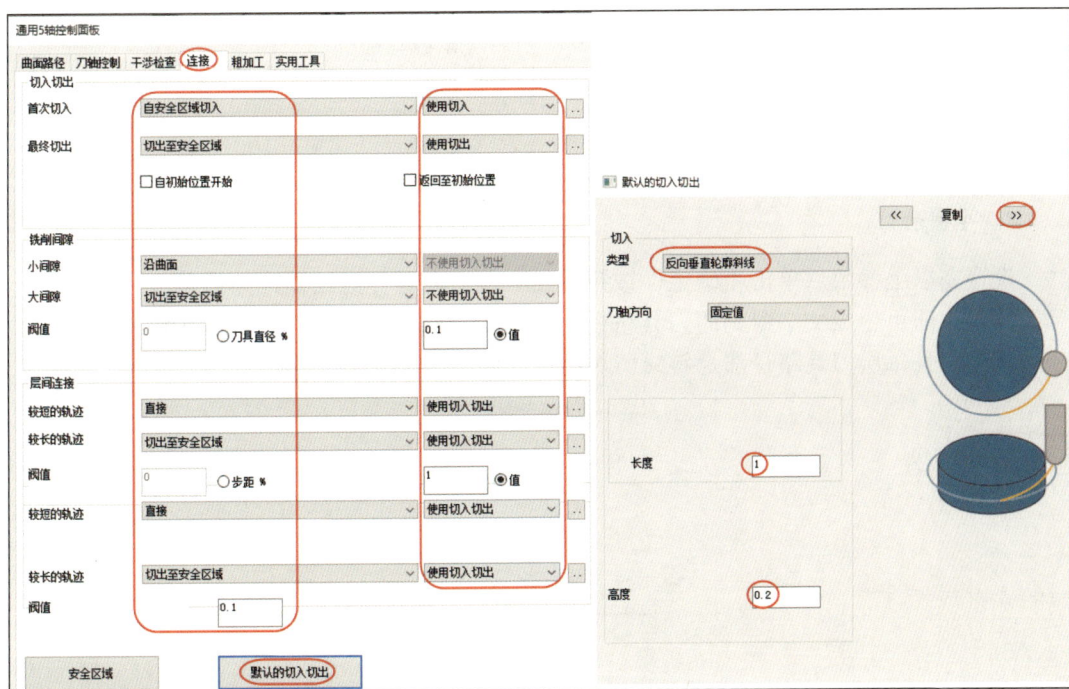

图 2-61　设置"连接"选项卡 3

6. 深腔铣削

切换至"粗加工"选项卡，选中"深腔铣削"复选框，设置"粗加工轨迹"的数量为5、间距为 0.2，"精加工轨迹"的数量为 1、间距为 0.05，"排序方式"为"层"，选中"排序"和"以最短距离层间连接"复选框,如图 2-62 所示。

7. 轴向移动

切换至"实用工具"选项卡,设置"每个轮廓固定"沿轴向移动-1,如图 2-63 所示。

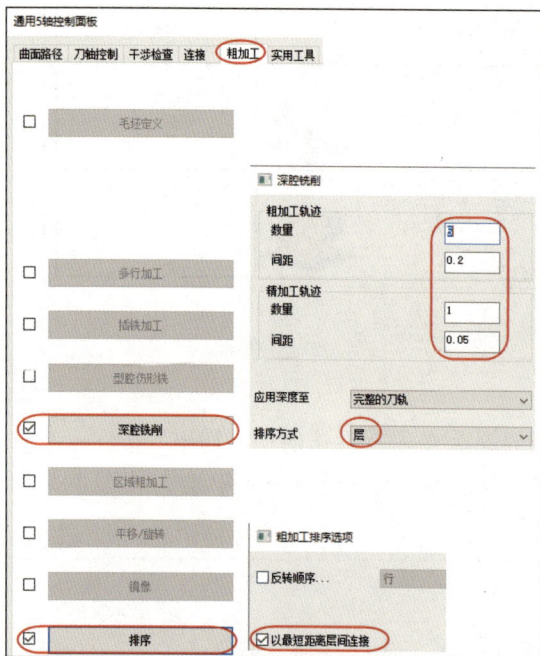

图 2-62 设置"粗加工"选项卡 1

图 2-63 设置"实用工具"选项卡 1

8. 生成程序

设置完以上参数后单击"确定"按钮返回"程序向导"对话框,然后单击"保存并计算"按钮,即可生成文字雕刻的刀具路径。使用"导航器"进行查看,依次对文字进行了分层雕刻,且每层刀具路径都是斜线切入切出,如图 2-64 所示。

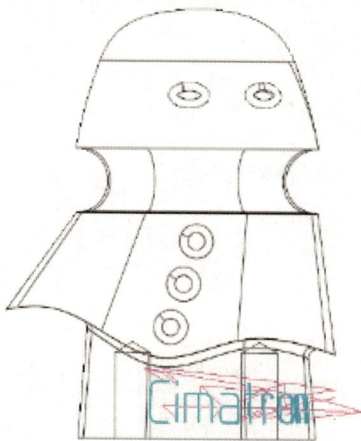

图 2-64 文字雕刻

2.3.11　眼睛清角

在"NC 程序管理器"中复制"文字雕刻"至列表末,然后修改注释为"眼睛清角",如图 2-65 所示。

视频 2.12 眼睛清角

图 2-65　复制程序 8

1. 设置"曲面路径"选项卡

在"程序向导"对话框中单击"刀轨参数"按钮,切换至"刀轨参数"界面,单击"进入"按钮,打开"通用 5 轴控制面板"对话框。在"曲面路径"选项卡中单击"驱动曲面"按钮,选择面部曲面为驱动曲面,单击"投影"按钮,在打开的"投影线"对话框中显示集合"05_眼睛清角",选择眼睛与面部相交的 2 条曲线。在"曲面路径"选项卡中设置"投影方向"为"直线","类型"为"偏置"。选择脸部中间的直线为投影方向,该方向仅影响曲线的偏置方向,与刀轴无关。设置"铣削方向"为右侧,"铣削次数(右侧)"为 60,"最大步距"为 0.05,如图 2-66 所示。

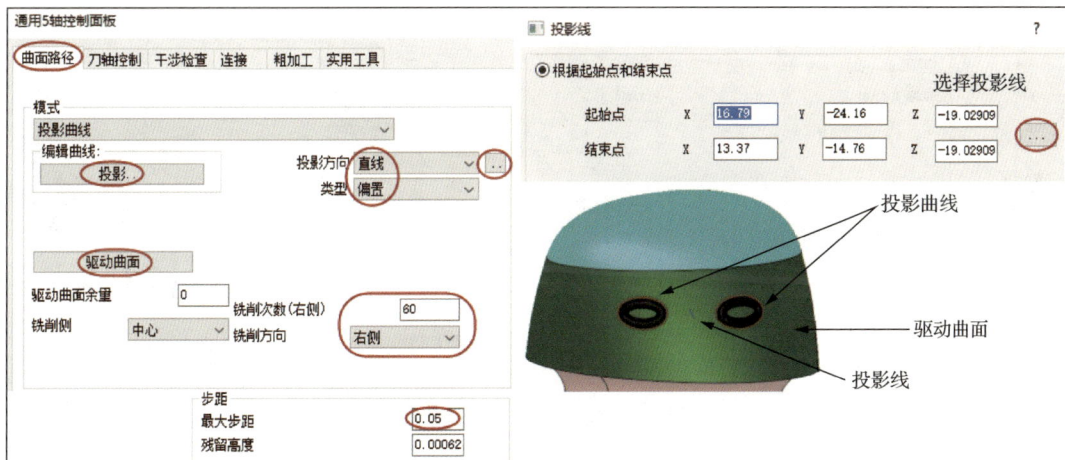

图 2-66　设置"曲面路径"选项卡 8

2. 设置"干涉检查"选项卡

切换至"干涉检查"选项卡,选择第 1 组干涉检查,修改策略为"沿刀轴"切出刀具,选中"驱动曲面"和"检查曲面"复选框,选择 2 个眼睛曲面为检查曲面,如图 2-67 所示。

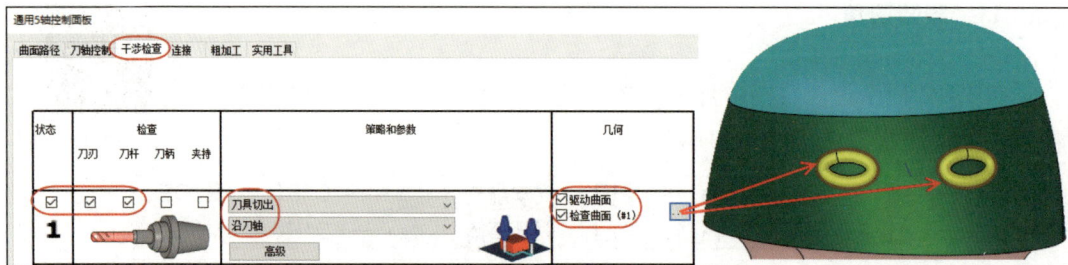

图 2-67 设置"干涉检查"选项卡 5

3. 设置"连接"选项卡

切换至"连接"选项卡,设置所有的连接选项,单击"默认的切入切出"按钮,在打开的"默认的切入切出"对话框中设置"切入"类型为"垂直相切圆弧",并复制为切出类型,如图 2-68 所示。

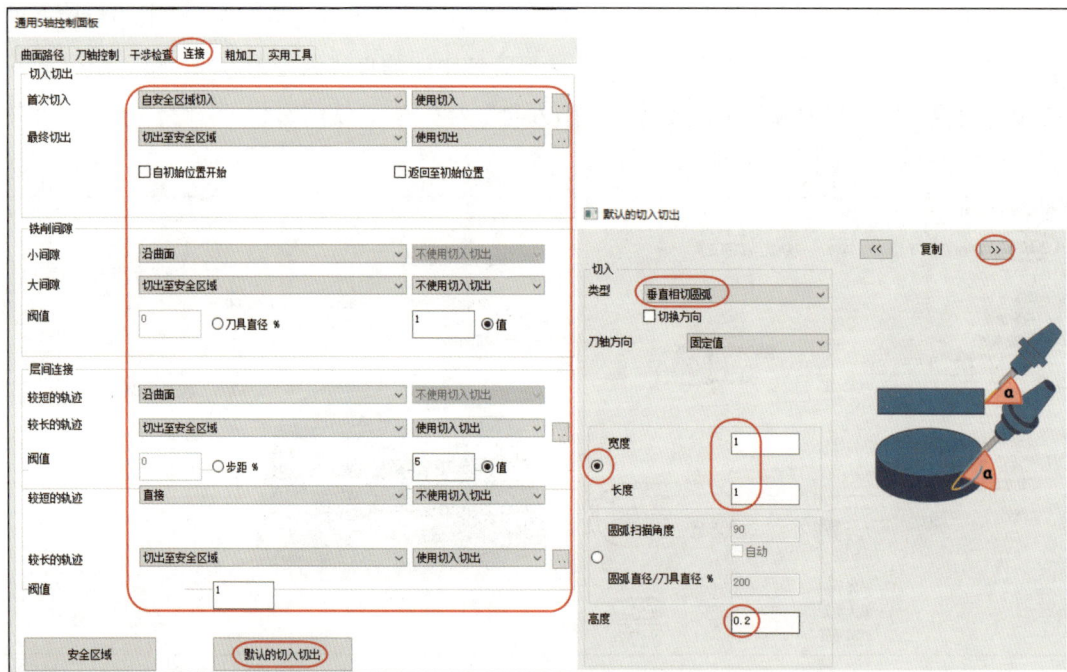

图 2-68 设置"连接"选项卡 4

4. 设置排序 1

切换至"粗加工"选项卡,取消选中"深腔铣削"复选框,单击"排序"按钮,取消选中"以最短距离层间连接"复选框,选中"反转顺序"复选框并设置参数为"完整的刀轨",如图 2-69 所示。

5. 设置"轴向移动"选项卡

切换至"实用工具"选项卡,设置"每个轮廓固定"沿轴向移动为 0,如图 2-70 所示。

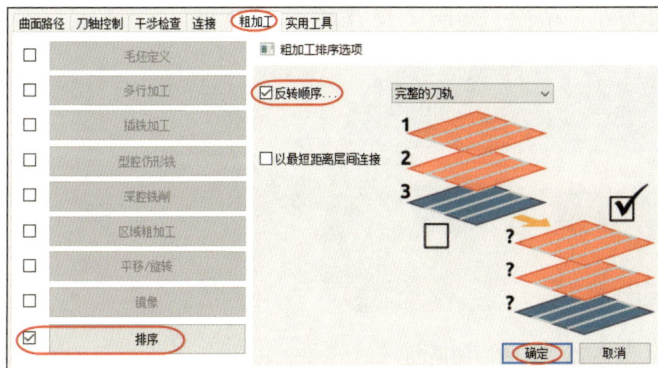

图 2-69　设置"粗加工"选项卡 2

图 2-70　设置"实用工具"
选项卡 2

6. 生成程序

设置完以上参数后单击"确定"按钮返回"程序向导"对话框，然后单击"保存并计算"按钮，即可生成眼睛外侧清角的刀具路径，其沿指定的曲线进行偏置并投影，如图 2-71 所示。

7. 内侧清角

图 2-71　眼睛外侧清角

在"NC 程序管理器"中复制"眼睛清角"至列表末，然后在打开的"程序向导"对话框中单击"刀轨参数"按钮，切换至"刀轨参数"界面，单击"进入"按钮，打开"通用 5 轴控制面板"对话框。在"曲面路径"选项卡中设置"铣削方向"为左侧，"铣削次数（左侧）"为 58，如图 2-72 所示。

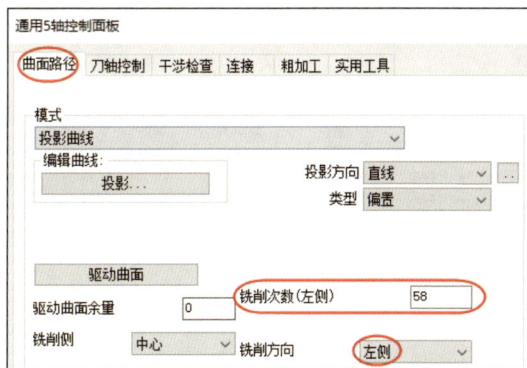

图 2-72　设置铣削方向及铣削次数

8. 设置排序 2

切换至"粗加工"选项卡，取消选中"排序"复选框。

9. 生成程序

设置完以上参数后单击"确定"按钮返回"程序向导"对话框，然后单击"保存并计算"按钮，即可生成眼睛内侧清角的刀具路径，如图 2-73 所示。

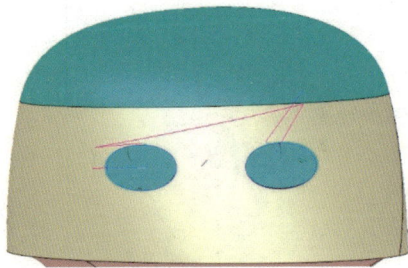

图 2-73 眼睛内侧清角

2.3.12 纽扣铣削

在"NC 程序管理器"中复制"文字雕刻"至列表末，然后修改注释为"纽扣铣削"，如图 2-74 所示。

视频 2.13 纽扣铣削

图 2-74 复制程序 9

1. 选择刀具

在"程序向导"对话框中单击"刀具"按钮，在打开的"铣削刀具和夹持"对话框中选择"D2R1"球刀用于纽扣铣削，如图 2-75 所示，然后单击"确定"按钮。

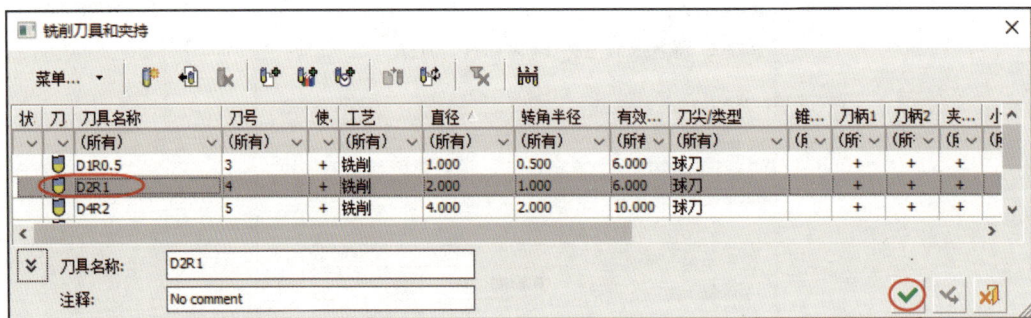

图 2-75 选择刀具 5

2. 设置"曲面路径"选项卡

在"程序向导"对话框中单击"刀轨参数"按钮，切换至"刀轨参数"界面，单击"进入"按钮，打开"通用 5 轴控制面板"对话框。在"曲面路径"选项卡中单击"投影"按钮，在打开的对话框中选择集合"06_纽扣中心线"内的 3 条曲线。然后设置"驱动曲面"为集合"04_纽扣岛屿"内的 3 个曲面，如图 2-76 所示。

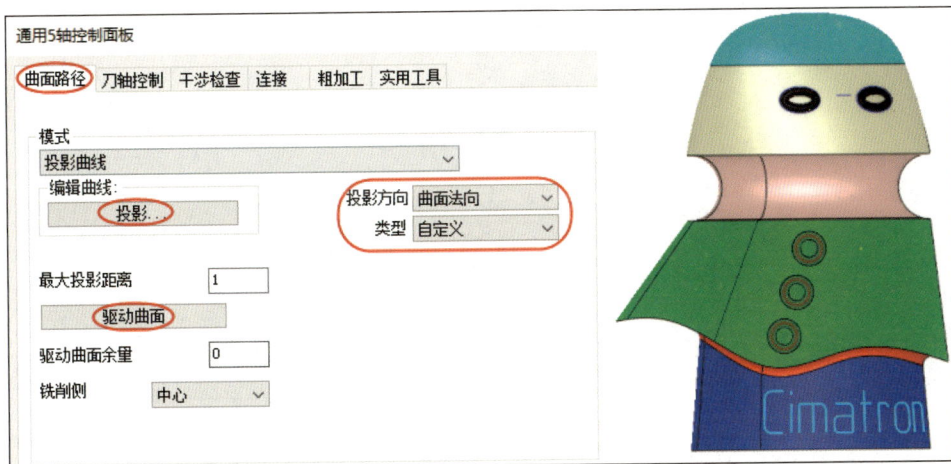

图 2-76　设置"曲面路径"选项卡 9

3. 设置"连接"选项卡

切换至"连接"选项卡，单击"默认的切入切出"按钮，在打开的"默认的切入切出"对话框中设置"切出"类型为"垂直轮廓斜线"，如图 2-77 所示。

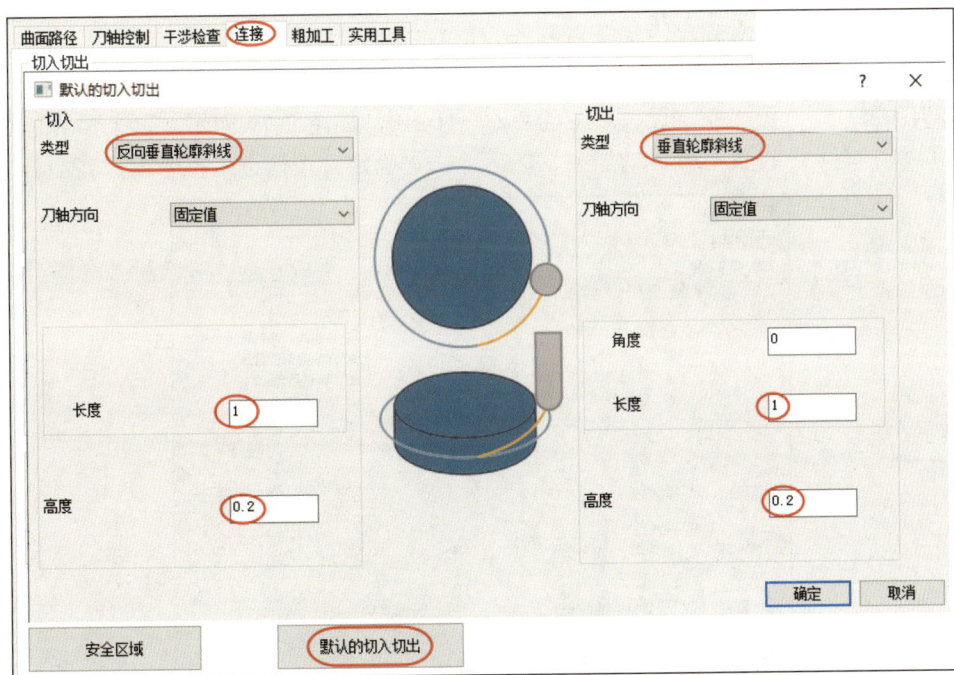

图 2-77　"默认的切入切出"对话框

4. 生成程序

设置完以上参数后单击"确定"按钮返回"程序向导"对话框，然后单击"保存并计算"按钮，即可生成纽扣铣削的刀具路径。使用"导航器"进行查看，纽扣区域进行了分层铣削且每层刀具路径都是斜线切入切出，如图 2-78 所示。

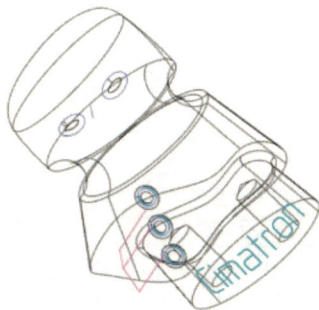

图 2-78　纽扣铣削

2.4 机床模拟

在 NC 向导中单击"机床模拟"按钮，在打开的"机床模拟"对话框中单击 ➡ 按钮将所有程序添加至右侧的"模拟的程序序列"列表框中。选中"材料去除"、"检查零件"和"使用机床"复选框，选择机床为"5XTT-Mikron"，设置"原点设置"中的"Z"为 210，如图 2-79 所示。以上参数皆由 NC 设置参数自动加载，然后单击"确定"按钮进入机床模拟界面。

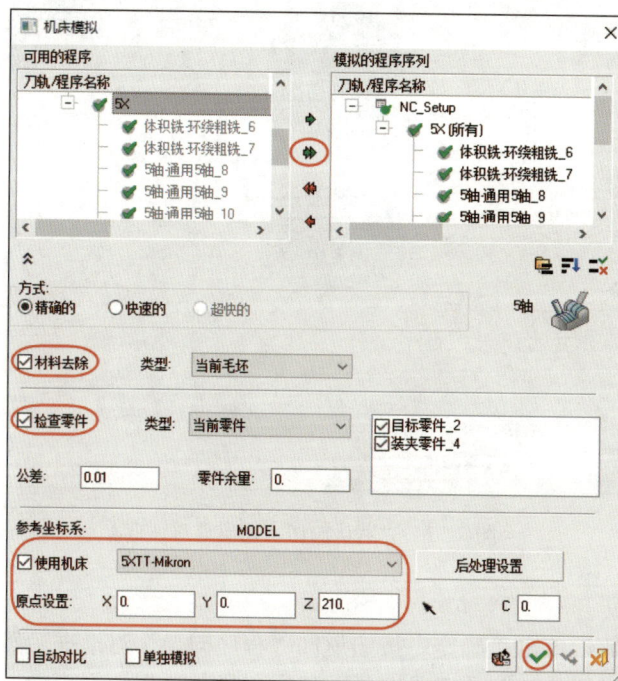

图 2-79　机床模拟设置

在"模拟控制"对话框中选中"忽略停止条件"复选框，单击 ⏺ 按钮开始模拟，完毕后查看"模拟报告"，仅"文字雕刻"存在过切。更多模拟参数请查看项目1中的机床模拟部分，然后单击"退出模拟"按钮 ◀ 退出模拟界面，如图2-80所示。

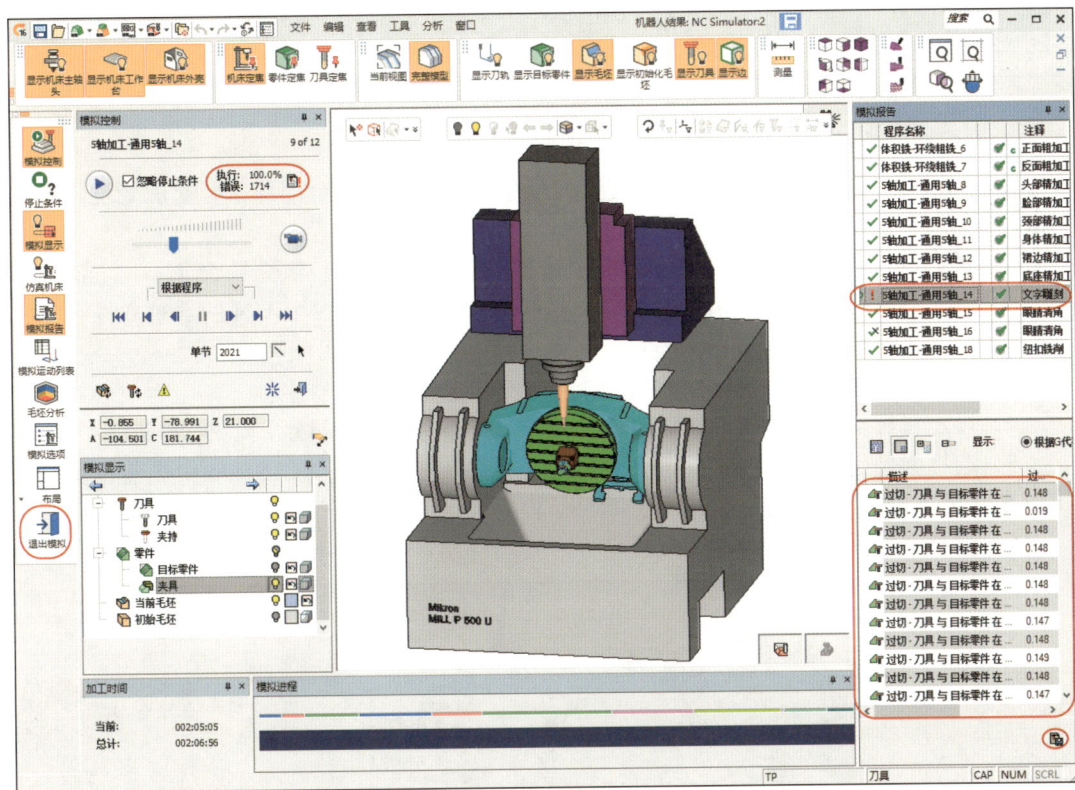

图2-80 机床模拟结果

退出模拟环境，保存文档。文件保存路径为"X:\...\项目2机器人数控编程\源文件"，文件名为"机器人结果.elt"。

动画2.1
粗加工模拟

动画2.2
头部精加工模拟

动画2.3
脸部精加工模拟

动画2.4
颈部精加工模拟

动画2.5
身体精加工模拟

动画2.6
裙边精加工模拟

动画2.7
底座精加工模拟

动画2.8
文字雕刻模拟

动画2.9
眼睛清角模拟

动画2.10
纽扣加工模拟

$\mathcal{2.5}$ 后 处 理

在 NC 向导中单击"后处理"按钮,打开"后处理"对话框。

1) 选择需要后处理的程序,通常是选择全部程序一起后处理,也可以选择一部分。

2) 选择对应的后处理,通常使用机床型号命名。当前选择"MikronP500U",这是一台控制系统为 HEIDENHAIN 的 5 轴双摆台立式机床。

视频 2.15 后处理

3) 设定交互区参数。坐标系默认为 1,即机床坐标系为 1 号坐标。

4) 设定目标文件夹,如 E:\NC,建议选择一个相对简单的目录,以便查找。

5) 选择参考坐标系,对应机床上取数的坐标系。其通常在 NC_Setup 中提前设置,也可以在此进行修改。

6) 设置完成后单击"确定"按钮进行后处理输出,如图 2-81 所示。

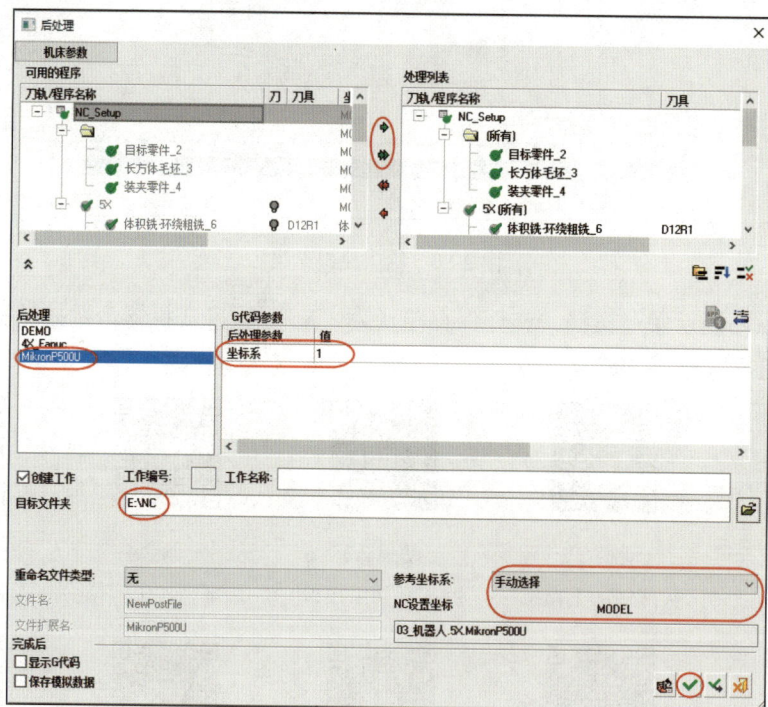

图 2-81 后处理设置

注意: 不同的后处理交互区参数不一样,请阅读后处理对应的使用说明。

为了便于阅读,仅选择"反面粗加工"和"头部精加工"这 2 条程序进行后处理,请分别查看定位和联动加工时坐标系的区别。生成的 G 代码如表 2-3 所示。

表 2-3　机器人模拟加工程序的 G 代码

G 代码	注释
0 BEGIN PGM 00 MM	程序开始
1 ;(机器人)	图档名称，前面的分号为注释屏蔽符号
2 ;(POST:MIKRONP500U)	后处理名称，避免混淆机床
3 ;(UCS:MODEL)	参考坐标系，对应程序单上显示的坐标，避免出错
;(T7　D12R1　　　　　　D=12 R=1 TL=46 CL=18 HN:A63-144.12.3)	第 1 支刀具信息
;(T6　D10R5　　　　　　D=10 R=5 TL=35 CL=25 HN:A63-144.12.3)	第 2 支刀具信息
;(加工时间:02:01:53)	程序加工时间
4 ;(A_MIN=0 A_MAX=-110.6715)	A 轴加工范围
5 CYCL DEF 247 DATUM SETTING ~ Q339=+1　　;DATUM NUMBER	程序坐标系为 1 号坐标
6 M126	旋转轴按最短距离运动
7 M129	取消刀尖跟随模式
8 CYCL DEF 7.0 DATUM SHIFT	取消坐标偏置
9 CYCL DEF 7.1 X+0	
10 CYCL DEF 7.2 Y+0	
11 CYCL DEF 7.3 Z+0	
12 PLANE RESET STAY	取消自定义的工作平面
13 L M140 MB MAX	Z 返回最高点
14 M16	松开 A 轴
15 M11	松开 C 轴
16 L A+0.0 C+0.0 R0 FMAX M91	AC 轴归零
*(NAME:D12R1 D=12 R=1 L=18 COMMENT:NO COMMENT)	刀具信息
17 TOOL CALL 7 Z S4500 DL+0 DR-6	换 7 号刀，转速为 4500，刀长额外补偿为 0，刀径补偿为-6
18 TOOL DEF 6	预备下一把刀
19 M03	主轴正转
20 CYCL DEF 32.0 TOLERANCE	开启高速高精度模式
21 CYCL DEF 32.1 T0.005	
22 CYCL DEF 32.2 HSC-MODE:0 TA0.2	
*(CLEANUP #6，正面粗加工)	程序信息
23 L A-90 C180 FMAX	快速到达 AC 轴的起始位置
24 M08	开启冷却液
25 PLANE SPATIAL SPA90 SPB90 SPC0 TURN F3000 SEQ- TABLE ROT	开启自定义工作平面模式，下面的所有 XYZ 坐标都按新的坐标模式输出
26 L X100.4887 Y-47.275 FMAX	快速到达 XY 轴的起始位置
27 L Z50 FMAX	到达 Z 安全高度
28 M15	锁定 A 轴
29 M10	锁定 C 轴
30 L X100.4887 Y-47.275 Z28 FMAX	快速到达加工位置
31 L Z27 F1600.	进给切入

续表

G 代码	注释
32 L X101.7315 Y-46.6715	开始加工
33 L X102.9742 Y-46.0679	
34 CC X102.4417 Y-44.9834	
35 C X103.6497 Y-44.9628 DR+	
*** 分割线 ***	为了便于阅读，此处删除了中间的程序代码
22178 CC X12.0761 Y-7.1666	
22179 C X11.4303 Y-6.1542 DR+	
22180 L X11.3783 Y-6.1894	
22181 L Z50 FMAX	加工完毕后返回安全高度
22182 STOP	程序停止，便于查看加工结果和机床调试
22183 M05	主轴停止
22184 M09	关闭冷却液
22185 L M140 MB MAX	Z 返回最高点
22186 PLANE RESET STAY	取消自定义的工作平面
22187 M16	松开 A 轴
22188 M11	松开 C 轴
22189 L A+0.0 C+0.0 R0 FMAX M91	AC 轴归零
*(NAME:D10R5 D=10 R=5 L=35 COMMENT:NO COMMENT)	刀具信息
22190 TOOL CALL 6 Z S5000 DL+0 DR-5	换 6 号刀，转速为 5000，刀长额外补偿为 0，刀径补偿为-5
22191 TOOL DEF 7	预备下一把刀
22192 M03	主轴正转
22193 CYCL DEF 32.0 TOLERANCE	
22194 CYCL DEF 32.1 T0.005	开启高速高精度模式
22195 CYCL DEF 32.2 HSC-MODE:0 TA0.2	
*(MW_5X #8, 头部精加工)	程序信息
22196 L A-77.2193 C214.1769 FMAX	快速到达 AC 轴的起始位置
22197 M08	开启冷却液
22198 PLANE SPATIAL SPA-33.2184 SPB74.6668 SPC-90 TURN F3000 SEQ-TABLE ROT	开启自定义工作平面模式，下面的所有 XYZ 坐标都按新的坐标模式输出
22199 L X14.3275 Y12.5295 FMAX	快速到达 XY 轴的起始位置
22200 L Z46.2357 FMAX	到达 Z 安全高度
22201 PLANE RESET STAY	取消自定义的工作平面
22202 M128	开启刀尖跟随模式，下面的所有 XYZ 坐标都按参考坐标系输出
22203 L X21.7842 Y-13.8139 Z-11.0686 FMAX	快速到达加工位置
22204 L X20.6885 Y-12.2003 Z-11.5111 F1500.	进给切入
22205 L X20.6566 Y-12.1535 Z-11.5239	开始加工
22206 L X20.5121 Y-11.9632 Z-11.5772	
22207 L X20.3519 Y-11.7853 Z-11.6289	
22224 L X16.5505 Y-11.3916 Z-11.9987	
22225 L X15.9227 Y-11.798 Z-11.9542 A-77.6021 C213.1766 F2000.	XYZAC 轴 5 轴联动

续表

G 代码	注释
22226 L X15.2009 Y-12.2503 Z-11.9178 A-78.1283 C212.0222	
22227 L X14.5767 Y-12.6285 Z-11.8986 A-78.6601 C211.0225	
22228 L X13.9475 Y-12.9976 Z-11.8906 A-79.2703 C210.0161	
22229 L X13.3136 Y-13.357 Z-11.8937 A-79.9618 C209.0056	*XYZAC* 轴 5 轴联动
22230 L X12.6751 Y-13.7065 Z-11.9081 A-80.7372 C207.994	
22231 L X12.032 Y-14.0456 Z-11.9336 A-81.5985 C206.9845	
22232 L X11.3847 Y-14.3738 Z-11.9704 A-82.5475 C205.9743	
*** 分割线 ***	为了便于阅读，此处删除了中间的程序代码
233882 L X-1.3204 Y-22.9869 Z-71.8046	
233883 L X-1.3277 Y-32.7559 Z-69.6676 FMAX	
233884 L X-1.3405 Y-49.982 Z-65.8994 FMAX	
233885 M05	主轴停止
233886 M09	关闭冷却液
233887 M129	取消刀尖跟随模式
233888 L M140 MB MAX	Z 返回最高点
233895 L A+0.0 C+0.0 R0 FMAX M91	AC 归零
233896 L X100 Y700 R0 FMAX M91	XY 返回安全点
233897 CYCL DEF 32.0 TOLERANCE	关闭高速高精度模式
233898 CYCL DEF 32.1	
233899 M30	程序结束
233900 END PGM 00 MM	

2.6　程 序 单

机器人的 NC 加工程序单如表 2-4 所示。

表 2-4　机器人的 NC 加工程序单

计划时间		
实际时间		
上机时间		
下机时间		
工作尺寸	单位：mm	
X_c	工件中心	
Y_c	工件中心	
Z_c	工件顶面	
工作数量：1 件		

续表

程序名称	加工类型	刀具	行距	加工余量	上机时间	完成时间	备注
01	粗加工	D12R1	1	0.2			
02	精加工	D10R5	0.15	0			
03	精加工	D4R2	0.15	0			
04	精加工	D1R0.5	0.15	0			
05	精加工	D2R1	0.15	0			

巩固练习

根据本项目学习的内容，自行设计装夹、定义毛坯，并选择合适的刀具完成如图 2-82 所示练习零件"冰墩墩"的编程。

图 2-82　冰墩墩

拓展练习

完成如图 2-83 所示造型杯的数控程序创建。

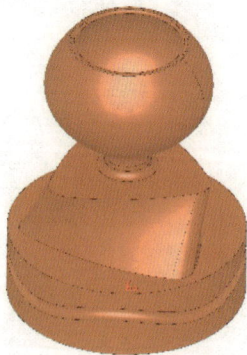

图 2-83　造型杯

知识拓展　5 轴机床和 6 轴机床

5 轴机床指的是在常规的 3 条线性轴（*XYZ*）的基础上增加 2 条旋转轴而组成的机床。按机床结构可以分为立式双摆台、双摆头、摆台加摆头这 3 种常见的类型。大部分的机床旋转轴与线性轴平行，当不平行时称为非正交机床。市场面存在的 6 轴机床，通常指的是立卧转换 6 轴机床，而不是进行 6 轴联动，一般是某个旋转轴先定位，剩下的 5 轴进行联动。

5 轴机床和 6 轴机床的结构如图 2-84 所示。

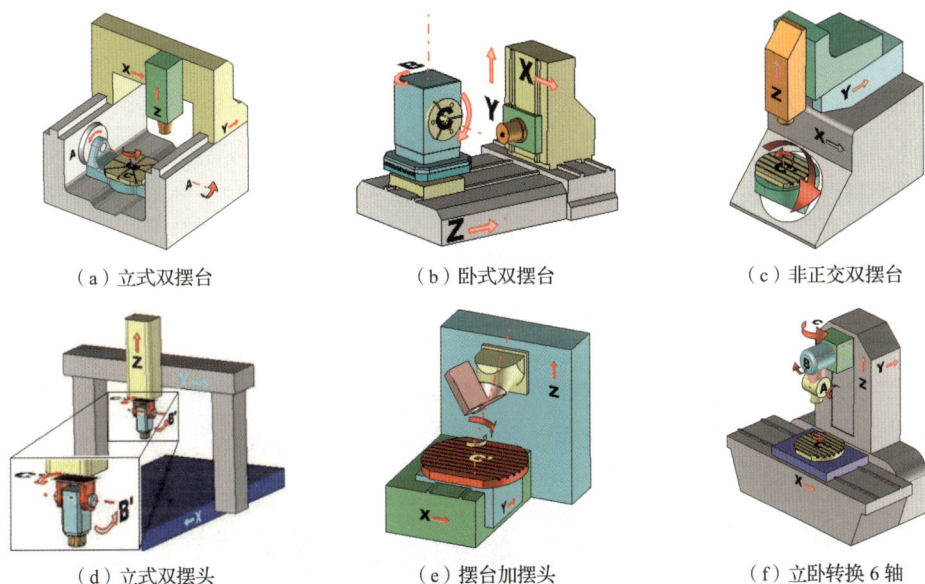

（a）立式双摆台　　　　　（b）卧式双摆台　　　　　（c）非正交双摆台

（d）立式双摆头　　　　　（e）摆台加摆头　　　　　（f）立卧转换 6 轴

图 2-84　5 轴机床和 6 轴机床的结构

思政案例　大国工匠秦世俊：0.01 毫米的较量

"精品与废品的距离只有 0.01 毫米，成功与失败的差别仅在于能否全情投入。"秦世俊把这句话作为座右铭，激励自己每天刻苦钻研技术，为此，他付出了常人难以想象的艰辛与汗水。打破传统、勇于创新是他的思维习惯，多年来他实现技术创新、小改小革1000 余项，创经济效益超 1000 万元。"逆向思维、反向采点加工腹板法""为两台不同型号的车铣中心机床制作转换夹具"等一个个大型技术攻关项目成为他创新精神的真实写照。从普通技工成长为技能专家，从产业工人锤炼成大国工匠，秦世俊用实际行动诠释了严细精实、刻苦钻研的创新精神，精益求精、追求卓越的进取精神，恪尽职守、无悔担当的奋斗精神，彰显了劳模、工匠的责任与担当。

（资料来源：黑龙江工会）

3 项目

弯管数控编程

项目导读

弯管模型零件为汽车发动机弯管模型，如图 3-1 所示。毛坯为铸件，端面及装配孔在上一工序已加工完毕，材质为铝合金。本项目的工作过程如下：弯管模型分析→弯管加工工艺制定→编程操作→机床模拟→后处理。

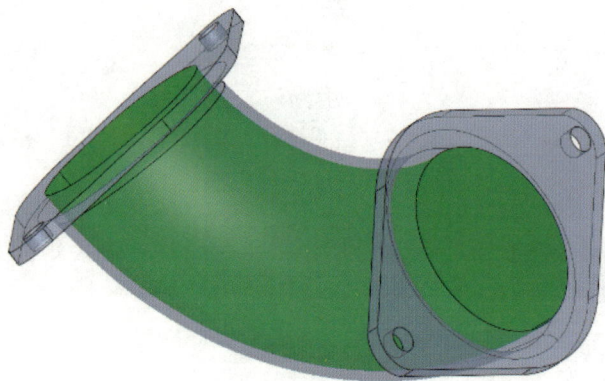

图 3-1 弯管模型

学习目标

1）掌握特殊刀具（棒糖刀）的使用方法。

2）掌握弯管专用模块粗加工和精加工的方法。

3）能制定合理的加工工艺并运用加工策略进行编程及机床模拟。

4）培养认真细致的工作态度和严谨的工作作风。

5）坚定文化自信，增强民族自豪感。

3.1 弯管模型分析

打开 Cimatron 软件，打开"X:\...\项目 3 弯管数控编程\源文件\弯管.elt"文件，进入
Cimatron 16 编程界面。在开始编程之前对图形进行整体分析。

1. 尺寸分析

选择主菜单中的"工具"→"PMI"→"标注"选项，对零件
和夹具尺寸进行标注，如图 3-2 所示。根据零件尺寸来确定编程时
刀具的尺寸。

视频 3.1 弯管模型分析

2. 曲率分析

选择主菜单中的"分析"→"曲率"选项，对零件进行分析得知，弯管内径为 150，
如图 3-3 所示。

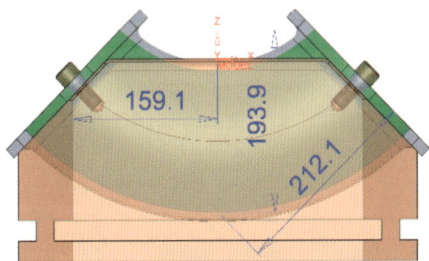

图 3-2　整体尺寸

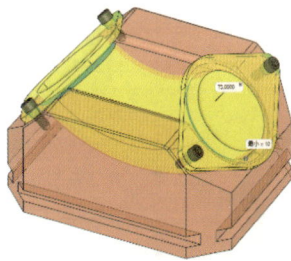

图 3-3　曲率分析

3. 方向分析

选择主菜单中的"分析"→"方向分析"选项，自右侧端面垂直方向进行分析，查看
倒扣区域，配合"动态剖切"命令查看结果，有必要时可以创建"剖面轮廓"。根据方向和
剖面的尺寸定义"棒糖刀"的尺寸和夹持尺寸，如图 3-4 所示。

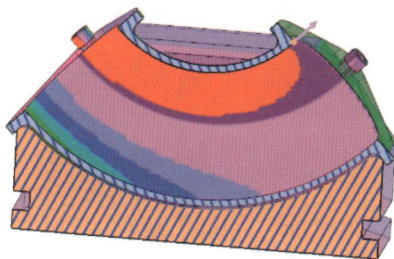

图 3-4　方向分析

3.2 弯管的加工工艺制定

弯管的加工工艺如表 3-1 所示。

视频 3.2 弯管加工工艺制定

表 3-1　弯管的加工工艺

序号	加工内容	加工策略	图解	备注
01	粗加工	弯管铣削粗加工		使用直径为 40、长度为 170 的棒糖刀进行 5 轴联动粗加工
02	半精加工	弯管铣削环绕半精加工		使用直径为 40、长度为 170 的棒糖刀进行 5 轴联动半精加工
03	精加工	弯管铣削环绕精加工		使用直径为 40、长度为 170 的棒糖刀进行 5 轴联动精加工

3.3 弯管编程操作

注意： 为节约篇幅，自本项目开始，前期准备工作已事先设定完毕。

视频 3.3 弯管编程准备

3.3.1　粗加工

1. NC 设置

在"NC 程序管理器"中双击"NC_Setup"选项，打开"修改 NC 设置"对话框，当前已设置机床为"5XTT-Mikron"，这是一台立式结构的 5 轴双摆台机床。后处理为"MikronP500U"，设置"设置原点"中的"X"为 0、"Y"为 0、"Z"为 215。点亮灯泡💡即可显示机床工作台，如图 3-5 所示。

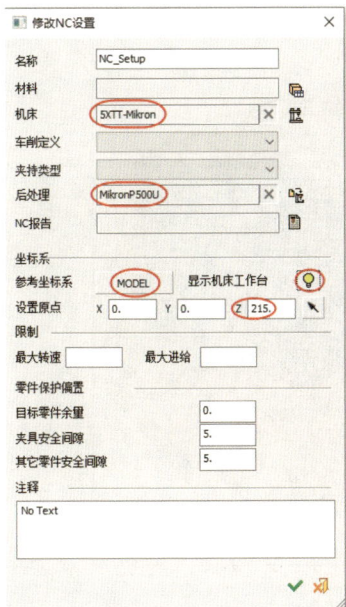

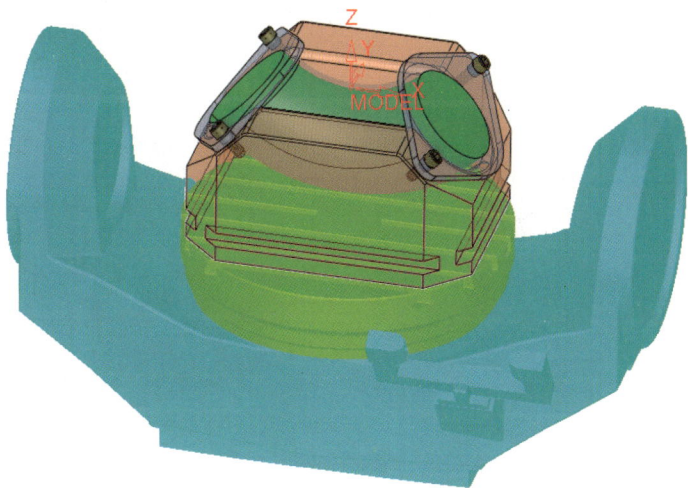

图 3-5　修改 NC 设置

2. 创建零件

在"NC 程序管理器"中双击"目标零件"选项，打开"零件"对话框，当前已选择集合弯管的曲面为目标零件，如图 3-6 所示。

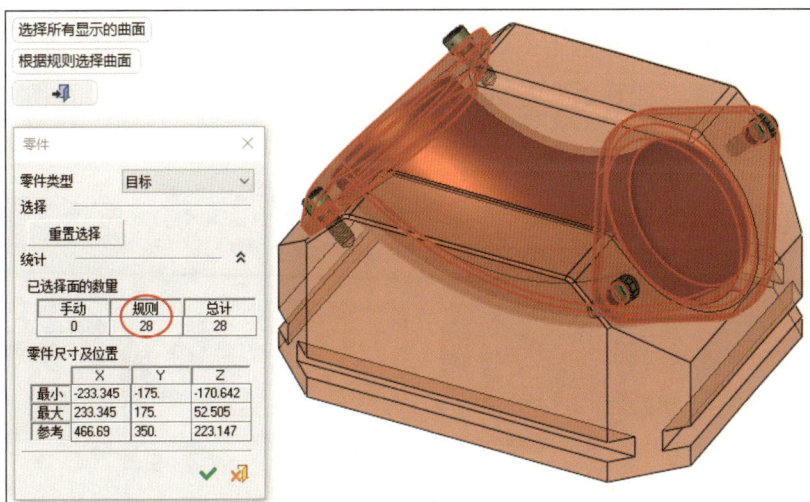

图 3-6　选择目标零件

3. 创建毛坯

在"NC 程序管理器"中双击"网格面毛坯"选项，打开"初始毛坯"对话框，当前已选择集合毛坯的网格面为毛坯，如图 3-7 所示。

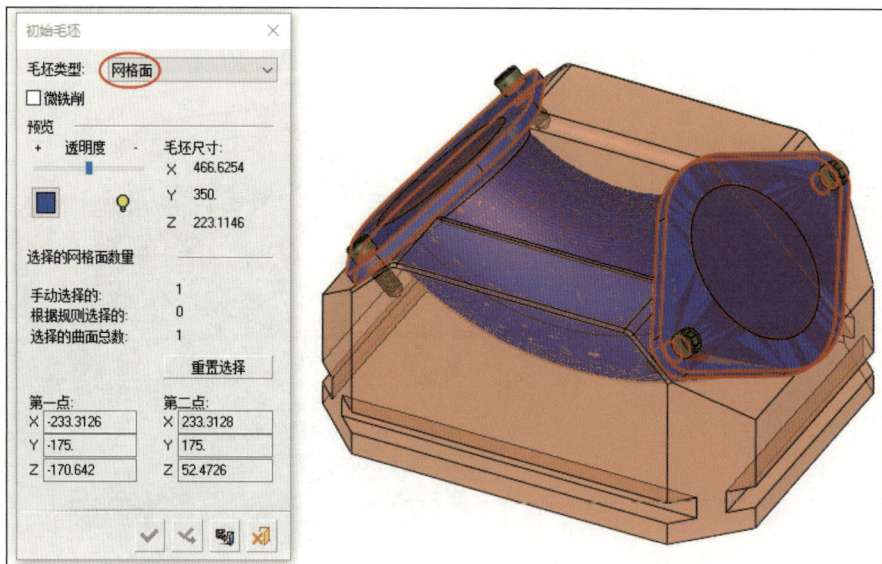

图 3-7　创建毛坯

4. 创建夹具

在"NC 程序管理器"中双击"装夹零件"选项，打开"零件"对话框，当前已选择集合夹具的曲面为夹具，如图 3-8 所示。

5. 创建刀轨

在"NC 程序管理器"中双击刀轨文件夹"TP_MODEL"，打开"修改刀轨"对话框，设置"类型"为 5 轴，"坐标系"为 MODEL，"Z（安全高度）"为 100，如图 3-9 所示。

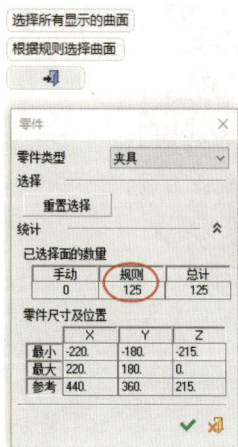

图 3-8　创建夹具

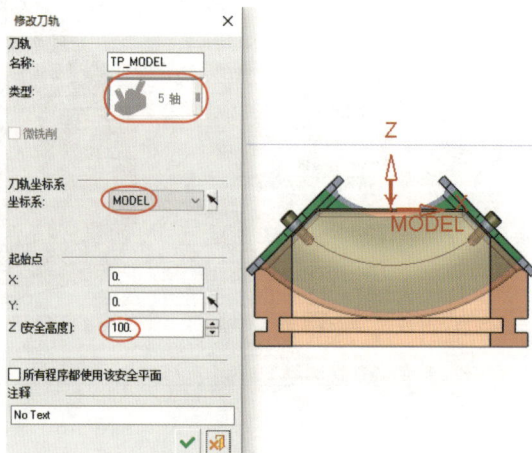

图 3-9　创建 5 轴刀轨

6. 创建 5 轴应用——弯管铣削程序

在 NC 向导中单击"程序"按钮，打开"程序向导"对话框，修改"主选项"为"5 轴应用"，"子选项"为"弯管铣削"，如图 3-10 所示。"弯管铣削"属于专用模块，相对于"通用 5 轴"模块来说，界面更简洁，对应类型零件生成的轨迹更合理，常用于发动机气缸、闭式叶轮等周围封闭型零件的编程。

图 3-10　弯管铣削

视频 3.4 弯管
5 轴粗加工

（1）选择刀具

单击"程序向导"对话框中的"刀具"按钮，在打开的"铣削刀具和夹持"对话框中选择"D40 棒糖刀"进行粗加工，如图 3-11 所示，然后单击"确定"按钮。

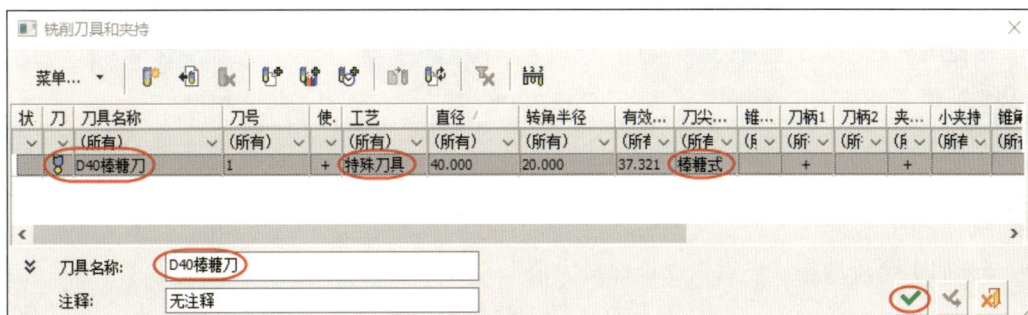

图 3-11　选择刀具

（2）设置刀轨参数

单击"程序向导"对话框中的"刀轨参数"按钮，切换至"刀轨参数"界面，设置"铣削公差"为 0.03、"更新残留毛坯"为"是"，如图 3-12 所示。

图 3-12　设置刀轨参数 1

（3）设置"曲面路径"选项卡

1）单击"程序向导"对话框中的"刀具轨迹"右侧的"进入"按钮，打开"弯管铣削"对话框。在"曲面路径"选项卡中设置模式为"粗加工"、类型为"偏置"，根据不同的毛坯类型可选"粗加工"或"二粗"，若选择"粗加工"，则默认弯管内部需全部切削；若选择"二粗"，则需额外设定"毛坯"，仅加工毛坯区域。

2）单击"加工曲面"选项右侧的按钮，在打开的对话框中选择弯管内壁曲面，设置"余量"为 0.3 即可。

3）选中"自动中心线"复选框，系统自动计算弯管中心线，加工复杂零件时自动创建的中心线可能达不到完美的效果。可手动选择曲线作为中心线，中心线必须位于弯管内部，刀具通过中心线指向加工曲面。中心线的端点可以在弯管内部或外部，当中心线太短时可能有些曲面无法完全被加工，效果如图 3-13 所示。

4）区域输出类型可选择"两者"、"顶部"或"底部"，当前设置为"两者"，对两个方向同时加工，如图 3-14 所示。

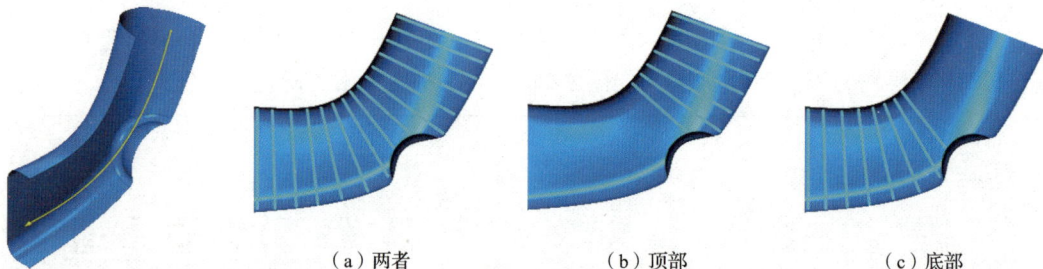

（a）两者　　　　　　　（b）顶部　　　　　　　（c）底部

图 3-13　自动中心线　　　　　　　　　图 3-14　区域输出类型

5）加工至可选择"中点"、"顶部最大值"、"底部最大值"或"自定义"。"中点"指的

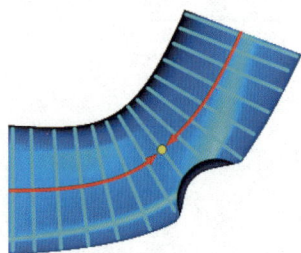

图 3-15　区域加工至

是刀具与工件的接触点，实际的刀轨会超过该点，通常会下切一个刀具半径。"顶部最大值"将根据设置的刀具在顶部进行最大范围的加工。"底部最大值"将根据设置的刀具在底部进行最大范围的加工。"自定义"可指定顶部和底部将加工的区域范围（以百分百表示）。当前设置为"中点"，如图 3-15 所示。

6）单击"高级"按钮，在打开的"弯管加工区域的高级选项"对话框中选中"顶部区域"和"底部区域"选项组中的"边控制"复选框，如果不选中"边控制"复选框，则在第一层切削时刀具会下切一个刀具半径。这在粗加工时是不允许的，精加工可以不选中"边控制"复选框。设置"最大重叠距离"为 1，刀具自两端加工至"中点"时有 1mm 的重叠刀轨。

7）设置"单向铣削方向"为"顺铣"，"螺旋角度"为 1，通常不能超过 3。设置"最大步距"为 20、"下切步距"为 2，如图 3-16 所示。

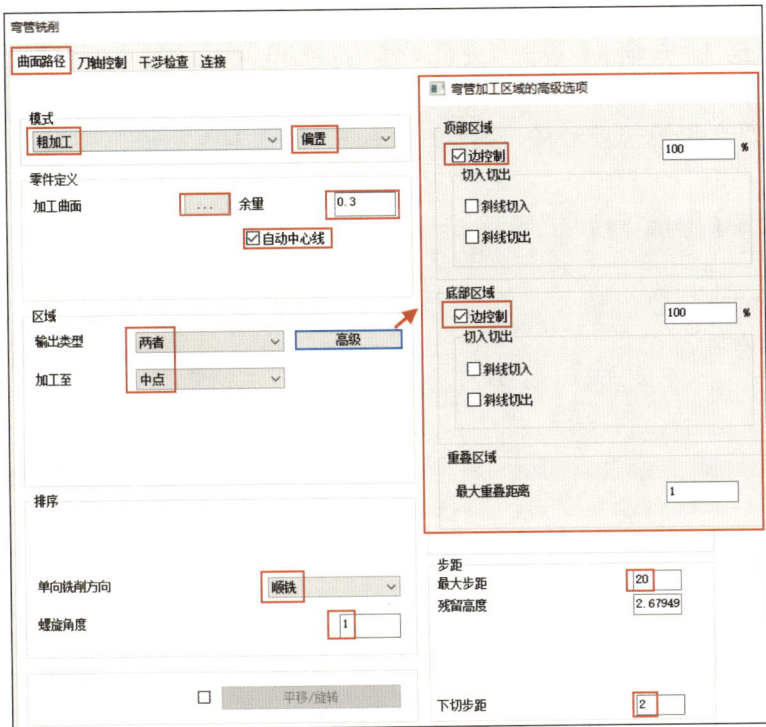

图 3-16　设置"曲面路径"选项卡 1

（4）设置"刀轴控制"选项卡

切换至"刀轴控制"选项卡，设置"输出格式"为 5 轴，选中"尽量少倾斜"复选框，这样系统在计算倾斜角度时会考虑此参数。"刀轴限制"当前未开启，该参数用于匹配机床旋转轴极限，避免输出的刀轴超过机床硬极限，如图 3-17 所示。

（5）设置"干涉检查"选项卡

切换至"干涉检查"选项卡，选中"检查曲面"复选框并单击其右侧的按钮，然后选择弯管左右的 2 个端面作为检查曲面，避免夹持与工件发生碰撞，如图 3-18 所示。

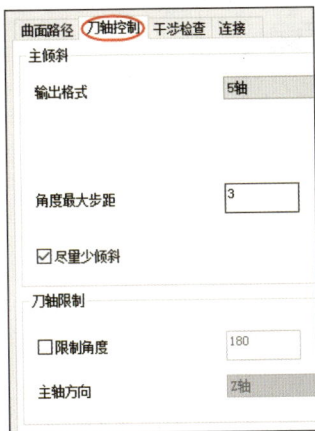

图 3-17　设置"刀轴控制"选项卡

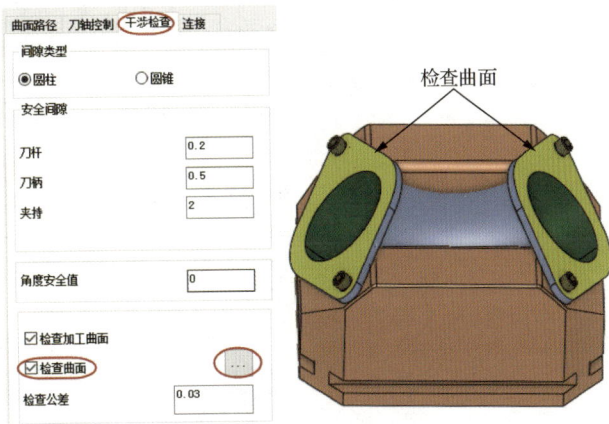

图 3-18　设置"干涉检查"选项卡

（6）设置"连接"选项卡

切换至"连接"选项卡，设置"安全区域"选项组中的"半径"为300，"方向"为"Y轴"，"通过"为"自定义点"（"X"为0、"Y"为0、"Z"为-175，用于弯管两端之间的程序连接）。设置"进给距离"为3，其他参数不变，如图3-19所示。

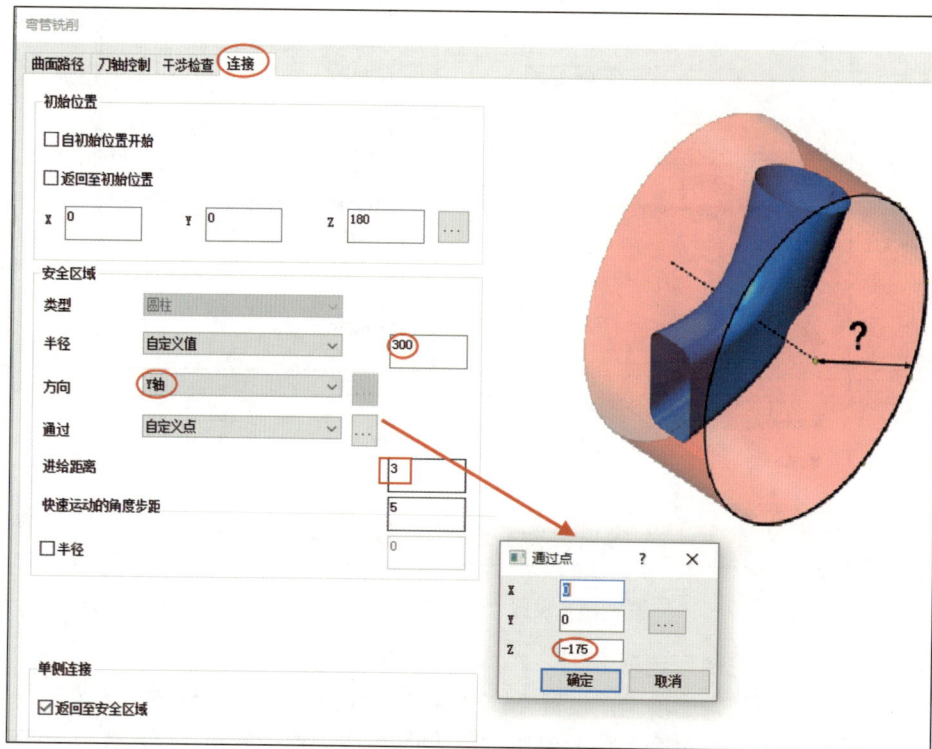

图3-19　设置"连接"选项卡

（7）设置机床参数

设置完以上参数后单击"确定"按钮返回"程序向导"对话框，然后单击"机床参数"按钮，打开"机床参数"界面，设置"插刀速率"和"切出速率"为2000，如图3-20所示。

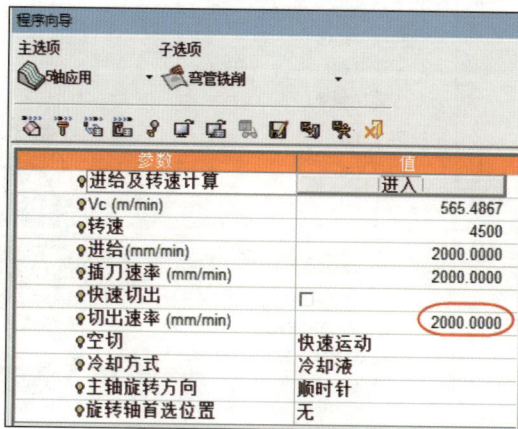

图3-20　设置机床参数

（8）生成程序

设置完以上参数后单击"确定"按钮返回"程序向导"对话框，然后单击"保存并计算"按钮，即可生成弯管 5 轴粗加工程序，如图 3-21 所示。在 NC 向导中单击"导航器"按钮查看刀具路径，两层之间的螺旋下切时刀轴同时发生了变化，每层切削的刀轴固定，类似于 3+2 定位加工。加工至中心后刀具切出沿安全区域移动至另一侧开始加工，两侧的轨迹在中心存在 1mm 的重叠。确认程序无误后，单击 🔒 按钮计算剩余毛坯并修改注释为"粗加工"。

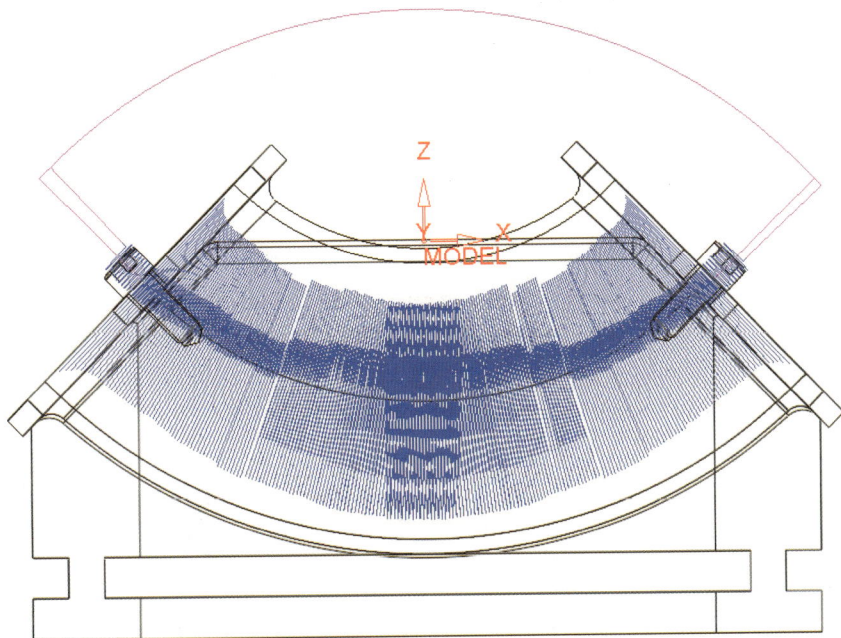

图 3-21　粗加工程序

3.3.2　半精加工

1. 复制程序

在"NC 程序管理器"中复制"粗加工"程序至列表末，然后修改注释为"半精加工"，如图 3-22 所示。

视频 3.5 弯管 5 轴半精加工

图 3-22　复制程序 1

2. 设置刀轨参数

双击"精加工"程序，打开"程序向导"对话框，然后单击"刀轨参数"按钮，切换至"刀轨参数"界面，设置"铣削公差"为 0.01，如图 3-23 所示。

图 3-23　设置刀轨参数 2

3．设置"曲面路径"选项卡

双击"精加工"程序，打开"程序向导"对话框，单击"进入"按钮，打开"弯管铣削"对话框。"曲面路径"选项卡中的精加工有两种模式，即"环绕精加工"和"沿线精加工"。"环绕精加工"跟随端面轮廓环绕分层切削，"沿线精加工"跟随中心线形状投影至内壁铣削。选择模式为"环绕精加工"，设置"余量"为 0.1、"最大步距"为 1，如图 3-24所示。

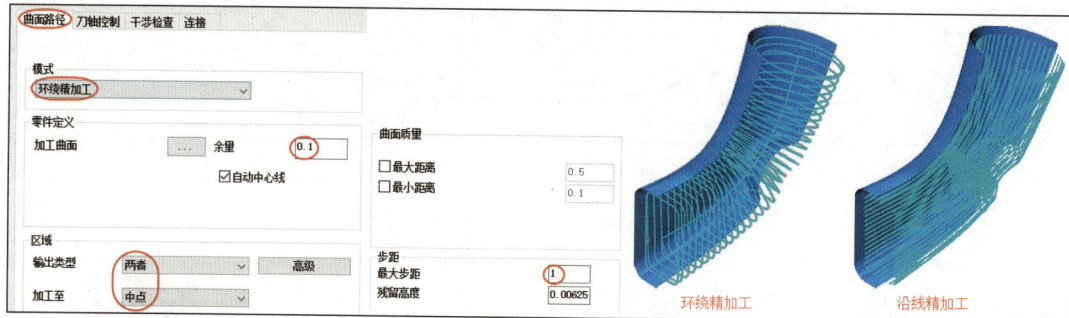

图 3-24　设置"曲面路径"选项卡 2

4．生成程序

图 3-25　半精加工程序

设置完以上参数后单击"确定"按钮，返回"程序向导"对话框，然后单击"保存并计算"按钮，即可生成弯管 5 轴半精加工程序。在 NC向导中单击"导航器"按钮查看刀具路径，刀具自弯管中心下切并从圆弧切入，轨迹为螺旋顺铣，加工至中心后刀具切出自另一侧开始加工，两侧的轨迹在中心存在 1mm的重叠。确认程序无误后，单击 按钮计算剩余毛坯，如图 3-25 所示。

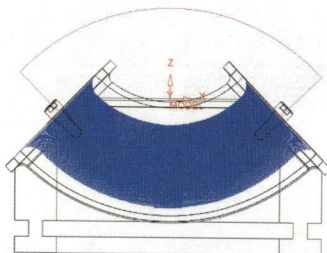

3.3.3　精加工

1. 复制程序

在"NC 程序管理器"中复制"半精加工"程序至列表末，然后修改注释为"精加工"，如图 3-26 所示。

视频 3.6 弯管 5 轴精加工

图 3-26　复制程序 2

2. 设置刀轨参数

双击"精加工"程序，打开"程序向导"对话框，然后单击"刀轨参数"按钮，切换至"刀轨参数"界面，设置"铣削公差"为 0.005，如图 3-27 所示。

图 3-27　设置刀轨参数 3

3. 设置"曲面路径"选项卡

双击"精加工"程序，打开"程序向导"对话框，然后单击"进入"按钮，打开"弯管铣削"对话框。在"曲面路径"选项卡中设置"余量"为 0、"最大步距"为 0.35，如图 3-28 所示。

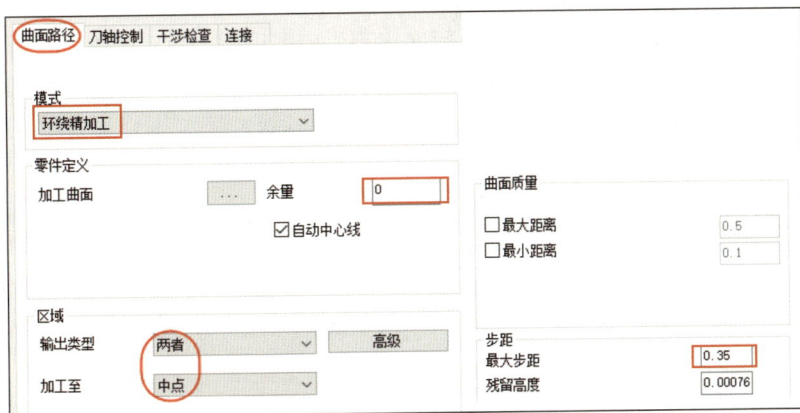

图 3-28　设置"曲面路径"选项卡 3

4. 生成程序

设置完以上参数后单击"确定"按钮，返回"程序向导"对话框，然后单击"保存并计算"按钮，即可生成弯管 5 轴精加工程序。在 NC 向导中单击"导航器"按钮查看刀具路径，与半精加工程序一样生成了螺旋顺铣的刀轨。确认程序无误后，单击 按钮计算剩余毛坯，如图 3-29 所示。

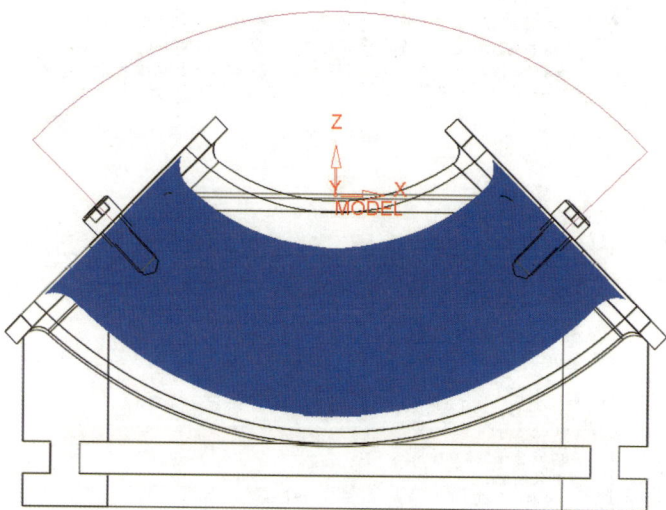

图 3-29　精加工程序

3.4 机 床 模 拟

在 NC 向导中单击"机床模拟"按钮，在打开的"机床模拟"对话框中选择所有程序后单击 按钮将其添加至右侧的"模拟的程序序列"列表框中，然后选中"材料去除"、"检查零件"和"使用机床"复选框，并选择机床为"5XTT-Mikron"，设置"原点设置"中的"Z"为 215，如图 3-30 所示。以上参数皆由 NC 设置参数自动加载，最后单击"确定"按钮进入机床模拟界面。

选中"模拟控制"对话框中的"忽略停止条件"复选框，然后单击 按钮开始模拟，完毕后查看模拟结果，确认没有问题后单击"退出模拟"按钮退出模拟界面，如图 3-31 所示。

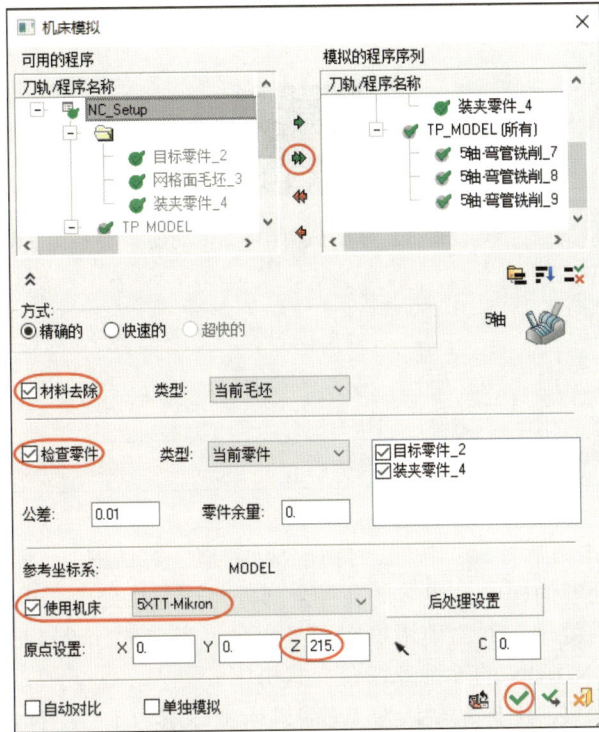

图 3-30　机床模拟设置

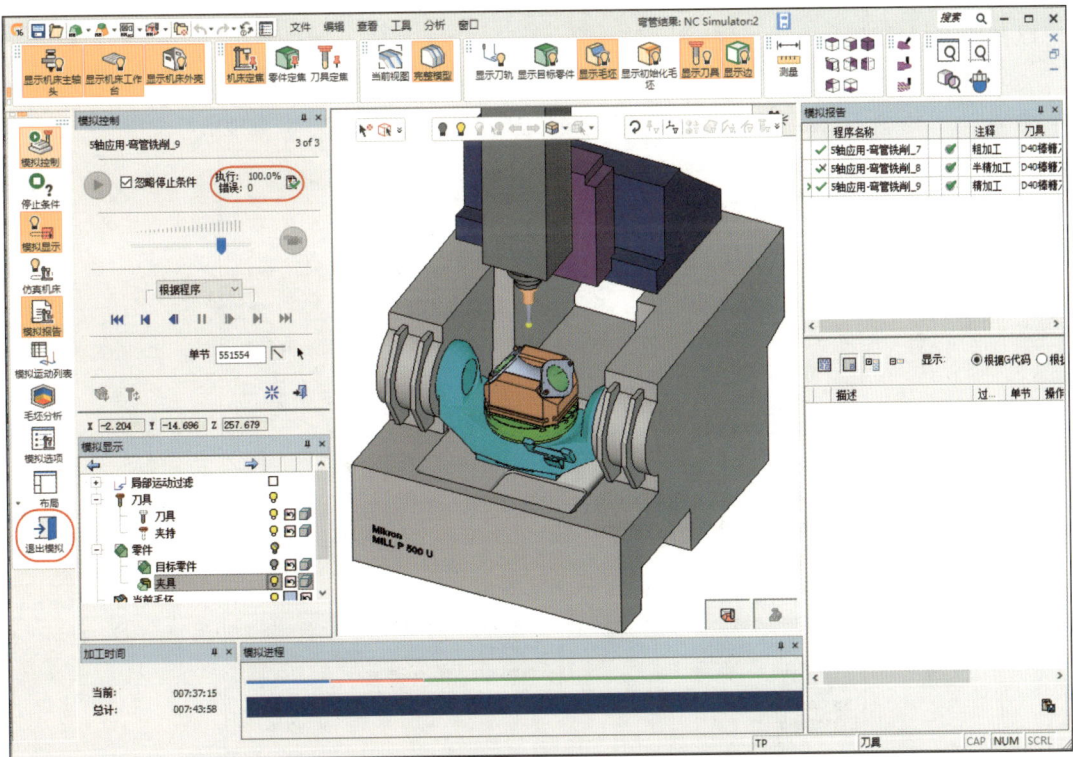

图 3-31　机床模拟结果

退出模拟环境，保存文档。文件保存路径为"X:\...\项目 3 弯管数控编程\源文件"，文件名为"弯管结果.elt"。

动画 3.1 弯管 5 轴粗加工动画　　动画 3.2 弯管 5 轴半精加工动画　　动画 3.3 弯管 5 轴精加工动画

3.5 后 处 理

在 NC 向导中单击"后处理"按钮，打开"后处理"对话框。

1）选择需要后处理的程序，通常是选择全部程序一起后处理，也可以选择一部分。

2）选择对应的后处理，通常使用机床型号命名。当前选择"MikronP500U"，这是一台控制系统为 HEIDENHAIN 的 5 轴双摆台立式机床。

3）设定交互区参数。坐标系默认为 1，即机床坐标系为 1 号坐标。

4）设定目标文件夹，如 E:\NC，建议选择一个相对简单的目录，以便查找。

5）选择参考坐标系，对应机床上取数的坐标系。其通常在 NC_Setup 中提前设置，也可以在此进行修改。

6）设置完成后单击"确定"按钮进行后处理输出，如图 3-32 所示。

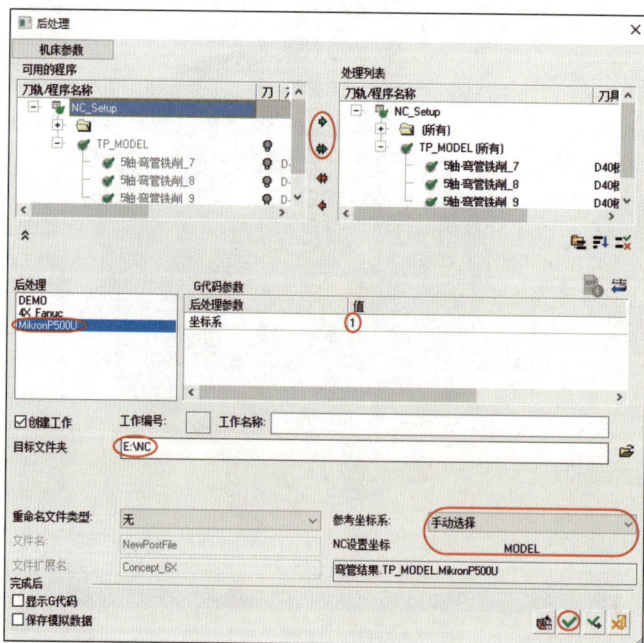

图 3-32　后处理设置

注意：不同的后处理交互区参数不一样，请阅读后处理对应的使用说明。关于 G 代码的说明请查阅 2.5 节中的表 2-3。

3.6　程　序　单

弯管 NC 的加工程序单如表 3-2 所示。

表 3-2　弯管 NC 的加工程序单

计划时间							
实际时间							
上机时间							
下机时间							
工作尺寸	单位：mm						
X_c	夹具中心						
Y_c	夹具中心						
Z_c	夹具顶面						
工作数量：1 件							
程序名称	加工类型	刀具	行距	加工余量	上机时间	完成时间	备注
01	粗加工	D40 棒糖刀	1	0.3			
02	精加工	D40 棒糖刀	0.35	0			

巩固练习

根据本项目学习的内容，自行设计装夹、定义毛坯，并选择合适的刀具完成如图 3-33 所示练习零件"复杂弯管"的编程。

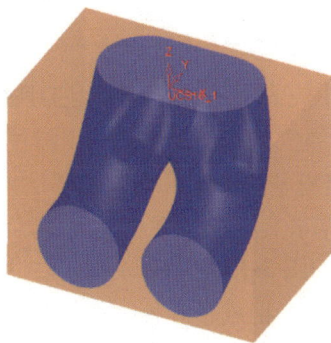

图 3-33　复杂弯管

拓展练习

完成如图 3-34 所示多型腔弯管的数控程序创建。

图 3-34　多型腔弯管

知识拓展　常见数控系统

数控系统是数字控制系统的简称，目前市面上有多种数控系统，如华中数控、凯恩帝、广州数控、FANUC、SIEMENS、HEIDENHAIN、MITSUBISHI 等。多轴数控系统除有 3 轴系统的功能外，最大的区别是增加了工作平面和刀尖跟随两个高级功能。工作平面功能可将任意空间平面转换至 XY 平面，以便进行循环运动，如圆弧运动和钻孔循环。刀尖跟随功能可在 5 轴联动时，对旋转轴旋转导致的坐标位置偏置进行自动补偿，在工作台上安装工件时无须考虑工件与机床的相对位置关系。在 3 轴机床的基础上加装旋转轴时，如果控制系统未开通以上两个高级功能，则需要后处理进行坐标补偿。

思政案例　古老的车床

距今 2000 多年前，人类的祖先为了更方便地使用工具进行加工，设计了最早的机床原形——树木车床。工作时，脚踏绳索下端的套圈，利用树枝的弹性使工件由绳索带动旋转，手拿贝壳或石片等作为刀具，沿板条移动工具切削工件。

到了 13 世纪，出现了用脚踏板旋转曲轴并带动飞轮，再传动到主轴使其旋转的"脚踏车床"，也称为弹性杆棒车床，如图 3-35 所示。

明朝出版的《天工开物》一书，记载了一种制玉的工序——扎砣（图 3-36），它的主要作用相当于"切"，工作原理与弹性杆棒车床相似。采用脚踏的方法使砣旋转，配合沙子和水将小玉石切开。砣的大小，可根据玉料的大小进行选择。还有冲砣、磨砣工序，这两道工序类似于现代加工中的粗磨和精磨。

图 3-35   弹性杆棒车床

图 3-36   《开工天物》中的扎砣

（资料来源：中国机械工程学会）

大力神杯数控编程

项目导读

本项目零件为大力神杯模型，如图 4-1 所示。毛坯为圆柱形，材质为铝合金。本项目的工作过程如下：大力神杯模型分析→大力神杯加工工艺制定→编程操作→机床模拟→后处理。

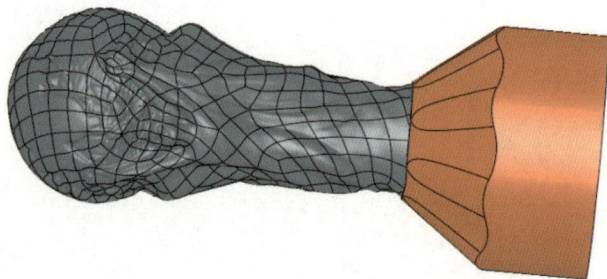

图 4-1　大力神杯模型

学习目标

1）掌握复杂零件定位粗加工的方法。

2）掌握专用策略——5 轴投影的加工方法。

3）掌握加工复杂曲面时辅助面的创建方法。

4）掌握复杂曲面 5 轴联动时的加工方法。

5）能制定合理的加工工艺并进行编程及机床模拟。

6）培养勤于思考、善于总结、勇于探索的科学精神。

7）弘扬一丝不苟、精益求精、追求卓越的工匠精神。

打开 Cimatron 软件，打开"X:\...\项目 4 大力神杯数控编程\源文件\大力神.elt"文件，进入 Cimatron 16 编程界面。在开始编程之前对图形进行整体分析。

1. 尺寸分析

选择主菜单中的"工具"→"PMI"→"标注"选项，对零件和夹具尺寸进行标注，如图 4-2 所示。根据零件尺寸来确定编程时刀具的尺寸。

视频 4.1 大力神杯模型分析

2. 曲率分析

选择主菜单中的"分析"→"曲率"选项，对零件进行分析，根据零件曲率确定编程时刀具的直径，如图 4-3 所示。

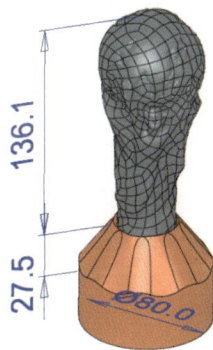

图 4-2　整体尺寸

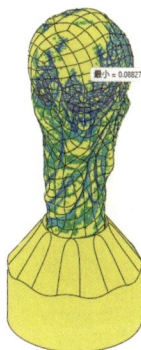

图 4-3　曲率分析

3. 方向分析

选择主菜单中的"分析"→"方向分析"选项，调整分析方向查看倒扣区域，用于确定粗加工的刀轴方向，如图 4-4 所示。

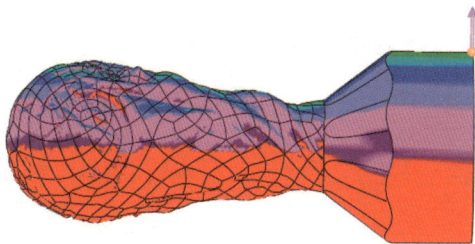

图 4-4　方向分析

4.2 大力神杯的加工工艺制定

大力神杯的加工工艺如表 4-1 所示。

视频 4.2 大力神杯
加工工艺制定

表 4-1　大力神杯的加工工艺

序号	加工内容	加工策略	图解	备注
01	粗加工	体积铣 环绕粗铣		使用直径为 12、刀尖圆角为 1 的牛鼻刀左右各倾斜 90° 进行定位粗加工
02	半精加工	5 轴投影		使用直径为 10 的球刀进行半精加工
03	半精加工	通用 5 轴 两曲线仿形		使用直径为 4 的球刀进行半精加工
04	精加工	通用 5 轴 两曲线仿形		使用直径为 2 的球刀进行精加工

4.3 大力神杯编程操作

4.3.1 粗加工

1. NC 设置

在"NC 程序管理器"中双击"NC_Setup"选项，打开"修

视频 4.3 大力神杯编程准备

改 NC 设置"对话框。当前已设置机床为"5XTT-Mikron"，这是一台立式结构的 5 轴双摆台机床，设置"后处理"为 MikronP500U，设置"设置原点"中的"X"为 0、"Y"为 0、"Z"为 280，如图 4-5 所示。然后点亮灯泡💡即可显示机床工作台。

2. 创建零件

在"NC 程序管理器"中双击"目标零件"选项，打开"零件"对话框。当前已选择集合"大力神杯"的曲面为目标零件，如图 4-6 所示，然后单击"确定"按钮。

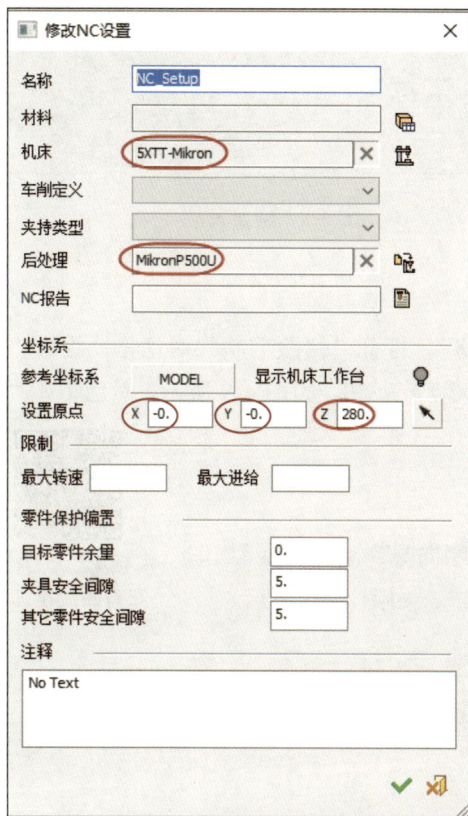

图 4-5　修改 NC 设置

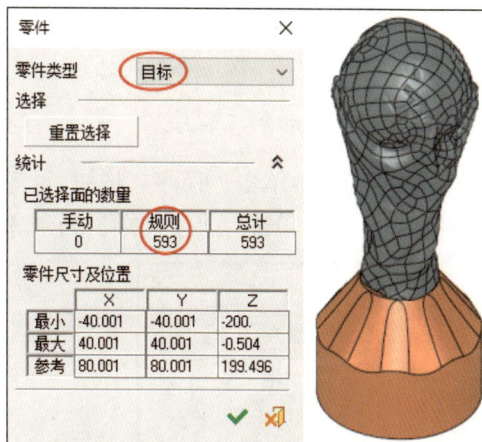

图 4-6　创建目标零件

3. 创建毛坯

在"NC 程序管理器"中双击"轮廓毛坯"选项，打开"初始毛坯"对话框。当前已选择大力神杯底座轮廓为毛坯轮廓，并设置"Z 顶部"为 0、"Z 底部"为-200，如图 4-7 所示，然后单击"确定"按钮。

4. 创建夹具

在"NC 程序管理器"中双击"装夹零件"选项，打开"零件"对话框。当前已选择集合"三爪"的曲面为夹具，如图 4-8 所示，然后单击"确定"按钮。

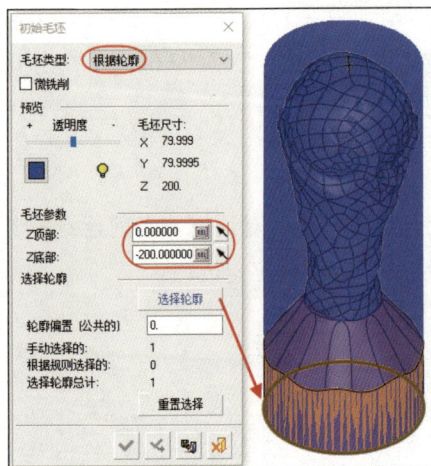

图 4-7　创建毛坯

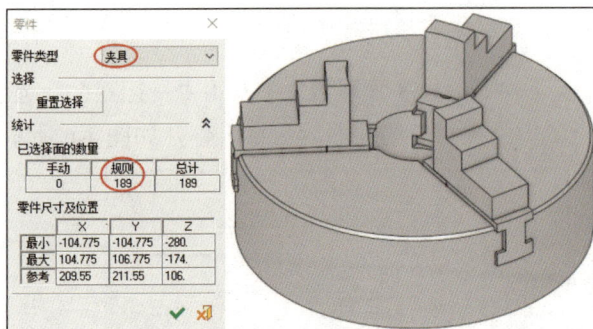

图 4-8　创建夹具

5. 创建刀轨

在"NC 程序管理器"中双击刀轨文件夹"5X",打开"修改刀轨"对话框。设置"类型"为 5 轴,"坐标系"为 MODEL,"Z(安全高度)"为 50,如图 4-9 所示,然后单击"确定"按钮。

6. 创建左侧粗加工程序

在 NC 向导中单击"程序"按钮,打开"程序向导"对话框。默认"主选项"为"体积铣","子选项"为"环绕粗铣",如图 4-10 所示。

视频 4.4 大力神杯
左右两侧粗加工

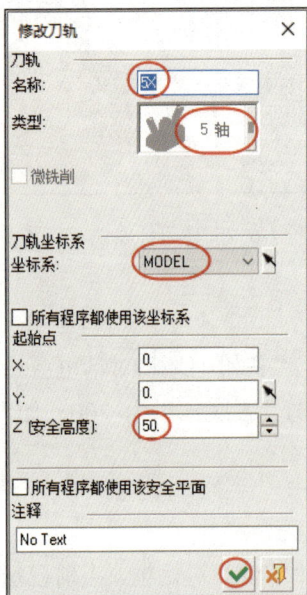

图 4-9　创建 5 轴刀轨

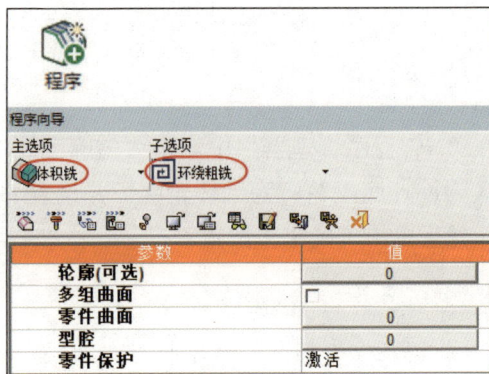

图 4-10　新建程序 1

（1）选择几何

"零件曲面"根据规则选择集合"大力神杯"，设置"零件保护"为"激活"，如图 4-11 所示。

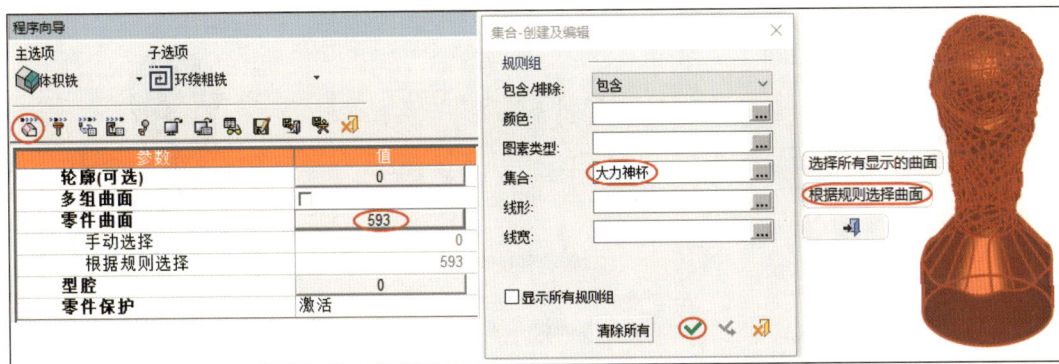

图 4-11　选择几何

（2）选择刀具

单击"刀具"按钮，在打开的"铣削刀具和夹持"对话框中选择"D12R1"牛鼻刀进行粗加工，如图 4-12 所示，然后单击"确定"按钮。

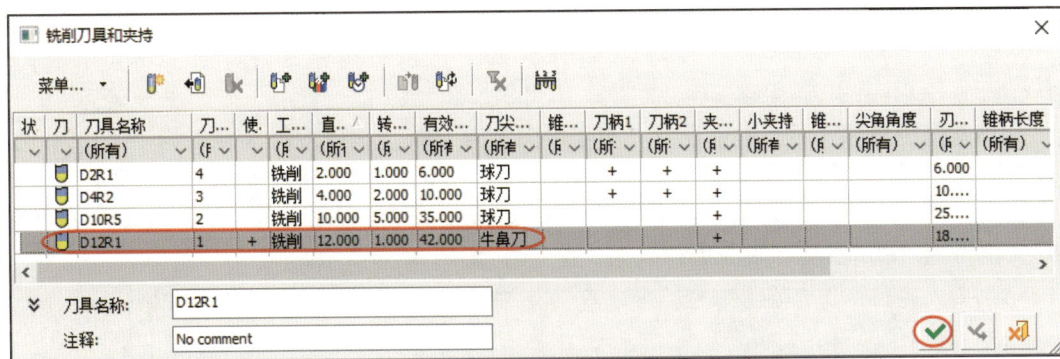

图 4-12　选择刀具 1

（3）设置刀轨参数

单击"程序向导"对话框中的"刀轨参数"按钮，切换至"刀轨参数"按钮，然后单击"安全平面&坐标系"中的"创建坐标系"右侧的"进入"按钮创建程序坐标系，在打开的"创建新的坐标系"对话框中设置"倾斜角度"为 90、"倾斜方向"为 180、"新坐标系"名称为"左侧"，如图 4-13 所示，然后单击"确定"按钮创建程序坐标系。

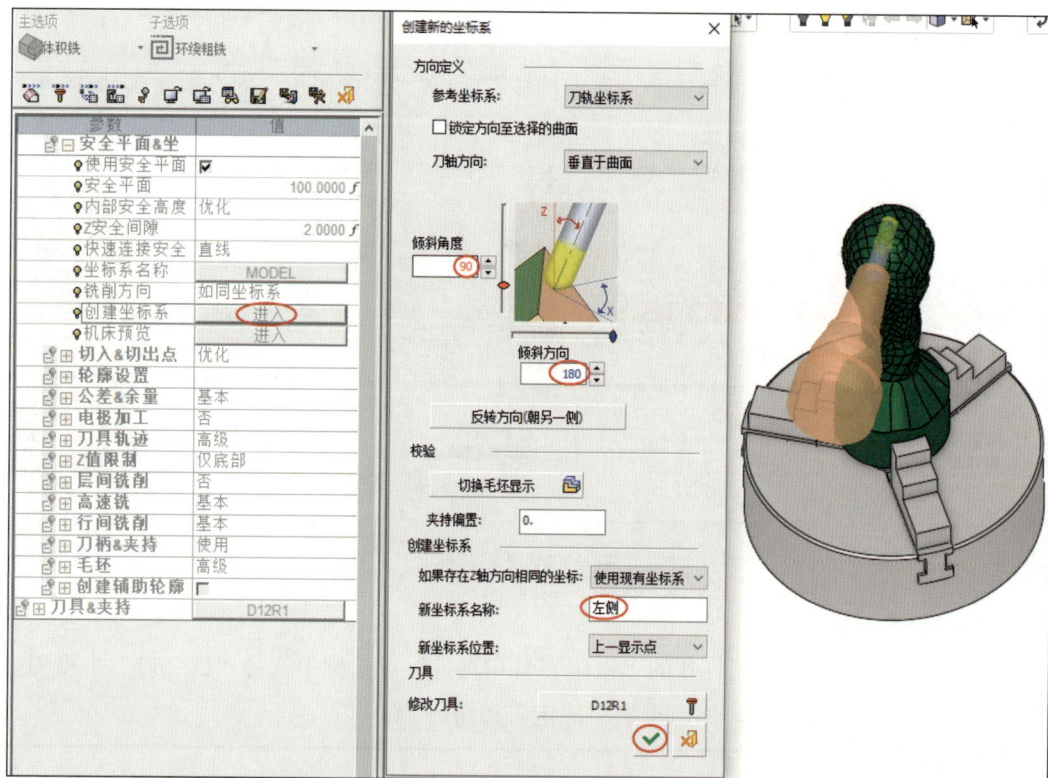

图 4-13　创建程序坐标系

在"程序向导"对话框中设置"安全平面"为100，"内部安全高度"为"优化"，"Z安全间隙"为2，"螺旋角度"为1，"盲区"为6，"零件曲面余量"为0.25，"固定下切步距"为1，"侧向步距"为8，"Z值限制"为"仅底部"，"Z底部"为-1，"高速铣"和"行间铣削"为"基本"，"刀柄&夹持"为"使用"，如图4-14所示。

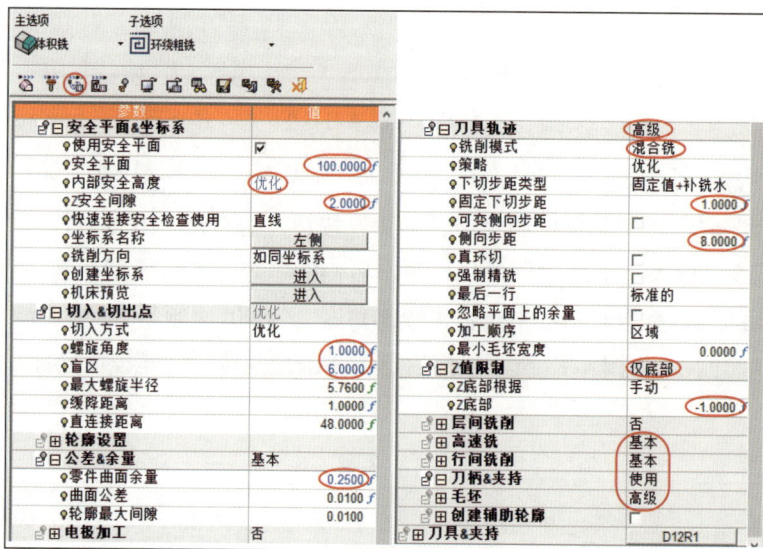

图 4-14　设置刀轨参数 1

（4）机床参数

单击"机床参数"按钮，系统已自动加载相应的参数。设置"旋转轴首选位置"为"负值"，"首选旋转轴名称"为 A，表示 A 轴首选往负方向旋转，如图 4-15 所示。

图 4-15　设置机床参数 1

（5）生成程序

单击"保存并计算"按钮，系统将根据当前设置的参数生成左侧分层粗加工的刀具路径并在绘图区显示。在"NC 程序管理器"对话框中修改程序注释为"左侧粗加工"，如图 4-16 所示。在 NC 向导中单击"导航器"按钮查看刀具路径，确认程序无误后，单击 🔧 按钮计算剩余毛坯。

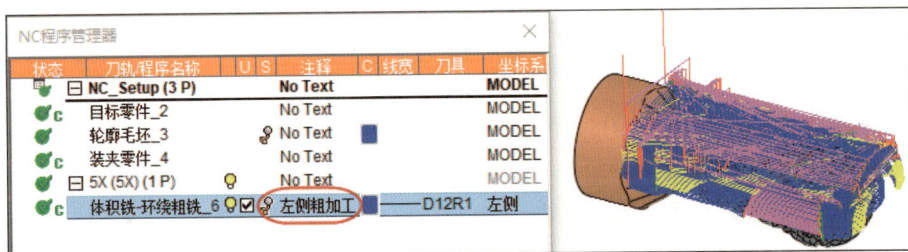

图 4-16　左侧粗加工的刀具路径

7. 创建右侧粗加工程序

在"NC 程序管理器"中复制第一条程序至列表末，然后修改注释为"右侧粗加工"，如图 4-17 所示。

图 4-17　复制程序 1

（1）设置刀轨参数

打开"程序向导"对话框，单击"刀轨参数"按钮，切换至"刀轨参数"界面，然后单击"安全平面&坐标系"中的"创建坐标系"右侧的"进入"按钮创建程序坐标系。在打开的"创建新的坐标系"对话框中设置"倾斜角度"为 90、"新坐标系名称"为"右侧"，如图 4-18 所示，然后单击"确定"按钮创建程序坐标系。

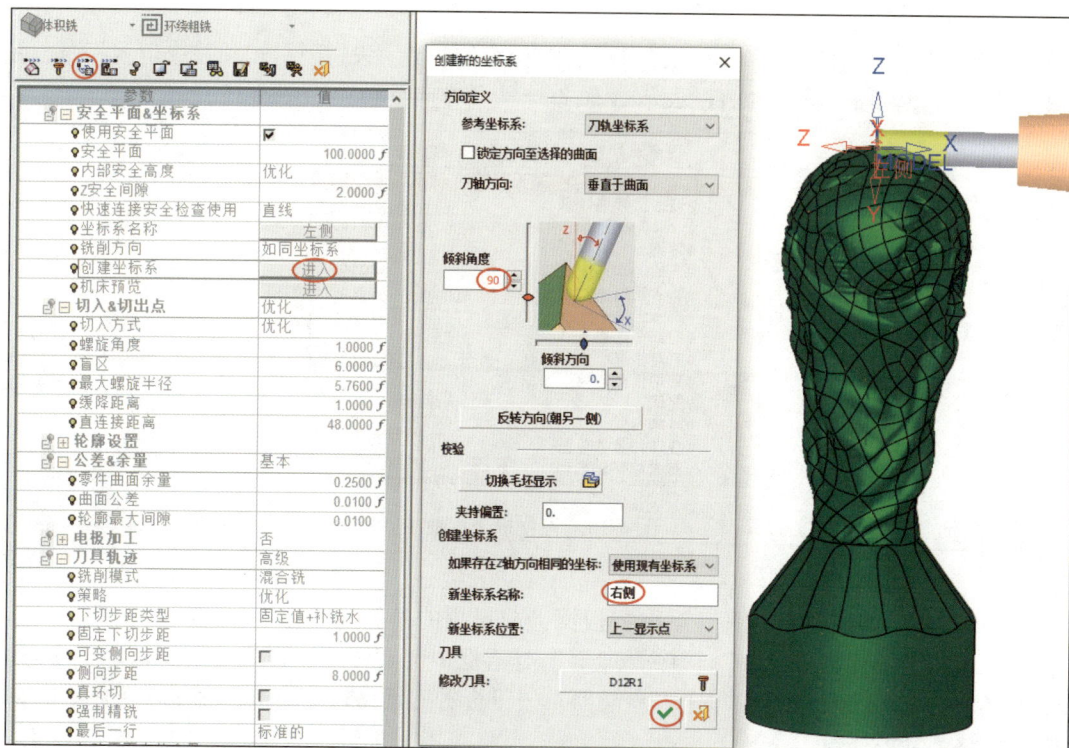

图 4-18　创建程序坐标系

（2）生成程序

单击"程序向导"对话框中的"保存并计算"按钮，系统将根据当前设置的参数生成右侧分层粗加工的刀具路径。在"NC 程序管理器"对话框中修改程序注释为"右侧粗加工"，如图 4-19 所示。确认程序无误后，单击 🔧 按钮计算剩余毛坯。在 NC 向导中单击"导航器"按钮查看刀具路径。

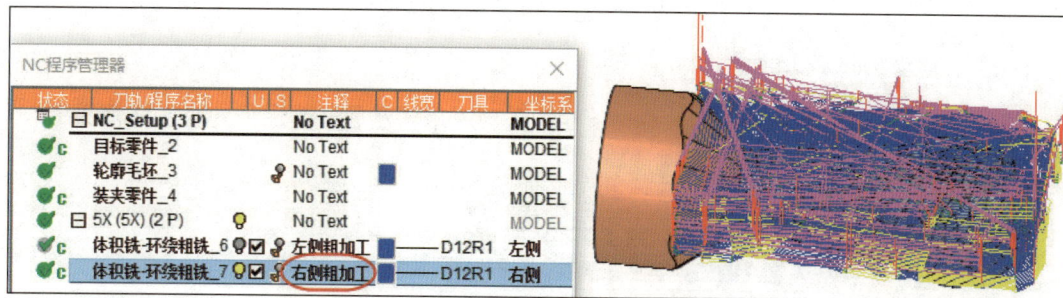

图 4-19　右侧粗加工的刀具路径

（3）查看毛坯

点亮灯泡 🔧，查看残留毛坯，如图 4-20 所示。

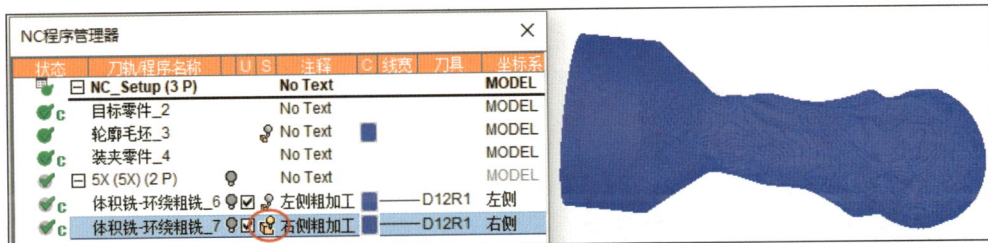

图 4-20　粗加工残留毛坯

4.3.2　5 轴投影半精加工

在 NC 向导中单击"程序"按钮，打开"程序向导"对话框，修改"主选项"为"5 轴应用"，"子选项"为"5 轴投影"，如图 4-21 所示。5 轴投影策略为专用策略，根据指定的直线在投影半径范围内按角度均分投影至加工曲面。

视频 4.5 大力神杯 D10R5 半精加工

图 4-21　新建程序 2

1.　选择刀具

单击"刀具"按钮，在打开的"铣削刀具和夹持"对话框中选择"D10R5"球刀进行半精加工，如图 4-22 所示，然后单击"确定"按钮。

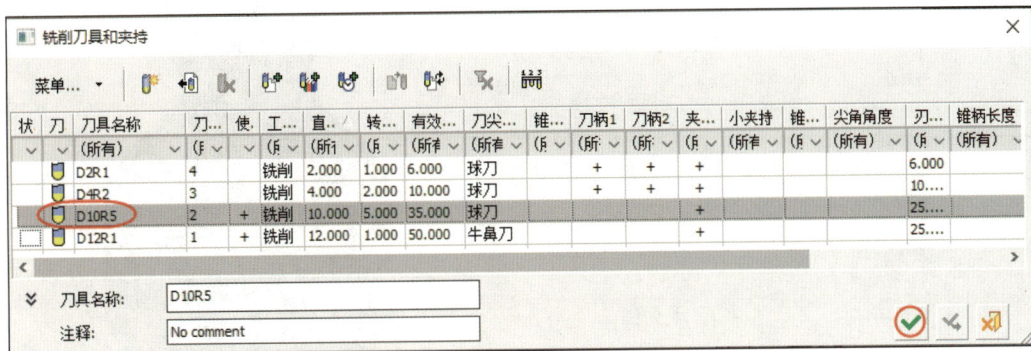

图 4-22　选择刀具 2

2.　设置刀轨参数

单击"刀轨参数"按钮，切换至"刀轨参数"界面，设置"坐标系名称"为 MODEL、"铣削公差"为 0.01、"更新残留毛坯"为"是"，然后单击"刀具轨迹"右侧的"进入"按钮，如图 4-23 所示，打开"5 轴投影"对话框。

图 4-23　设置刀轨参数 2

3. 设置"曲面路径"选项卡

在"曲面路径"选项卡中单击"加工曲面"按钮，在打开的对话框中选择集合"大力神杯"的曲面作为加工曲面，然后设置"投影半径"为 40，"投影方向"为"向内"，"余量"为 0.1。设置"线起点"中的"X"为 0、"Y"为 0、"Z"为 4，设置"结束位置"为167，"角度步距"为 2，"铣削方式"为"双向"，其余参数保持默认设置，如图 4-24 所示。

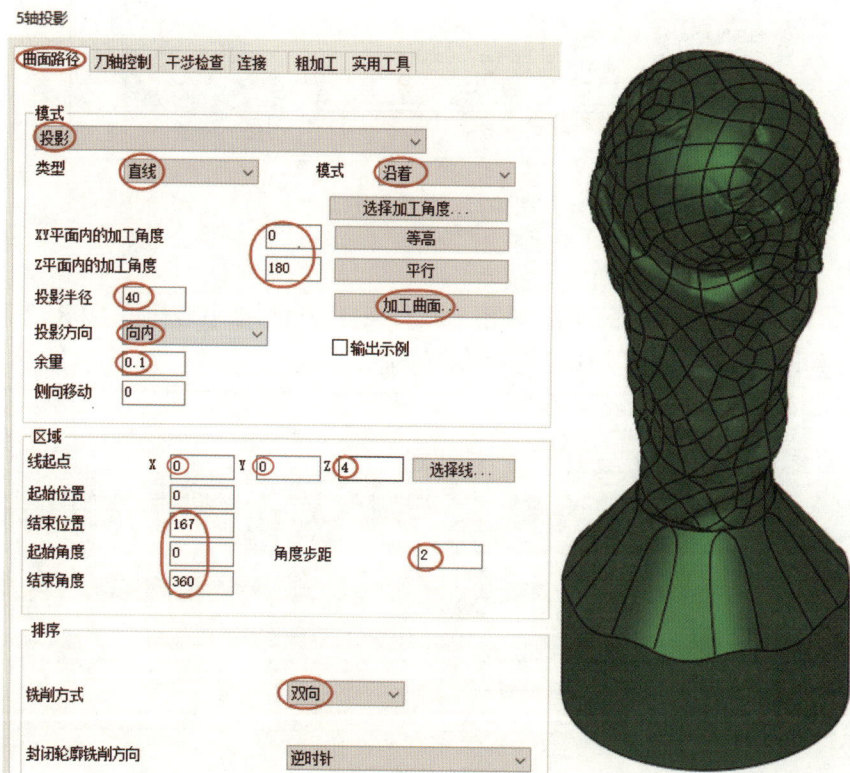

图 4-24　设置"曲面路径"选项卡 1

4. 设置"刀轴控制"选项卡

切换至"刀轴控制"选项卡，设置"刀轴将"为"相对铣削方向倾斜"，其余参数保持默认设置，如图 4-25 所示。

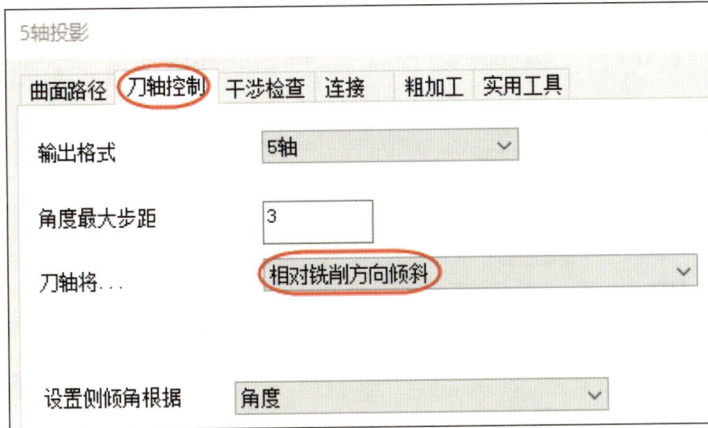

图 4-25　设置"刀轴控制"选项卡 1

5. 设置"干涉检查"选项卡

切换至"干涉检查"选项卡，选择第 1 组检查参数，刀具部分检查"刀刃"和"刀杆"，几何参数选中"加工曲面"复选框，策略使用"沿刀轴"切出，如图 4-26 所示。

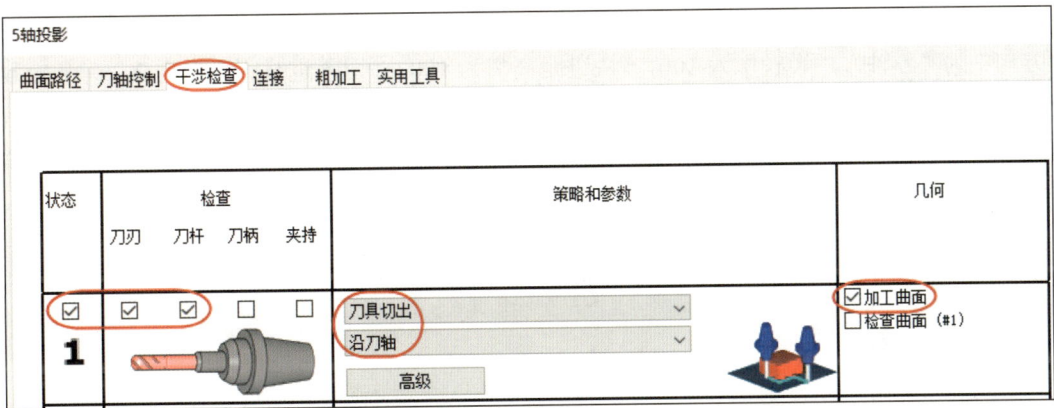

图 4-26　设置"干涉检查"选项卡 1

6. 设置"连接"选项卡

1）切换至"连接"选项卡，设置"首次切入"为"自安全区域切入"并"使用切入"，"最终切出"为"切出至安全区域"并"使用切出"。设置"铣削间隙"选项组中的"阈值"为 2，小于 2 判定为"小间隙"，使用"沿曲面"进行连接；大于 2 判定为"大间隙"，使用"切出至安全区域"进行连接。设置"层间连接"选项组中的"阈值"为 5，距离小于 5 时为"较短的轨迹"，使用"混合样条线"进行连接；距离大于 5 时为"较长的轨迹"，使用"切出至安全区域"进行连接，如图 4-27 所示。

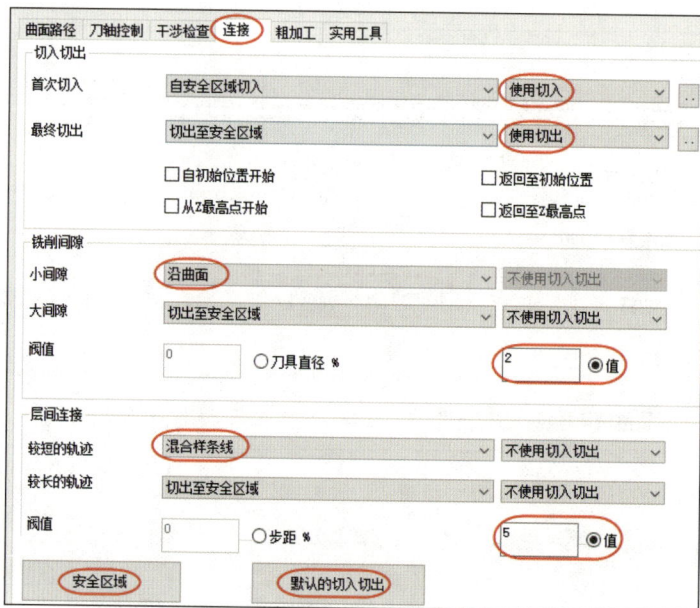

图 4-27　设置"连接"选项卡 1

2）单击"安全区域"按钮，在打开的"安全区域"对话框中设置"类型"为"圆柱"，"方向"为"Z 轴"，"半径"为 100，"快进距离"为 100，"切入进给距离"为 2，其余参数不变。在返回的"连接"选项卡中单击"默认的切入切出"按钮，在打开的"默认的切入切出"对话框中设置切入"类型"为"相切圆弧"，"宽度"和"长度"为 2，"高度"为 5，并复制参数至切出，如图 4-28 所示。

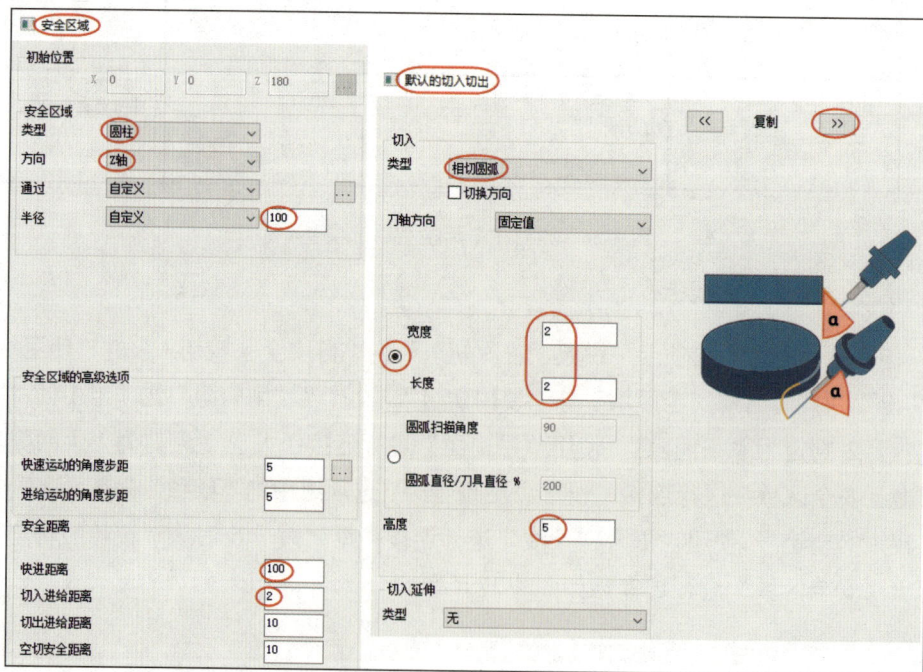

图 4-28　设置安全区域和切入切出 1

7. 设置机床参数

设置完以上参数后单击"确定"按钮返回"程序向导"对话框，然后单击"机床参数"按钮，打开"机床参数"界面，选中"快速切出"复选框，如图 4-29 所示。

图 4-29　设置机床参数 2

8. 生成程序

单击"保存并计算"按钮，即可生成 5 轴投影刀具路径。在"NC 程序管理器"中修改程序注释为"半精加工"，在 NC 向导中单击"导航器"按钮，查看线性模拟刀具路径，两行之间的角度增量为 2。此路径根据角度均分投影至加工曲面，加工效率高，但刀轨不均匀，适合用于半精加工，如图 4-30 所示。

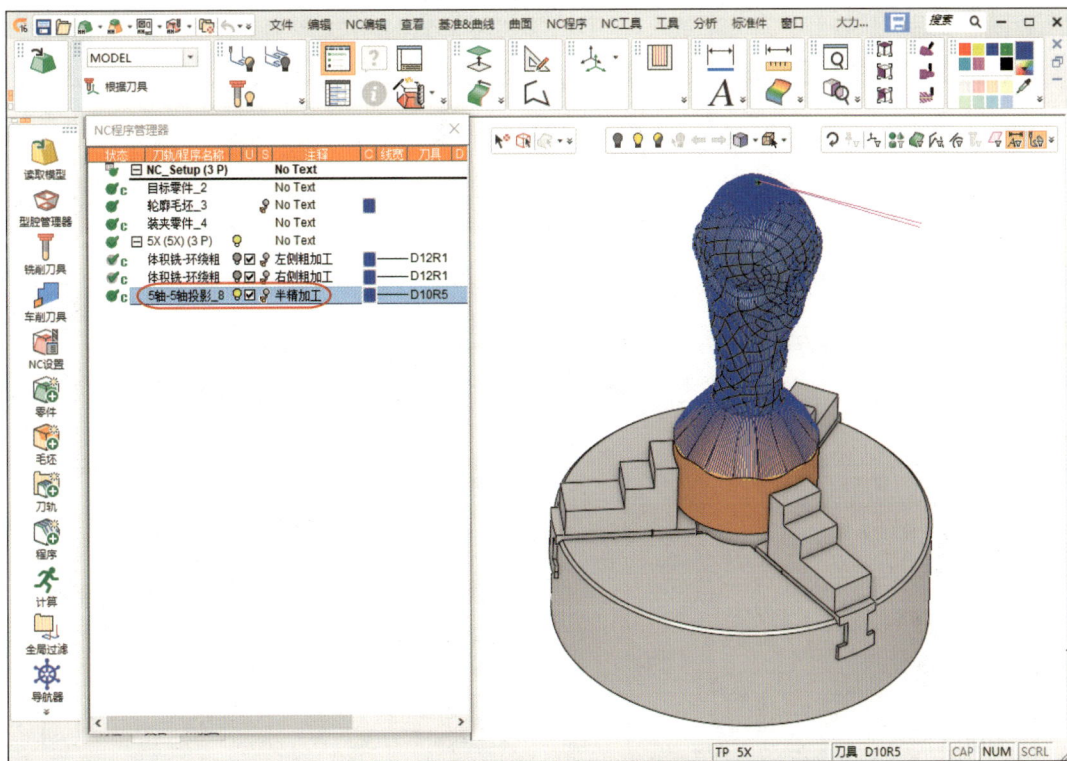

图 4-30　5 轴投影程序

4.3.3　通用 5 轴半精加工

在 NC 向导中单击"程序"按钮，打开"程序向导"对话框，修改"主选项"为"5轴加工"，"子选项"为"通用 5 轴"，如图 4-31 所示。

视频 4.6 大力神杯
D4R2 半精加工

图 4-31　新建程序 3

1. 选择刀具

单击"刀具"按钮，在打开的"铣削刀具和夹持"对话框中选择"D4R2"球刀进行半精加工，如图 4-32 所示，然后单击"确定"按钮。

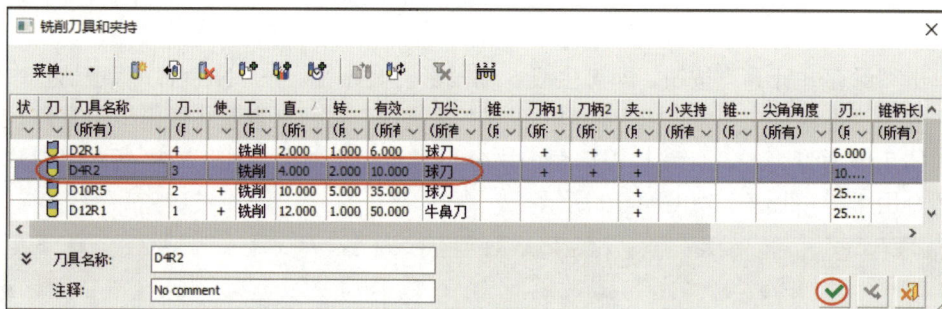

图 4-32　选择刀具 3

2. 刀轨参数

单击"刀轨参数"按钮，切换至"刀轨参数"界面，然后设置"坐标系名称"为 MODEL、"驱动曲面公差"为 0.01、"更新残留毛坯"为"是"，如图 4-33 所示。

3. 通用 5 轴

单击"刀具轨迹"右侧的"进入"按钮，打开"通用 5 轴控制面板"对话框，如图 4-34所示。

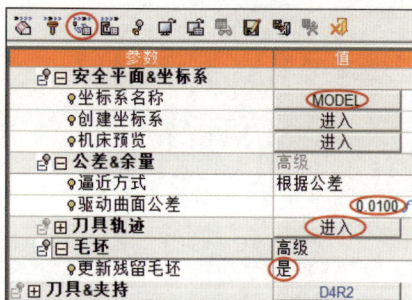

图 4-33　设置刀轨参数 3

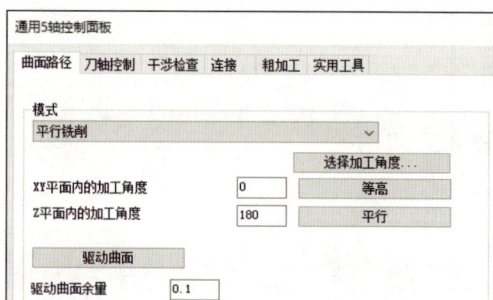

图 4-34　"通用 5 轴控制面板"对话框

4. 设置"曲面路径"选项卡

在对复杂曲面进行 5 轴联动加工时，通常会使用较简单的辅助面来控制刀轨形状和刀轴方向。辅助面应遵循简单、仿形、易创建的原则。在"曲面路径"选项卡中设置"模式"为"两曲线仿形"，单击"驱动曲面"按钮，选择集合"辅助面"的曲面作为驱动曲面，设置"驱动曲面余量"为 0.05；单击"第一"按钮，选择辅助面的顶部小圆作为第一曲线；单击"第二"按钮，选择辅助面的底部边作为第二曲线。设置"区域"选项组中的"类型"为"完全的，自起始边至结束边"；单击"余量"按钮，设置"附加余量确保曲面边缘准确"为 0.005；设置"铣削方式"为"单向"；单击"曲面质量"选项组中的"高级"按钮，设置"步距计算方式"为"精确的"；设置"最大步距"为 0.3，如图 4-35 所示。

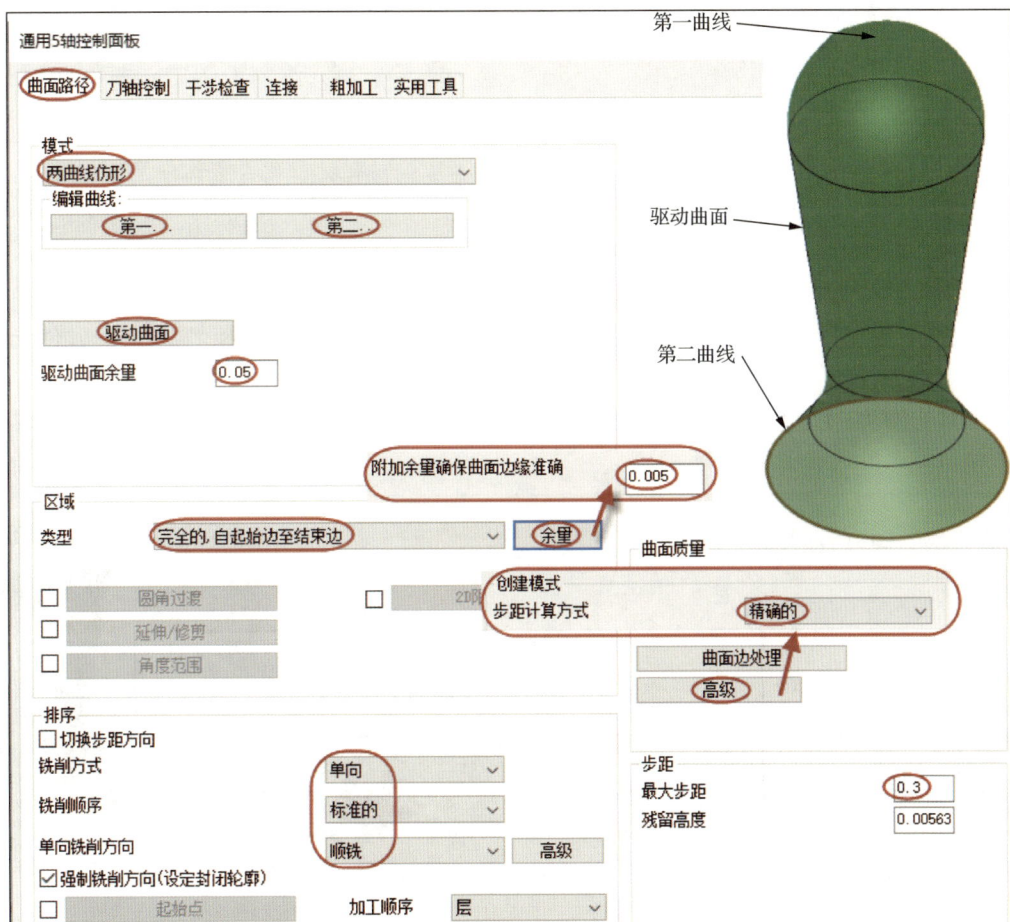

图 4-35　设置"曲面路径"选项卡 2

5. 设置"刀轴控制"选项卡

切换至"刀轴控制"选项卡，设置"刀轴将"为"相对铣削方向倾斜"，选中"刀轴限制"复选框并在打开的"刀轴限制"对话框中选中"锥形限制"复选框，设置角度范围为 0°～90°，然后单击"确定"按钮。刀轴限制参数可以非常直接地限制刀轴角度在指定的范围之内，避免碰撞干涉或超出机床旋转轴极限。其他参数保持默认设置，如图 4-36 所示。

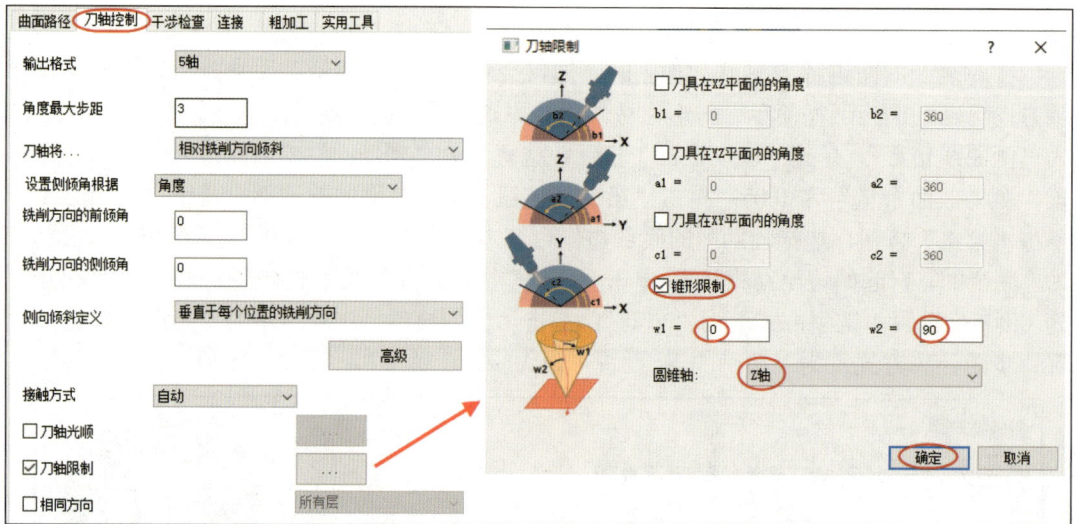

图 4-36　设置"刀轴控制"选项卡 2

6. 设置"干涉检查"选项卡

因为"驱动曲面"选择的是辅助面，所以需要将零件曲面设置为"检查曲面"。切换至"干涉检查"选项卡，选择第 1 组干涉检查，刀具部分选择"刀刃"和"刀杆"，几何选中"检查曲面"复选框并单击其右侧的按钮，选择集合"大力神杯"的曲面作为检查曲面，设置"余量"为 0.05。策略设置为"沿刀轴"切出，单击"高级"按钮并选中"有需要时刀具下移"复选框，如图 4-37 所示。

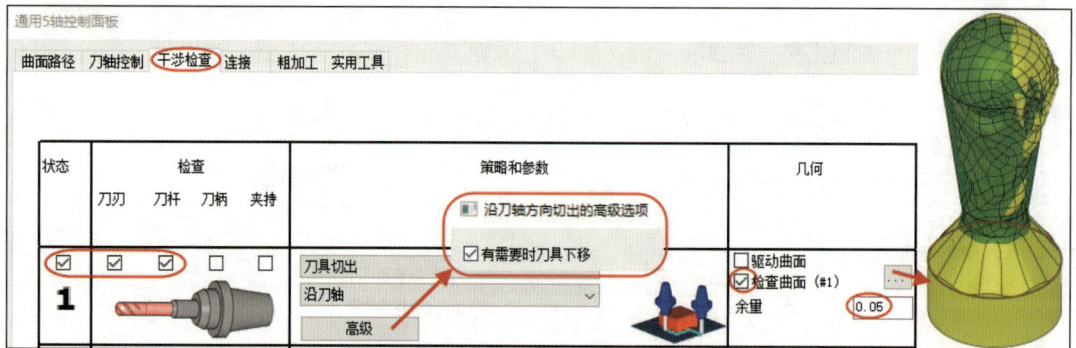

图 4-37　设置"干涉检查"选项卡 2

7. 设置"连接"选项卡

1）切换至"连接"选项卡，设置"首次切入"为"自快速距离切入"并"使用切入"，"最终切出"为"切出至安全区域"并"使用切出"。设置"铣削间隙"选项组中的"阈值"为 2，小于 2 判定为"小间隙"，使用"沿曲面"进行连接；大于 2 判定为"大间隙"，使用"切出至安全区域"进行连接。设置"层间连接"选项组中的"阈值"为 5，距离小于 5 时为"较短的轨迹"，使用"沿曲面"进行连接；距离大于 5 时为"较长的轨迹"，使用"切出至安全区域"进行连接，如图 4-38 所示。

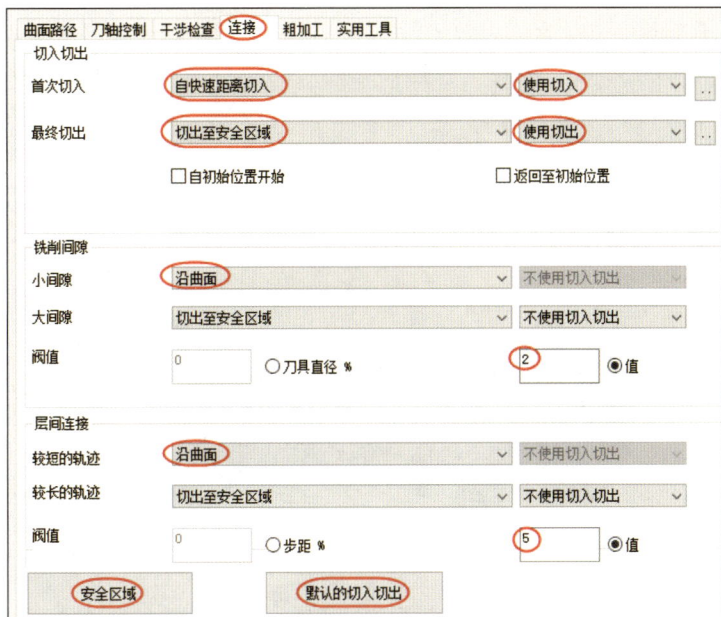

图 4-38 设置"连接"选项卡 2

2）在打开的"安全区域"对话框中设置"类型"为"圆柱","方向"为"Z 轴","半径"为 50，"快进距离"为 20，"切入进给距离"为 2，其余参数不变。在打开的"默认的切入切出"对话框中设置切入"类型"为"垂直相切圆弧","宽度"和"长度"为 2，"高度"为 0，并复制参数至切出，如图 4-39 所示。

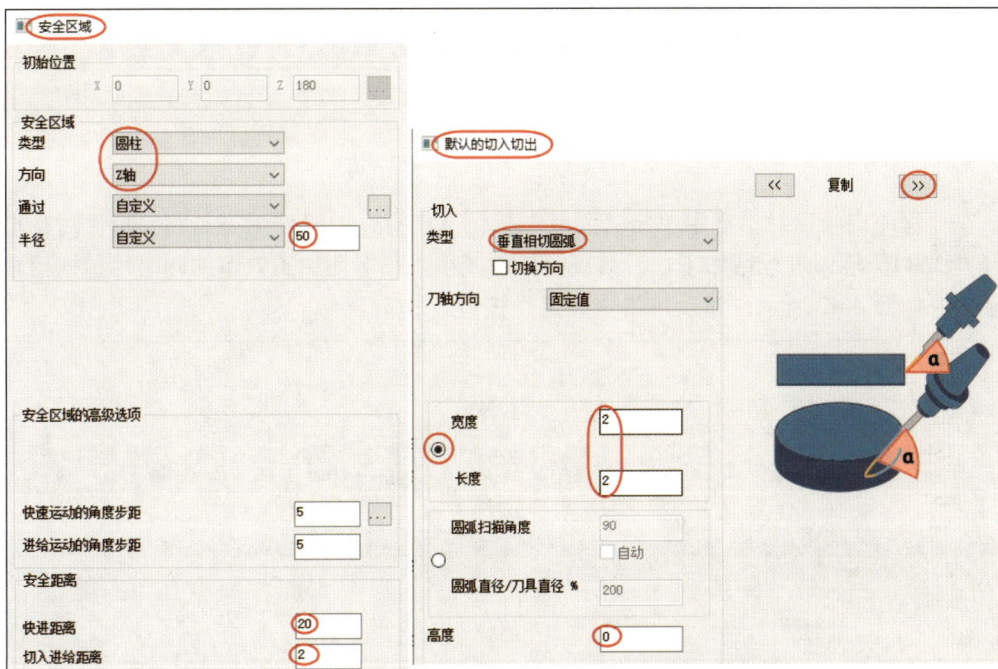

图 4-39 设置安全区域和切入切出 2

8. 生成程序

设置完以上参数后单击"确定"按钮，返回"程序向导"对话框，然后单击"保存并计算"按钮，即可生成半精加工程序。在"NC 程序管理器中"修改程序注释为"半精加工"。在 NC 向导中单击"导航器"按钮查看线性模拟刀具路径，刀具路径的形状跟随辅助面的形状，刀具与零件曲面进行干涉检查并按刀轴方向切入或切出，刀轴自顶部开始加工逐渐倾斜直至最大 90°（刀轴限制），如图 4-40 所示。

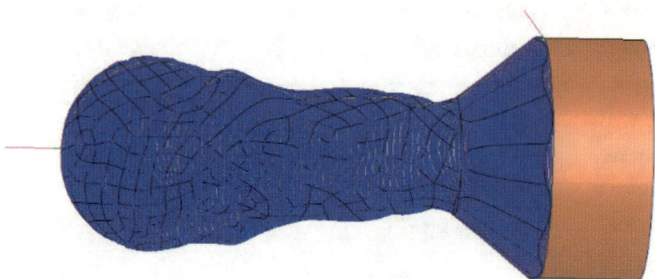

图 4-40　通用 5 轴半精加工

4.3.4　精加工

1. 复制程序

在"NC 程序管理器"中复制最后那条程序至列表末，然后修改注释为"精加工"，如图 4-41 所示。

视频 4.7 大力神杯
D2R1 精加工

图 4-41　复制程序 2

2. 选择刀具

在"程序向导"对话框中单击"刀具"按钮，在打开的"铣削刀具和夹持"对话框中选择"D2R1"球刀进行精加工，刀具直径依次减小，在保证加工效率的同时尽量残留较小的圆角，如图 4-42 所示，然后单击"确定"按钮。

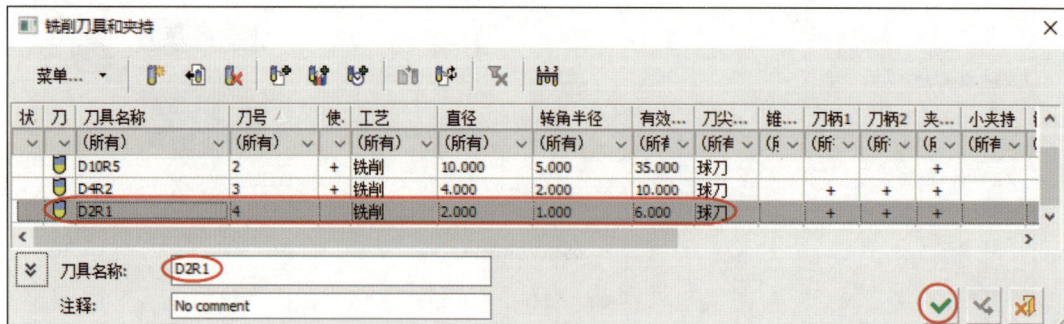

图 4-42　选择刀具 4

3. 设置刀轨参数

在"程序向导"对话框中单击"刀轨参数"按钮，切换至"刀轨参数"界面，设置"驱动曲面公差"为 0.005，单击"进入"按钮，如图 4-43 所示，打开"通用 5 轴控制面板"对话框。

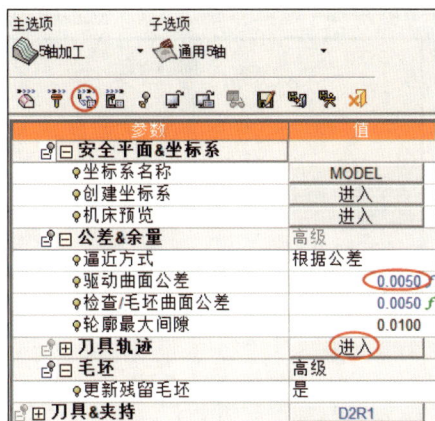

图 4-43　设置刀轨参数 4

4. 设置"曲面路径"选项卡

在"曲面路径"选项卡中设置"驱动曲面余量"为 0，"铣削方式"为"螺旋铣"，"最大步距"为 0.1，其他参数无须修改，如图 4-44 所示。

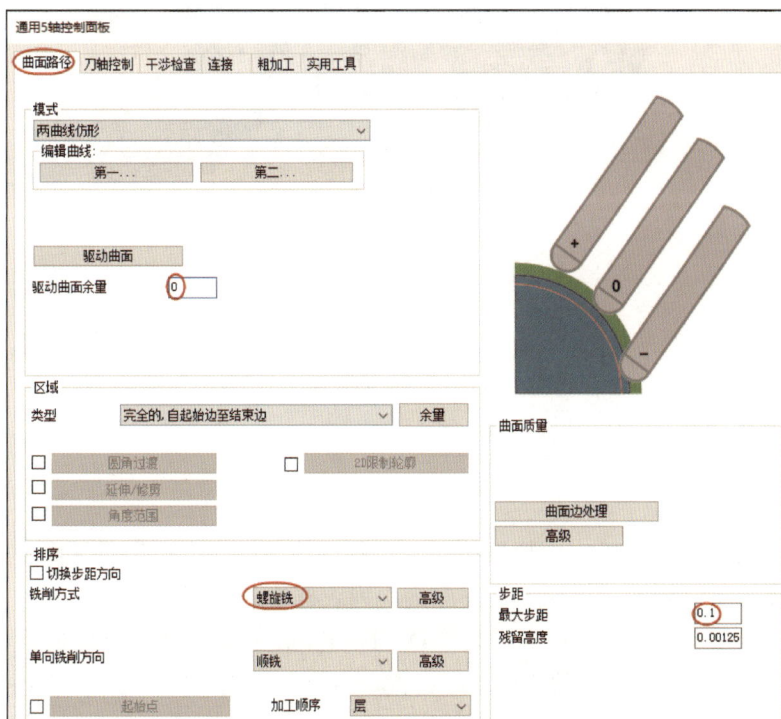

图 4-44　设置"曲面路径"选项卡 3

5. 设置"干涉检查"选项卡

切换至"干涉检查"选项卡,选中"检查曲面"复选框并设置"余量"为 0,如图 4-45 所示。

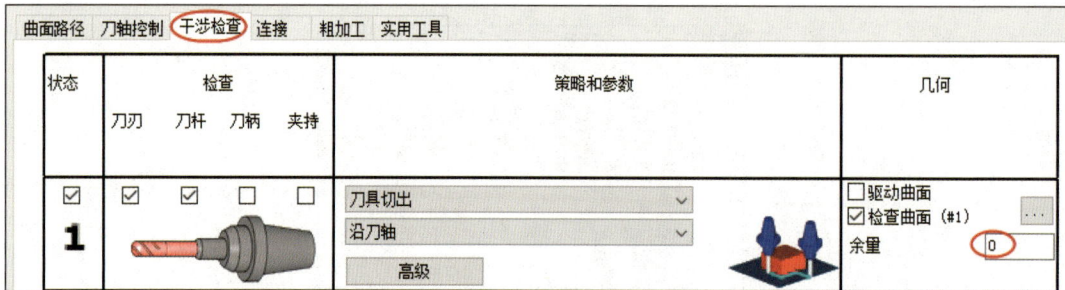

图 4-45 设置"干涉检查"选项卡 3

6. 生成程序

设置完以上参数后单击"确定"按钮返回"程序向导"对话框,然后单击"保存并计算"按钮,即可生成精加工程序,如图 4-46 所示。刀具路径与半精加工类似,仅公差和余量不一样而已。

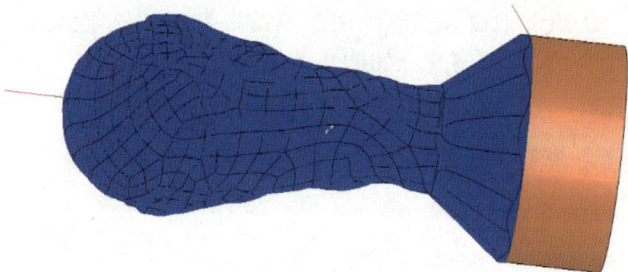

图 4-46 精加工程序

4.4 机床模拟

在 NC 向导中单击"机床模拟"按钮,在打开的"机床模拟"对话框中单击 ⇄ 按钮将所有程序添加至右侧的"模拟的程序序列"列表框中。选中"材料去除"、"检查零件"和"使用机床"复选框,并选择机床为"5XTT-Mikron";设置"原点设置"中的"Z"为 280,如图 4-47 所示。以上参数皆由 NC 设置参数自动加载,然后单击"确定"按钮进入机床模拟界面。

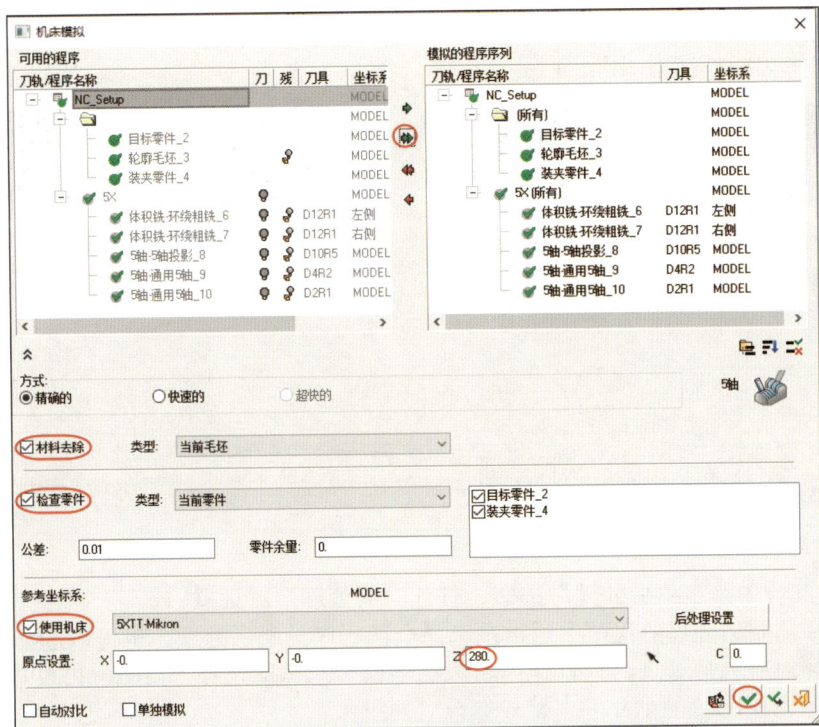

图 4-47 机床模拟设置

在"模拟控制"对话框中选中"忽略停止条件"复选框，然后单击 按钮开始模拟，完毕后查看"模拟报告"。更多模拟参数请查看项目 1 中的机床模拟部分。最后单击"退出模拟"按钮退出模拟界面，如图 4-48 所示。

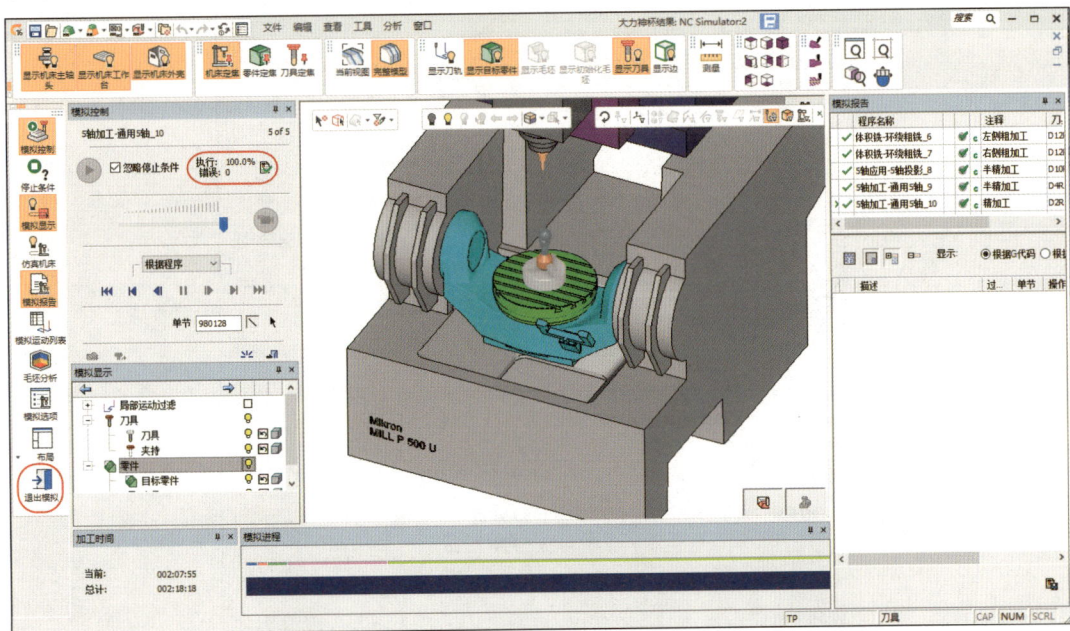

图 4-48 机床模拟结果

退出模拟环境，保存文档。文件保存路径为"X:\...\项目 4 大力神杯数控编程\源文件"，文件名为"大力神杯结果.elt"。

动画 4.1 大力神杯 左右两侧粗加工	动画 4.2 大力神杯 D10R5 半精加工	动画 4.3 大力神杯 D4R2 半精加工	动画 4.4 大力神杯 D2R1 精加工

4.5 后 处 理

在 NC 向导中单击"后处理"按钮，打开"后处理"对话框。

1）选择需要后处理的程序，通常是选择全部程序一起后处理，也可以选择一部分。

2）选择对应的后处理，通常使用机床型号命名。当前选择"MikronP500U"，这是一台控制系统为 HEIDENHAIN 的 5 轴双摆台立式机床。

3）设定交互区参数，坐标系默认为 1，即机床坐标系为 1 号坐标。

4）设定目标文件夹，如 E:\NC，建议选择一个相对简单的目录，以便查找。

5）选择参考坐标系，对应机床上取数的坐标系。其通常在 NC_Setup 中提前设置，也可以在此进行修改。

6）设置完成后单击"确定"按钮进行后处理输出，如图 4-49 所示。

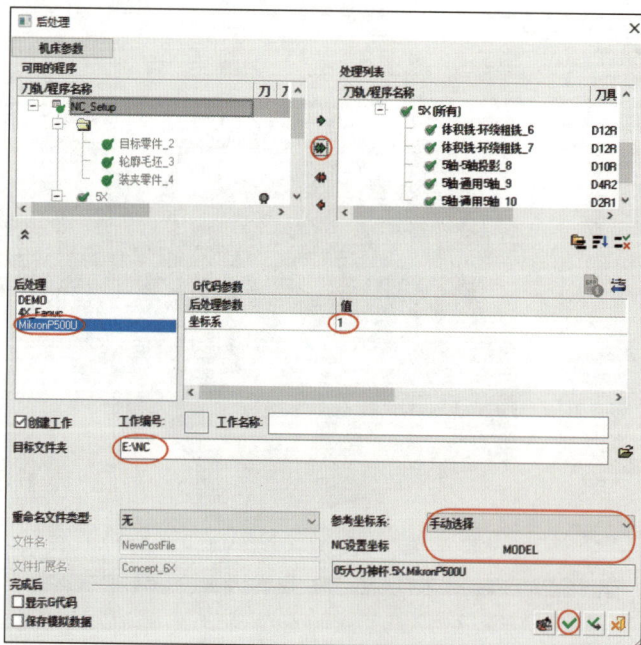

图 4-49 后处理设置

注意：不同的后处理交互区参数不一样，请阅读后处理对应的使用说明。关于 G 代码的说明请查阅 2.5 节中的表 2-3。

4.6 程 序 单

大力神杯的 NC 加工程序单如表 4-2 所示。

表 4-2 大力神杯的 NC 加工程序单

计划时间							
实际时间							
上机时间							
下机时间							
工作尺寸	单位：mm						
X_c	工件中心						
Y_c	工件中心						
Z_c	工件顶面						
工作数量：1 件							
程序名称	加工类型	刀具	行距	加工余量	上机时间	完成时间	备注
01	粗加工	D12R1	1	0.3			
02	半精加工	D10R5	1.5	0.1			
03	半精加工	D4R2	0.3	0.05			
04	精加工	D2R1	0.1	0			

巩固练习

根据本项目学习的内容，自行设计装夹、定义毛坯，并选择合适的刀具完成如图 4-50 所示练习零件"霸王鼎"的编程。

图 4-50 霸王鼎模型

拓展练习

国家体育场（鸟巢），占地 20.4 万 m^2，建筑面积 25.8 万 m^2，可容纳观众 9.1 万人，是举行 2008 年北京夏季奥运会、2022 年冬季奥运会开、闭幕式的场地，是地标性的体育建筑和奥运遗产，被誉为"第四代体育馆"的伟大建筑作品。试完成如图 4-51 所示鸟巢模型的数控程序创建。

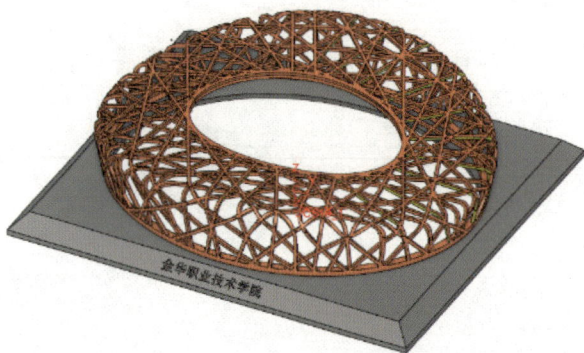

图 4-51 鸟巢模型

知识拓展 插补

机床数字控制的核心问题是如何控制刀具或工件的运动。在计算机数字控制机床中，各种轮廓加工都是通过插补计算实现的。一般根据运动轨迹的起点坐标、终点坐标和轨迹的曲线方程，由数控系统实时地算出各中间点的坐标，即"插入、补上"运动轨迹各中间点的坐标，通常把这个过程称为"插补"。机床伺服系统根据这些坐标值控制各坐标轴协调运动，走出规定的轨迹。

现代数控系统的插补工作一般用软件完成，或软硬件结合实现插补。它的作用都是根据给定的信息进行数字计算，在计算过程中不断向各坐标轴发出相互协调的进给脉冲，使刀具相对于工件按指定的路线移动。

思政案例 大国工匠常晓飞：数控微雕为国保驾护航

在一块硬币大小的金属板上，加工 182 个直径比头发丝还细的小孔，这是常晓飞的绝活。1988 年出生的常晓飞，有着超出同龄人的老成持重，他做事严谨、一丝不苟、追求极致。凭借着这股子韧劲，他带头攻克了很多技术难题。一次，常晓飞接到了一项新型复合材料的加工任务，这是一种极难加工的硬脆材料，零件将用于新型武器装备的关键部位，一旦出现问题，将会直接导致武器试验失败。为此，常晓飞无数次地修改程序调整刀具，变换走刀轨迹和装夹方式。经过近 3 个月的时间，常晓飞终于找到了一种最优方式，将这种复合材料的加工成品率从 30%提高到了 80%，最终提高到了 100%，这次的成功给了常晓飞莫大的激励。这之后，他总是想尽办法把不可能变成可能。这些年来，凭借着一身真本领，常晓飞获得了无数荣誉。然而，比起这些耀眼的荣誉，常晓飞最自豪的还是能用自己精湛的技术参与到我国航天航空事业中，为国家的安全保驾护航。

（资料来源：《中国青年报》）

航空结构件数控编程

项目导读

本项目中的零件为航空结构件模型，如图 5-1 所示。毛坯为长方体，材质为铝合金。本项目的工作过程如下：航空结构件模型分析→航空结构件加工工艺制定→第一道加工工序→第二道加工工序→第三道加工工序→第四道加工工序。

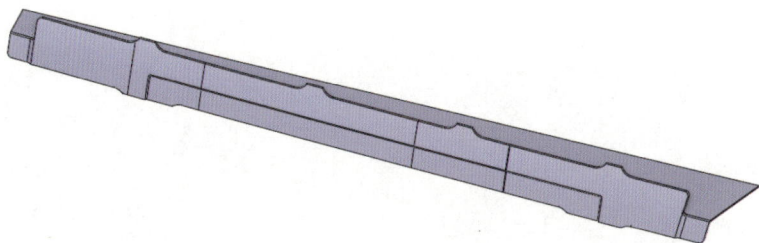

图 5-1　航空结构件模型

学习目标

1）了解航空结构件夹具、导轨等的创建方法。

2）能制定航空结构件的加工工艺。

3）能对航空结构件各区域进行编程。

4）强化效率意识、规范意识，精益求精，讲求实效。

5）坚定中国制造自信，增强民族自豪感。

5.1 航空结构件模型分析

打开 Cimatron 软件，打开"X:\...\项目 5 航空结构件数控编程\源文件\航空结构件.elt"文件，进入 Cimatron 16 编程界面。在开始编程之前对图形进行整体分析。

1. 尺寸分析

选择主菜单中的"工具"→"PMI"→"标注"选项，对零件和夹 视频 5.1 零件分析
具尺寸进行标注，如图 5-2 所示。根据零件尺寸来确定编程时刀具的尺寸。

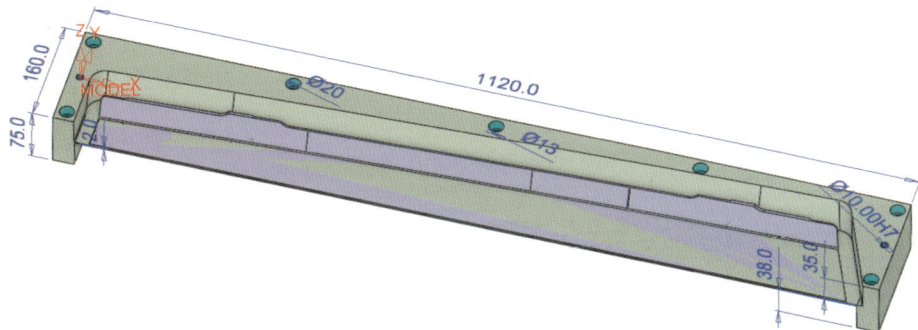

图 5-2 整体尺寸

2. 曲率分析

选择主菜单中的"分析"→"曲率"选项，对零件进行分析，根据零件曲率确定编程时刀具的直径，如图 5-3 所示。

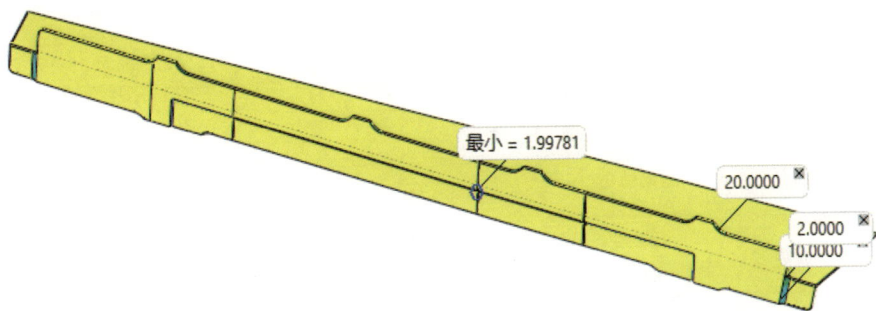

图 5-3 曲率分析

3. 方向分析

选择主菜单中的"分析"→"方向分析"选项，调整分析方向查看倒扣区域，用于确定粗加工的刀轴方向，如图5-4所示。

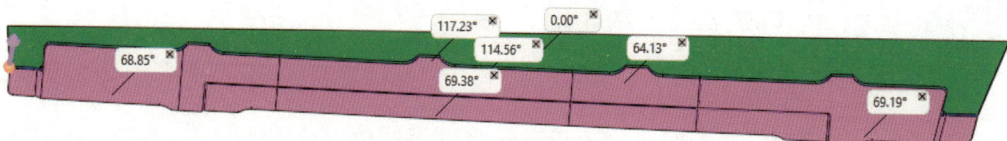

图5-4　方向分析

5.2　航空结构件的加工工艺制定

航空结构件的加工工艺如表5-1所示。

视频5.2 制定加工工艺

表5-1　航空结构件的加工工艺

	序号	加工内容	加工策略	图解	备注
第一道加工工序	01	定位、装夹孔	自动钻孔		钻削所有螺栓孔，定位孔粗加工
	02	粗加工	体积铣环绕粗铣		使用直径为16、刀尖圆角为2的牛鼻刀进行粗加工，余量为2
	03	二次粗加工	体积铣环绕粗铣		使用直径为16、刀尖圆角为2的牛鼻刀倾斜26°进行定位粗加工，余量为2
第二道加工工序	01	装夹孔	自动钻孔		钻削所有螺栓孔的反面
	02	粗加工	体积铣环绕粗铣		使用直径为16、刀尖圆角为2的牛鼻刀进行粗加工，余量为2
	03	二次粗加工	体积铣环绕粗铣		使用直径为16、刀尖圆角为2的牛鼻刀倾斜28°进行定位粗加工，余量为2

续表

序号		加工内容	加工策略	图解	备注
第三道加工工序	01	定位孔	自动钻孔		对 2 个定位孔进行镗孔
	02	粗加工	体积铣 环绕粗铣		使用直径为 16、刀尖圆角为 2 的牛鼻刀再次进行粗加工，余量为 0.2
	03	二次粗加工	体积铣 环绕粗铣		使用直径为 8 的平底刀倾斜 26° 再次进行粗加工，余量为 0.2
	04	倒扣粗加工	通用 5 轴 平行于曲面		使用直径为 4 的球刀 5 轴联动对倒扣底部再次进行粗加工
	05	水平面精加工	体积铣 环绕粗铣		使用直径为 12 的平底刀对所有平面进行精加工
	06	垂直面精加工	2.5 轴 开放轮廓		使用直径为 12 的平底刀对左、右两侧的垂直面进行精加工
	07	5 轴精加工	通用 5 轴 平行于曲面		使用直径为 4 的球刀 5 轴联动对内、外两侧进行精加工
	08	圆角精加工	曲面铣削 精铣所有		使用直径为 4 的球刀对顶面所有圆角进行精加工
第四道加工工序	01	粗加工	体积铣 环绕粗铣		使用直径为 16、刀尖圆角为 2 的牛鼻刀再次进行粗加工，余量为 0.2
	02	二次粗加工	体积铣 环绕粗铣		使用直径为 8 的平底刀倾斜 28° 再次进行粗加工，余量为 0.2
	03	倒扣粗加工	通用 5 轴 平行于曲面		使用直径为 4 的球刀 5 轴联动对倒扣底部再次进行粗加工
	04	水平面精加工	体积铣 环绕粗铣		使用直径为 12 的平底刀对所有平面进行精加工
	05	侧面精加工	2.5 轴 开放轮廓		使用直径为 12 的平底刀对左、右两侧的垂直面进行精加工
	06	整体精加工	通用 5 轴 平行于曲面		使用直径为 4 的球刀 5 轴联动对内、外两侧进行精加工
	07	圆角精加工	曲面铣削 精铣所有		使用直径为 4 的球刀对顶面所有圆角进行精加工
	08	清角加工	通用 5 轴 平行于曲面		使用直径为 4 的球刀对底面倒扣区域和左、右两侧的圆角进行精加工

续表

序号	加工内容	加工策略	图解	备注
第四道加工工序				
09	工艺位加工	曲面铣削精铣所有		使用直径为8的平底刀对曲面部分进行切断
10	工艺位加工	2.5轴开放轮廓		使用直径为8的平底刀对垂直面部分进行切断

5.3 航空结构件的第一道加工工序

5.3.1 工艺孔加工

1. NC 设置

在"NC 程序管理器"中双击"NC_Setup"选项，打开"修改 NC 设置"对话框，当前已设置机床为"5X_HH"，这是一台立式结构的 5 轴双摆头机床，后处理为"HX4212"。设置"参考坐标系"为 MODEL，设置"设置原点"中的"X"为-600、"Y"为0、"Z"为175，设置"夹具安全间隙"为0，如图 5-5 所示。通常双摆头机床也称为龙门 5 轴，在加工时底部会有专用夹具将工件垫高。点亮灯泡💡即可显示机床工作台。

视频 5.3 第一道工序的编程准备

2. 创建零件

在"NC 程序管理器"中双击"目标零件"选项，打开"零件"对话框，当前已选择集合"航空结构件"的曲面为目标零件，如图 5-6 所示，然后单击"确定"按钮。

图 5-5　修改 NC 设置 1

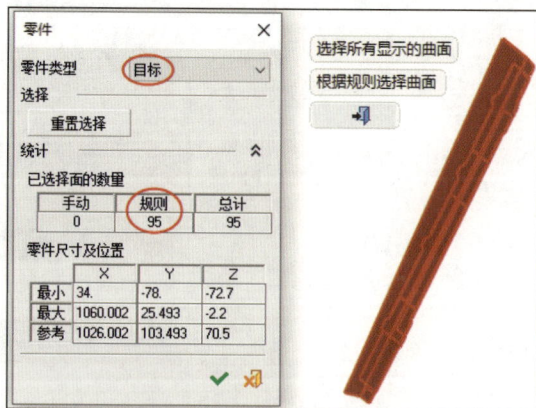

图 5-6　创建目标零件

3. 创建毛坯

在"NC 程序管理器"中双击"边界框毛坯"选项，打开"初始毛坯"对话框，当前已选择所有曲面自动生成长方体毛坯，"Z 正/负向偏置量"都是 2.5，如图 5-7 所示，然后单击"确定"按钮。

4. 创建夹具

在"NC 程序管理器"中双击"装夹零件"选项，打开"零件"对话框，当前已选择集合"工艺夹具"的曲面为夹具，如图 5-8 所示，然后单击"确定"按钮。

5. 创建刀轨

在"NC 程序管理器"中双击刀轨文件夹"101"，在打开的"修改刀轨"对话框中将"名称"设置为 101，"类型"设置为 5 轴，"坐标系"设置为 MODEL，"Z（安全高度）"设置为 50。在"注释"文本框中输入"反面粗加工"，如图 5-9 所示，然后单击"确定"按钮。

视频 5.4 工艺孔加工

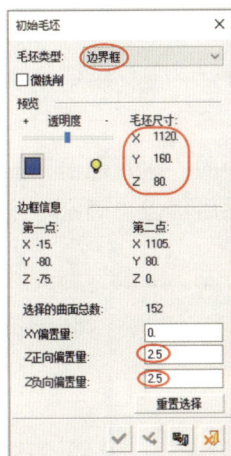

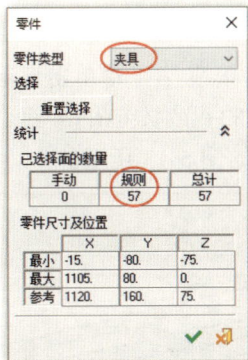

图 5-7　创建毛坯　　　　图 5-8　创建夹具　　　　图 5-9　"修改刀轨"对话框

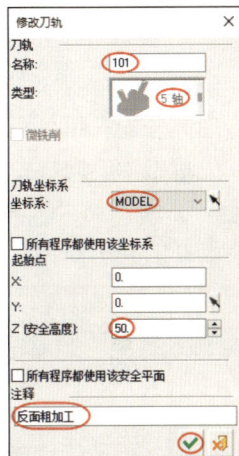

6. 创建自动钻孔程序

在 NC 向导中单击"程序"按钮，打开"程序向导"对话框，修改"主选项"为"钻孔"，"子选项"为"3 轴自动钻孔"；设置"零件保护"为"否"，如图 5-10 所示。

图 5-10　新建程序

（1）选择几何

"零件曲面"根据规则选择集合"工艺夹具"，如图 5-11 所示。

（2）设置刀轨参数

单击"刀轨参数"按钮，切换至"刀轨参数"界面，设置"毛坯"为"使用"，如图 5-12 所示。

图 5-11　选择零件曲面

图 5-12　设置刀轨参数 1

（3）分配孔组

先单击 NC 向导中的"组管理器"按钮，再单击自动钻孔向导中的"组管理器"按钮，系统默认"选择孔"，框选所有的孔或按 Ctrl+A 组合键全选，然后单击"确定"按钮将选择的孔组添加至"组管理器"，如图 5-13 所示。

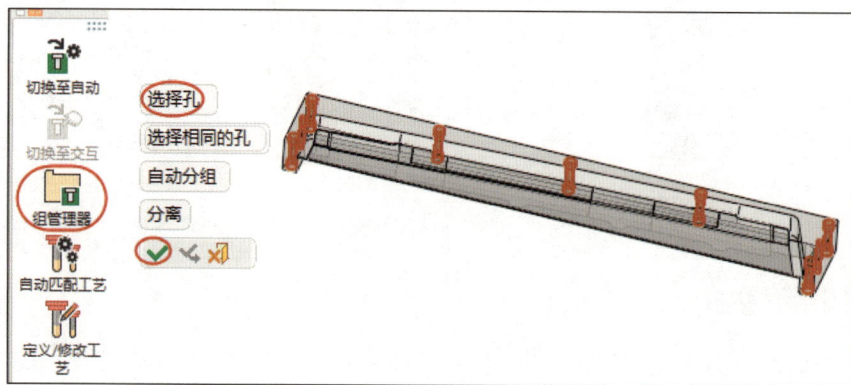

图 5-13　分配孔组

（4）定义钻孔工艺

1）在组管理器中的"未分配的孔组"下双击第一组"Multi_D13"，打开工艺匹配对话框，默认"仅显示激活的孔"，根据需要可修改参数显示其他曲面。"几何/工艺列表"中显示当前孔组的所有数据信息，"工艺数据"中显示当前孔组所使用的钻孔工艺的相关参数，"钻孔/铣削参数"中的相关选项用于对每一个"工艺数据"进行修改，如图 5-14 所示。

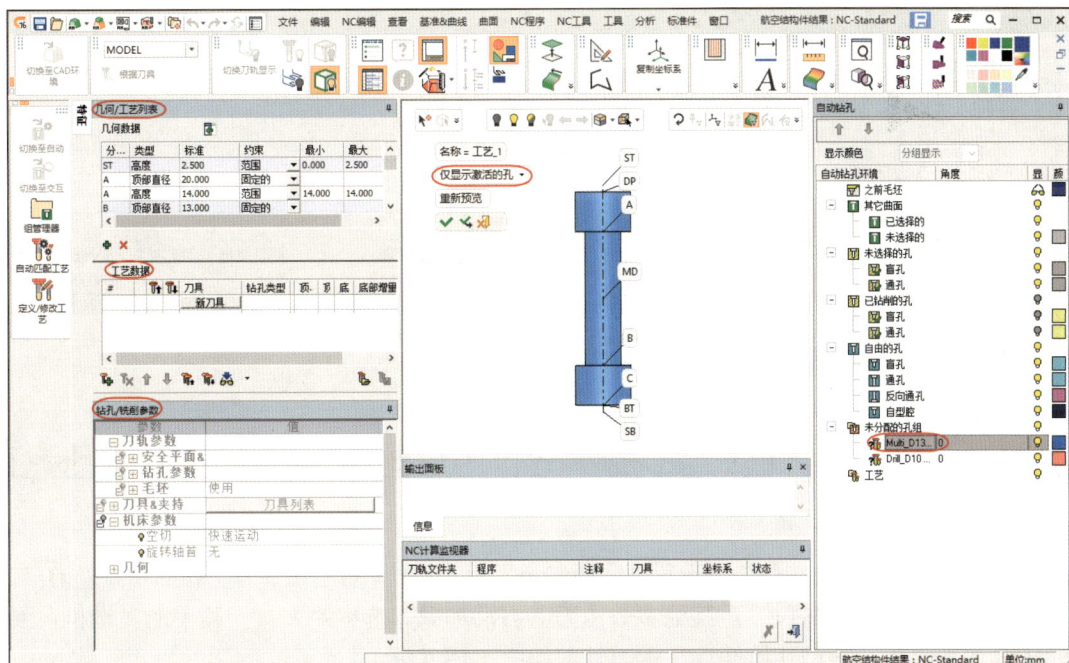

图 5-14　定义钻孔工艺

2）根据"几何/工艺列表"中显示的数据信息得知这是一组 M12 的双向螺栓孔。在"工艺数据"中单击"新刀具"按钮，在打开的"铣削刀具和夹持"对话框中选择中心钻"Z-D3.0"，如图 5-15 所示，然后单击"确定"按钮。

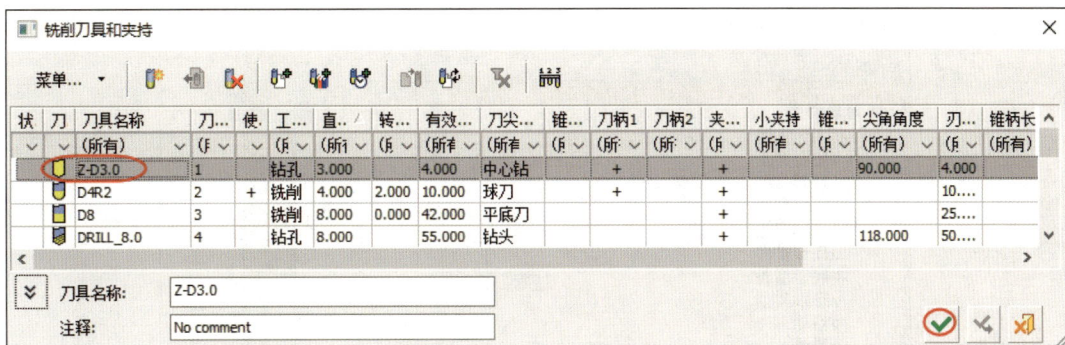

图 5-15　选择钻孔刀具

3）在"钻孔/铣削参数"中定义当前刀具的"刀轨参数"。设置"钻孔类型"为"点钻"，"顶部参考"和"底部参考"为"ST"（毛坯顶部），"底部增量"为-1，"底部类型"为"刀尖"。其他参数由刀具自动加载，如图 5-16 所示。

4）在"工艺数据"中的第一行上右击，在弹出的快捷菜单中选择"复制"选项，复制第一行的所有参数至第二行。在第二行上右击，在弹出的快捷菜单中选择"替换刀具"选项，然后在刀库中选择"DRILL_13.0"，如图 5-17 所示。

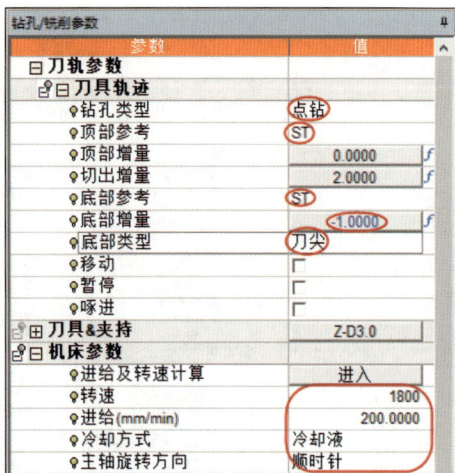

图 5-16　设置点钻参数 1

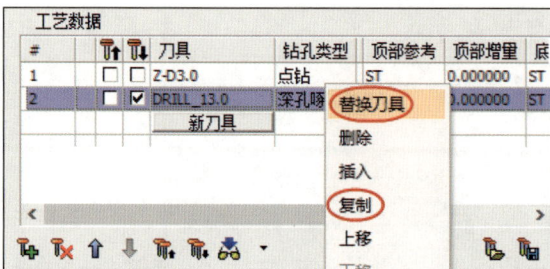

图 5-17　替换刀具

5）在"钻孔/铣削参数"中设置"底部参考"为"BT"（毛坯底部），"底部增量"为-1，"底部类型"为"完整直径"，其他参数由刀具自动加载。选中"刀具"列前的复选框，显示刀尖底部位置，在钻孔最低点显示刀具，如图 5-18 所示。

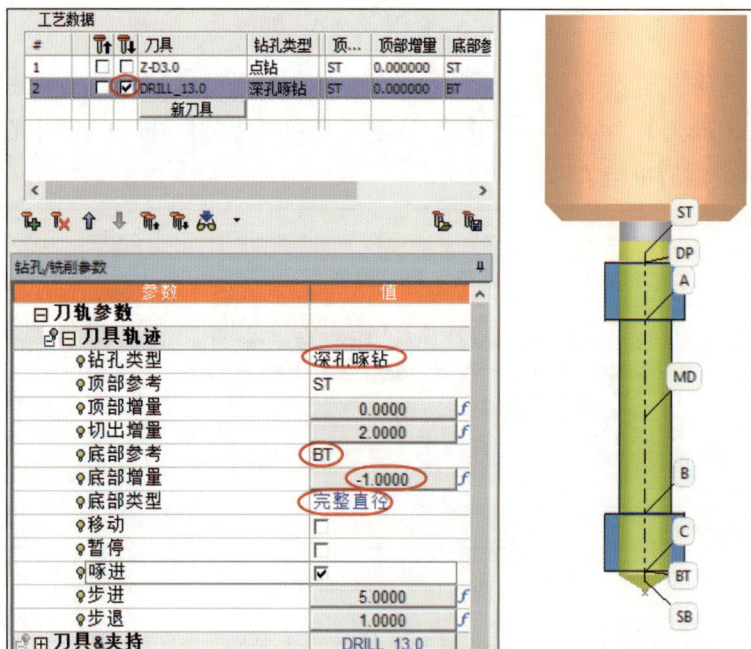

图 5-18　设置深孔啄钻参数 1

6）再次复制#2（第二行）的工艺，替换刀具为"D12"平底刀进行扩孔。设置"钻孔类型"为"型腔"，"底部参考"为 A，"底部增量"为 0，"直径参考"为 Auto，"下切步距"为 25，"侧向步距"为 1，"预钻孔直径"为 12.5，选中"真环切"和"半精轨迹"复选框，然后设置"最后一行切除量"为 0.02，如图 5-19 所示。

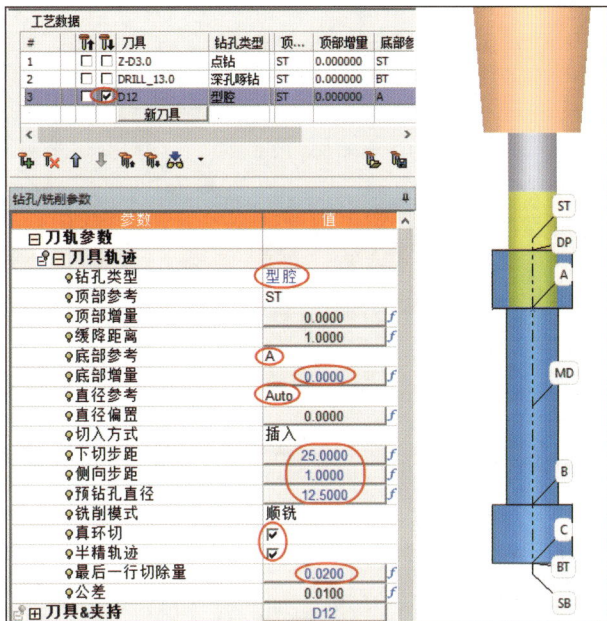

图 5-19　设置扩孔参数

7）修改当前孔组工艺的名称为"M12 双向螺栓"，单击"保存工艺"按钮，以便下次同类型孔组自动匹配。然后单击"确定"按钮完成工艺的定义，如图 5-20 所示。

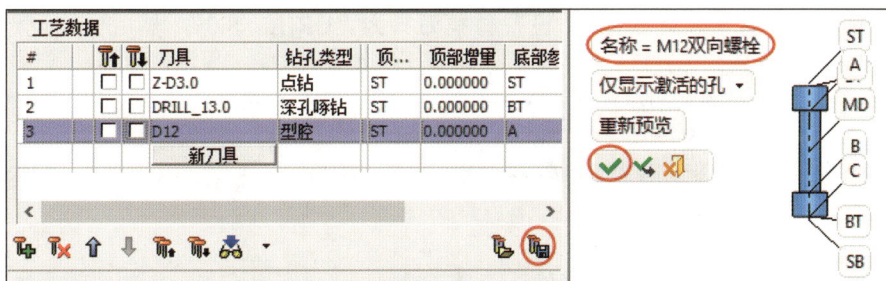

图 5-20　保存工艺

8）自动钻孔管理器中生成了"M12 双向螺栓"钻孔工艺。在组管理器中的"未分配的孔组"下双击第二组"Drill_D10"进行工艺设定，如图 5-21 所示。

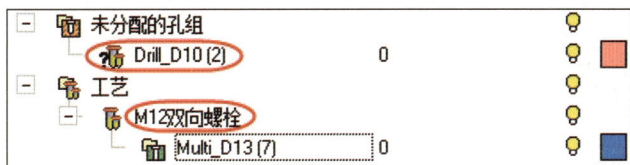

图 5-21　已完成的工艺

9）根据"几何/工艺列表"中显示的数据信息得知这是一组直径为 10 的通孔，此组孔为定位孔，需要分 2 次加工。在"工艺数据"中单击"新刀具"按钮，在打开的"铣削刀具和夹持"对话框中选择中心钻"Z-D3.0"。然后分别设定其钻孔参数，如图 5-22 所示。

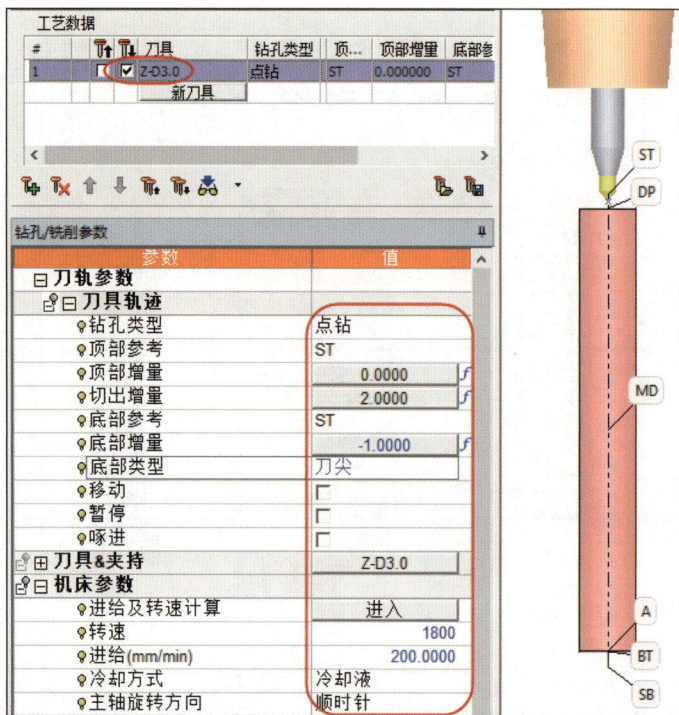

图 5-22　设置点钻参数 2

10）复制第一行"工艺数据"，设置替换刀具为"DRILL_8.0"，然后分别设定其钻孔参数，如图 5-23 所示。

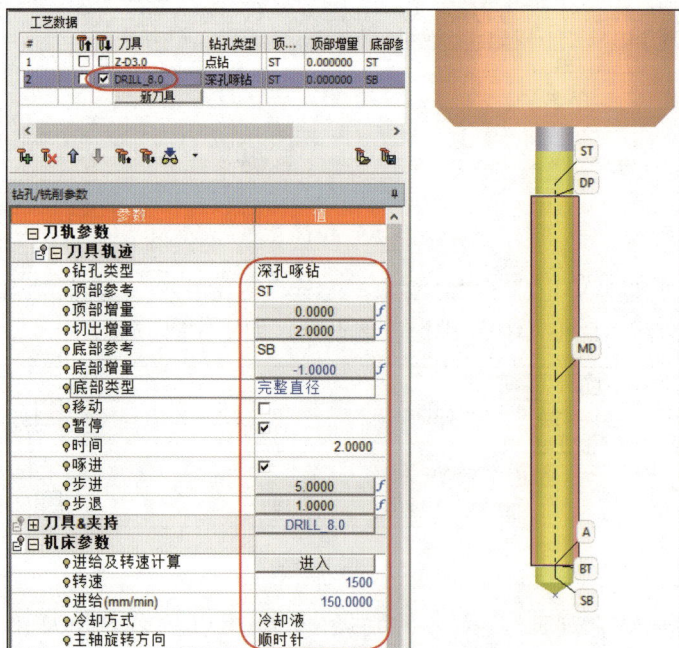

图 5-23　设置深孔啄钻参数 2

11）修改当前孔组工艺的名称为"D8 通孔"，单击"保存工艺"按钮，以便下次同类型孔组自动匹配，然后单击"确定"按钮完成工艺的定义。

（5）生成程序

单击"程序向导"对话框中的"保存并计算"按钮，系统将根据当前设置的参数生成所有孔的刀具路径。在"NC 程序管理器"对话框中修改程序注释为"工艺孔"，如图 5-24 所示。确认程序无误后，单击 🐛 按钮计算剩余毛坯。

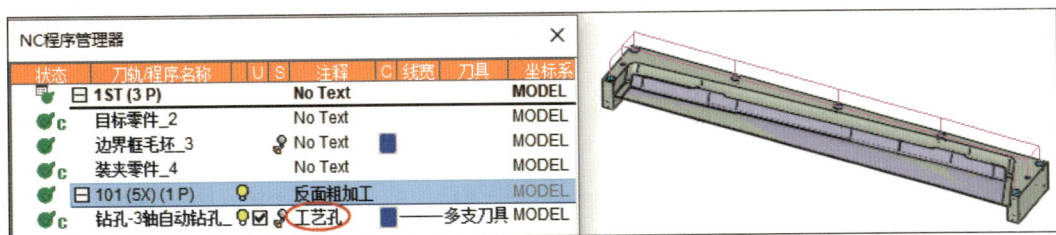

图 5-24　工艺孔程序

5.3.2　粗加工

1. 新建程序

在 NC 向导中单击"程序"按钮，打开"程序向导"对话框，修改"主选项"为"体积铣"，"子选项"为"环绕粗铣"，如图 5-25 所示。

视频 5.5　粗加工

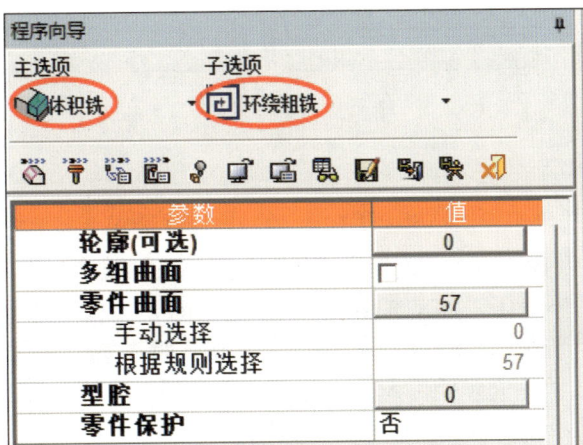

图 5-25　新建程序

2. 选择几何

单击"轮廓（可选）"右侧的按钮，根据高级选择并使用"逐个投影"选择粗加工区域轮廓。选中"多组曲面"复选框，设置"加工曲面组数量"为 2。"加工曲面（#1）"根据规则选择集合"工艺夹具"，"加工曲面（#2）"根据规则选择集合"航空结构件"，设置"零件保护"为"激活"，如图 5-26 所示。

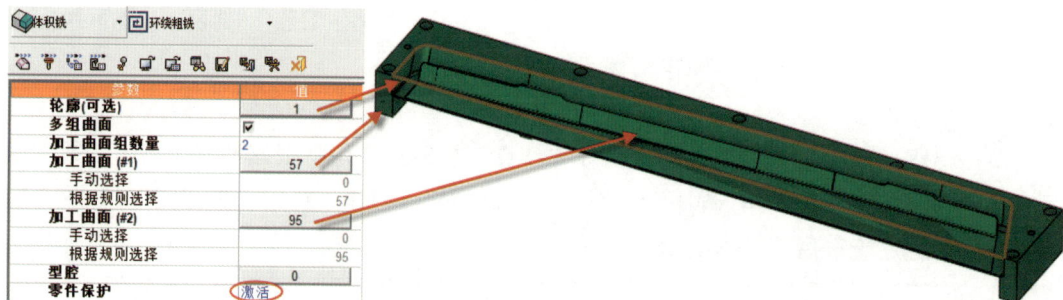

图 5-26　选择几何 1

3. 选择刀具

单击"刀具"按钮，在打开的"铣削刀具和夹持"对话框中选择"D16R2"牛鼻刀用于粗加工，如图 5-27 所示，然后单击"确定"按钮。

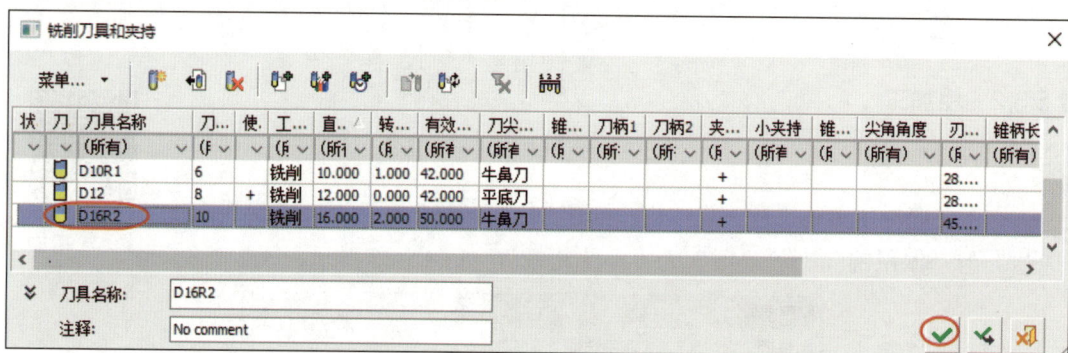

图 5-27　选择刀具 1

4. 设置刀轨参数

单击"刀轨参数"按钮，切换至"刀轨参数"界面，设置"内部安全高度"为"优化"，"Z 安全间隙"为 5；设置"切入方式"为"优化"，"螺旋角度"为 1，"盲区"为 10；设置"加工曲面（#1）余量"为 0，"加工曲面（#2）余量"为 2，"曲面公差"为 0.03；设置"刀具轨迹"为"高级"，"铣削模式"为"混合铣"，"下切步距类型"为"固定值+补铣水平面"，"固定下切步距"为 2，"侧向步距"为 10；设置"高速铣"和"行间铣削"为"基本"，"刀柄&夹持"为"使用"；其余参数保持不变，如图 5-28 所示。

5. 设置机床参数

单击"机床参数"按钮，打开"机床参数"界面，设置参数，如图 5-29 所示。

6. 生成程序

单击"保存并计算"按钮，系统将根据当前设置的参数生成粗加工的刀具路径，如图 5-30 所示。在"NC 程序管理器"中修改程序注释为"粗加工"，确认程序无误后，单击 按钮计算剩余毛坯。

图 5-28　设置刀轨参数 2

图 5-29　设置机床参数 1

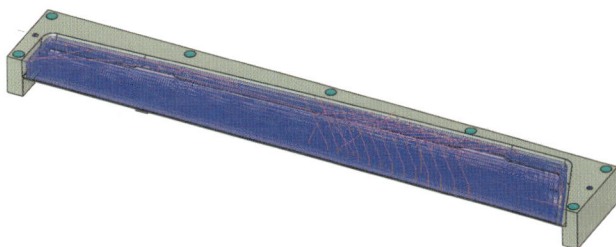

图 5-30　生成程序 1

7. 查看毛坯

点亮灯泡🔧查看残留毛坯，如图 5-31 所示。程序参数设置了 2 组加工曲面，设置工艺夹具余量为 0，以便后续进行精加工；设置航空结构件余量为 2，以便 48 小时时效处理释放残余应力。

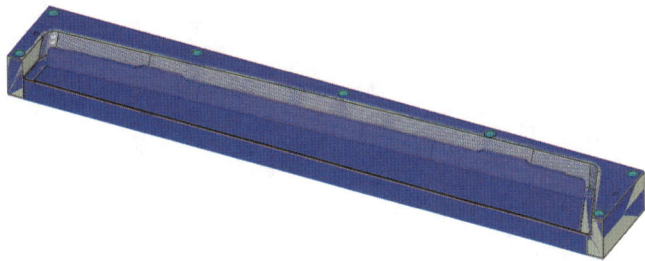

图 5-31　查看毛坯 1

5.3.3　二次粗加工

1. 复制程序

在"NC 程序管理器"中复制"粗加工"程序至列表末，然后修改注释为"倒扣粗加工"，如图 5-32 所示。

图 5-32 复制程序 1

2. 设置刀轨参数

双击程序打开"程序向导"对话框，单击"刀轨参数"按钮，切换至"刀轨参数"界面。单击"安全平面&坐标系"中的"创建坐标系"右侧的"进入"按钮创建程序坐标系。在打开的"创建新的坐标系"对话框中设置"倾斜角度"为26，"倾斜方向"为90，"新坐标系名称"为"反面倒扣"，然后单击"确定"按钮创建程序坐标系。在返回的界面中设置"最小毛坯宽度"为0.3，"Z值限制"为"仅顶部"，"Z顶部"为9，如图5-33所示。

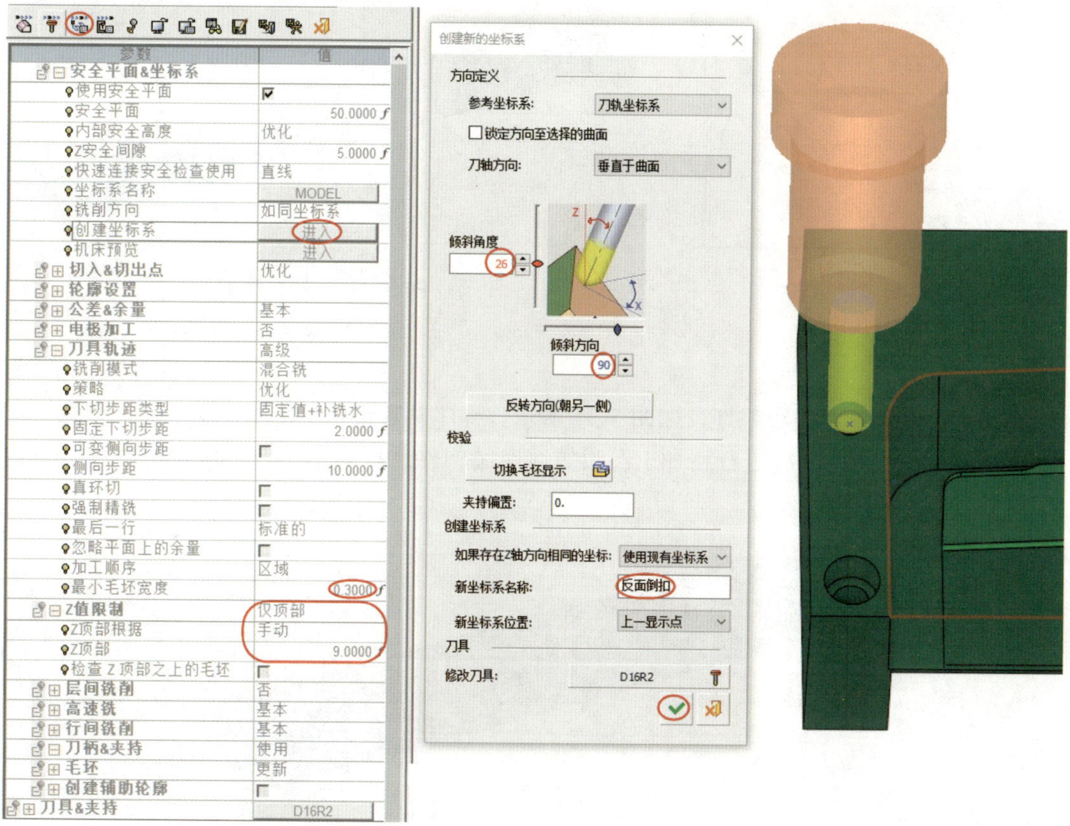

图 5-33 设置刀轨参数 3

3. 修改几何

单击"几何"按钮，切换至"几何"界面，然后单击"轮廓（可选）"右侧的按钮，根据高级选择并使用"逐个投影"选择倒扣区域轮廓，如图5-34所示。

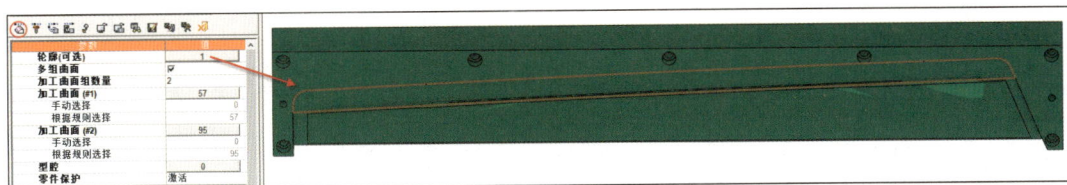

图 5-34　修改几何 1

4. 生成程序

单击"保存并计算"按钮，系统将根据当前设置的参数生成倒扣区域的刀具路径，如图 5-35 所示。确认程序无误后，单击 🔒 按钮计算剩余毛坯。

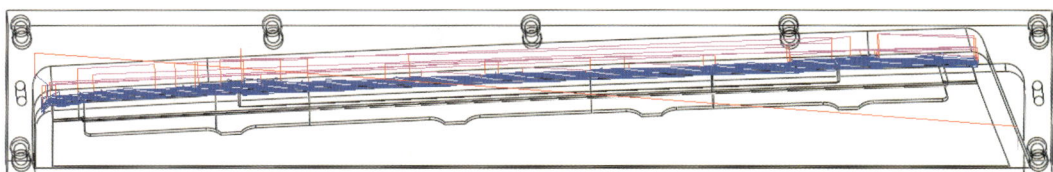

图 5-35　生成程序 2

5. 查看毛坯

点亮灯泡 🔒 查看残留毛坯，倒扣区域尚残留较多的毛坯待半精加工时处理，如图 5-36 所示。

图 5-36　查看毛坯 2

6. 机床模拟

在 NC 向导中单击"机床模拟"按钮，在打开的"机床模拟"对话框中单击 ⬇️ 按钮将所有程序添加至右侧的"模拟的程序序列"列表框中，然后选中"材料去除"和"检查零件"复选框。设置"参考坐标系"为 MODEL，选中"使用机床"复选框，并选择机床为"5X_HH"。设置"原点设置"中的"X"为 600、"Y"为 0、"Z"为 175，如图 5-37 所示。以上参数皆由 NC 设置参数自动加载，然后单击"确定"按钮进入机床模拟界面。

视频 5.6 机床模拟

143

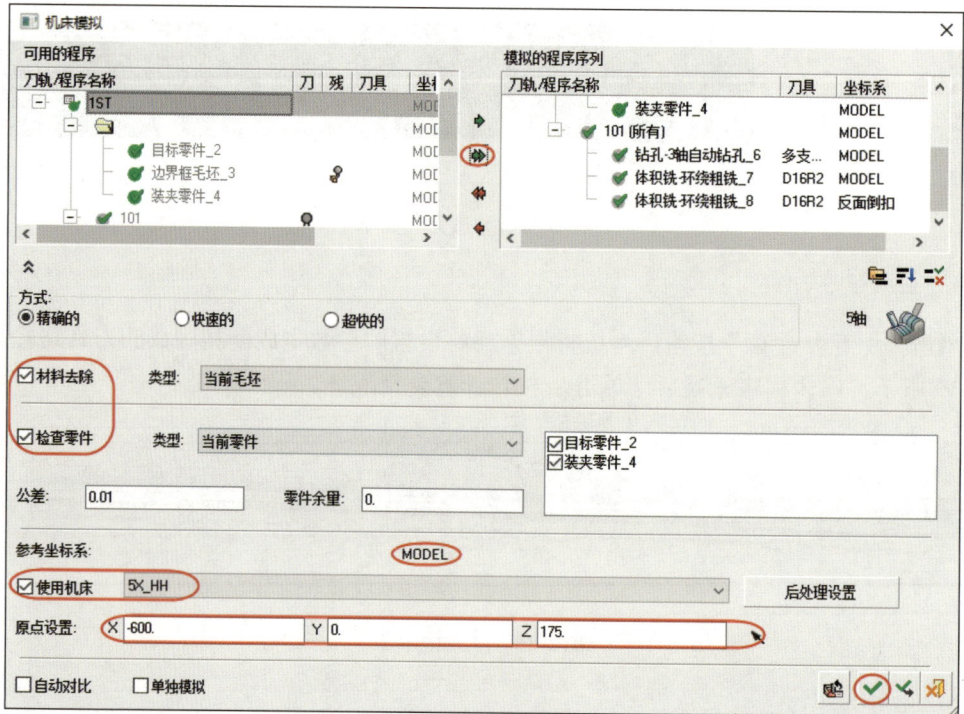

图 5-37　机床模拟设置 1

在"模拟控制"对话框中选中"忽略停止条件"复选框，然后单击按钮开始模拟，完毕后查看"模拟报告"。更多模拟参数请查看项目 1 中的机床模拟部分。最后单击"退出模拟"按钮退出模拟界面，如图 5-38 所示。

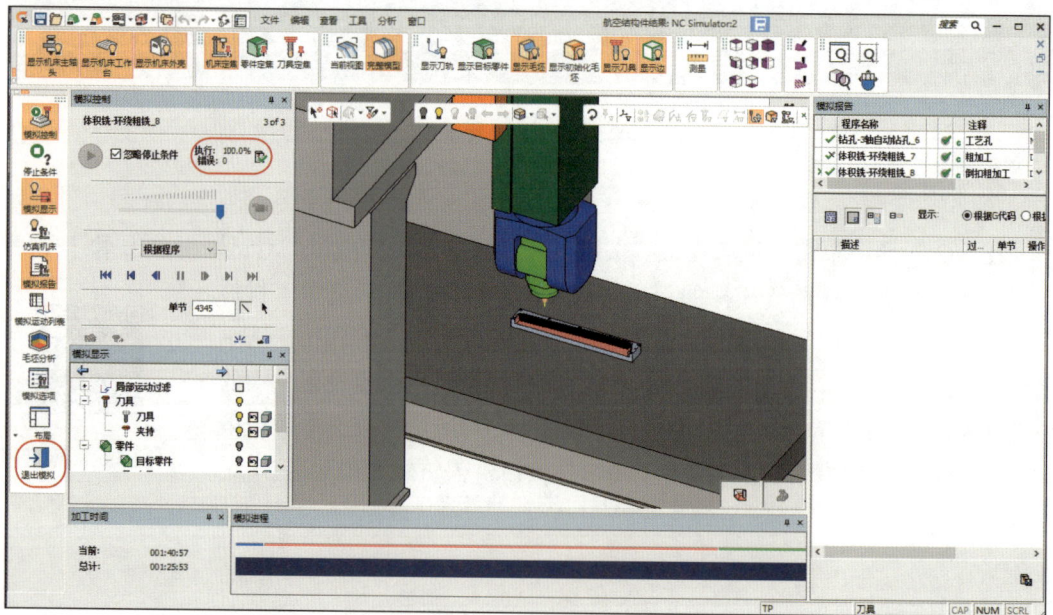

图 5-38　机床模拟结果 1

7. 后处理

在 NC 向导中单击"后处理"按钮，打开"后处理"对话框。

1）选择 NC 设置"1ST"，并单击 ➡ 按钮将程序添加至右侧的"处理列表"列表框中。

2）选择对应的后处理，通常使用机床型号命名。当前选择"HX4212"，这是一台控制系统为 SIEMENS 的 5 轴双摆头立式机床。

3）设定交互区参数。

① 工件坐标系（G..）：默认为 54，即机床坐标系为 G54。

② 是否使用行号：选择 Yes，即在每个单节前输出行号。

4）设定目标文件夹，如 E:\NC，建议选择一个相对简单的目录，以便查找。

5）选择参考坐标系，对应机床上取数的坐标系。其通常在 NC_Setup 中提前设置，也可以在此进行修改。

6）设置完成后单击"确定"按钮进行后处理输出，如图 5-39 所示。

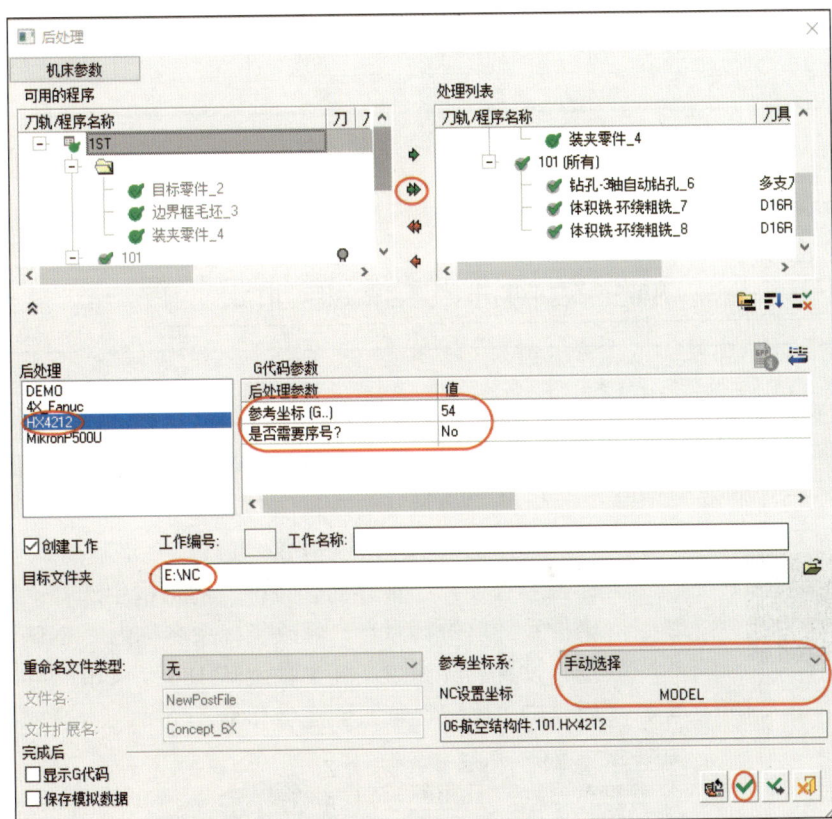

图 5-39 后处理设置 1

提示：不同的后处理，交互区参数不一样，请阅读后处理对应的使用说明。关于 G 代码的说明参见 5.6 节中表 5-5。

8. 程序单

航空结构件第一道工序的 NC 加工程序单如表 5-2 所示。

表 5-2　航空结构件第一道工序的 NC 加工程序单

计划时间						
实际时间						
上机时间						
下机时间						
工作尺寸	单位：mm					
X_c	毛坯左侧往右偏 15mm					
Y_c	毛坯中心					
Z_c	毛坯顶面降 2mm					
工作数量：1 件						

程序名称	加工类型	刀具	行距	加工余量	上机时间	完成时间	备注
01	点钻	Z-D3.0	1	0			
02	钻孔	DRILL_8.0	5	0			
03	钻孔	DRILL_13.0	5	0			
04	扩孔	D12	1	0			
05	粗加工	D16R2	10	2			

5.4　航空结构件的第二道加工工序

5.4.1　装夹孔加工

1. 创建坐标系

视频 5.7 第二道工序的编程准备

选择主菜单中的"基准&曲线"→"基准"→"复制坐标系"选项，在打开的"特征"对话框中选择"MODEL"坐标系并单击其原点，修改坐标系名称为"2ND"，单击 按钮设置旋转参数，绕 Y 轴旋转 180°，如图 5-40 所示。然后单击"确定"按钮创建坐标系。

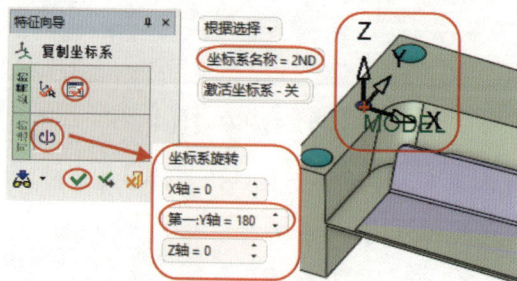

图 5-40　创建坐标系

2. NC 设置

在 NC 向导中单击"NC 设置"按钮，打开"创建 NC 设置"对话框，系统会自动继承上一个 NC 设置"1ST"的参数。修改"名称"为"2ND"，修改"参考坐标系"为"2ND"，设置"设置原点"中的"X"为 600、"Y"为 0、"Z"为 100。点亮灯泡即可显示机床工作台。其他参数保持不变，然后单击"确定"按钮完成 NC 设置，如图 5-41 所示。

3. 创建毛坯

在 NC 向导中单击"毛坯"按钮，打开"初始毛坯"对话框，设置"毛坯类型"为"固化残留毛坯"，如图 5-42 所示。固化残留毛坯本质上是将残留毛坯复制一份并断开关联，这样做的目的是使上一工序的程序修改不会影响后续工序的程序。然后单击"确定"按钮完成毛坯的设置。

注意：默认情况下系统会自动继承之前的所有设置，当前"零件"和"夹具"未变化，所以无须修改。

4. 创建刀轨

在 NC 向导中单击"刀轨"按钮，打开"创建刀轨"对话框，设置"名称"为 201，"类型"为 5 轴，"坐标系"为 2ND，"Z（安全高度）"为 150，在"注释"文本框中输入"正面粗加工"，如图 5-43 所示，然后单击"确定"按钮创建刀轨。

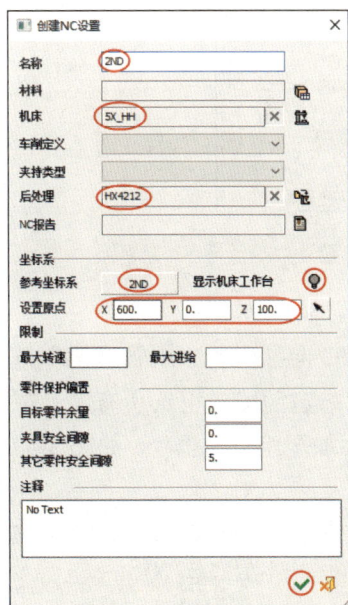

图 5-41　修改 NC 设置 2　　　图 5-42　固化毛坯 1　　　图 5-43　创建 5 轴刀轨 1

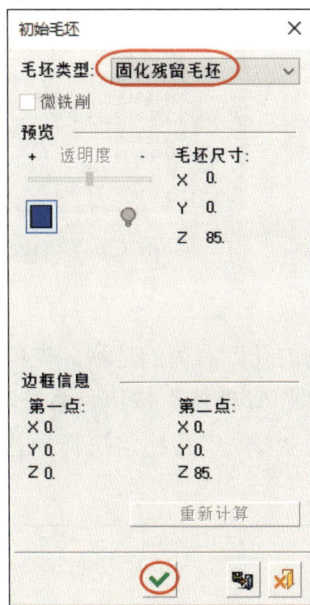

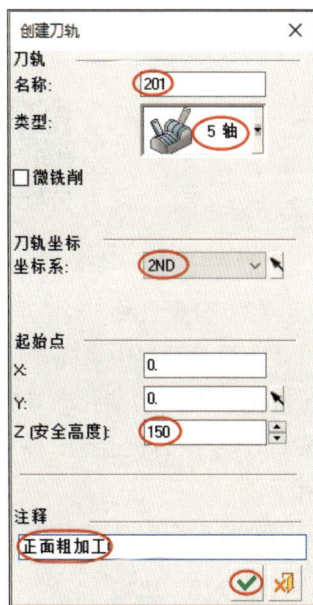

（1）选择几何

在 NC 向导中单击"程序"按钮，打开"程序向导"对话框，修改"主选项"为"钻孔"，"子选项"为"3 轴自动钻孔"，并设置"零件保护"为"否"，如图 5-44 所示。"零件曲面"根据规则选择集合"工艺夹具"，如图 5-45 所示。

图 5-44　创建程序

图 5-45　选择几何 2

（2）设置刀轨参数

单击"刀轨参数"按钮，切换至"刀轨参数"界面，安全高度自动继承刀轨参数为 150，设置"毛坯"为"使用"，其他参数保持默认设置，如图 5-46 所示。

视频 5.8 工艺孔加工

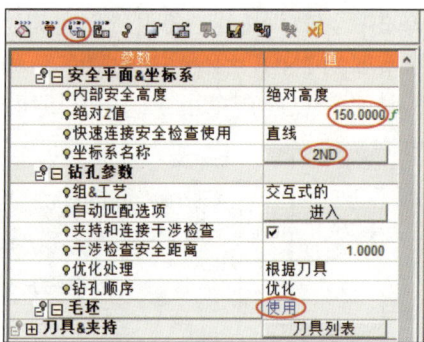

图 5-46　设置刀轨参数 4

（3）分配孔组

在组管理器中点亮"已钻削的孔"右侧的灯泡。先单击 NC 向导中的"组管理器"按钮，再单击自动钻孔向导中的"组管理器"按钮，系统默认"选择孔"，框选所有的孔或按 Ctrl+A 组合键全选。然后单击"确定"按钮将选择的孔组添加至组管理器中，如图 5-47 所示。

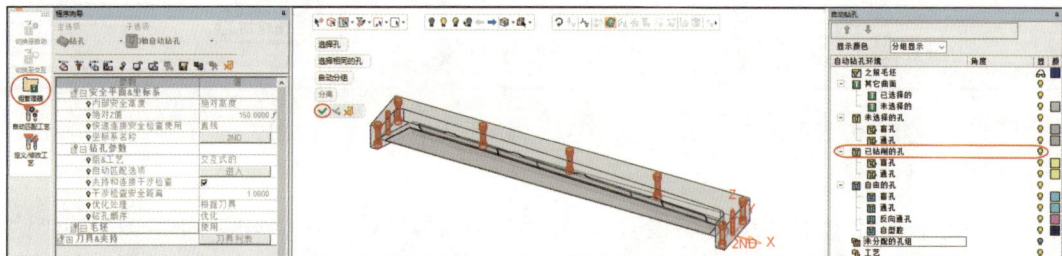

图 5-47　分配孔组

（4）定义钻孔工艺

在组管理器中的"未分配的孔组"下双击第一组"Multi_D13"，打开工艺匹配对话框。单击"读取工艺"按钮，选择上一工序保存的工艺"M12 双向螺栓"。在第 1 行和第 2 行上右击，在弹出的快捷菜单中选择"删除"选项，如图 5-48 所示，仅需留下第 3 行扩孔工艺。完成后单击"确定"按钮完成工艺的定义。

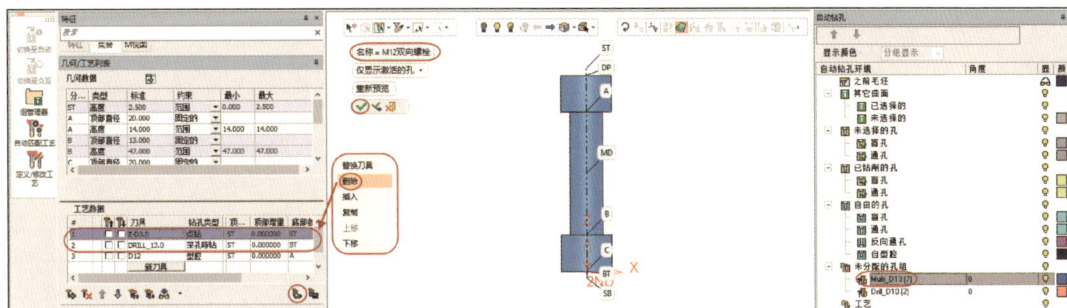

图 5-48　定义钻孔工艺

（5）生成程序

在组管理器中的"未分配的孔组"下右击"Drill_D10"，在弹出的快捷菜单中选择"删除"选项。然后在"程序向导"对话框中单击"保存并计算"按钮，系统将根据当前设置的参数生成工艺孔的刀具路径，如图 5-49 所示。在"NC 程序管理器"中修改程序注释为"工艺孔"。确认程序无误后，单击 按钮计算剩余毛坯。

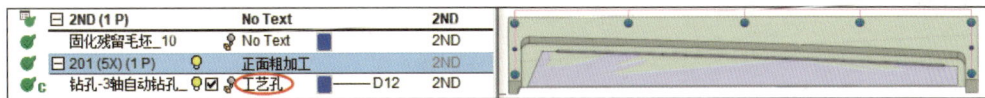

图 5-49　生成程序 3

5.4.2　粗加工

1. 复制程序

在"NC 程序管理器"中复制上一工序的"粗加工"程序至列表末，如图 5-50 所示。

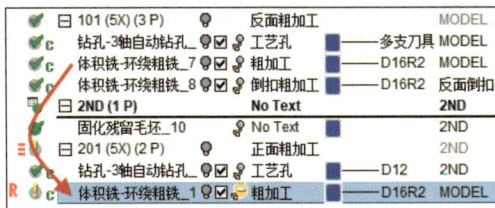

图 5-50　复制程序 2

2. 设置刀轨参数

双击程序打开"程序向导"对话框，单击"刀轨参数"按钮，切换至"刀轨参数"界面，设置"安全平面"为 150，"坐标系名称"为 2ND，如图 5-51 所示。

视频 5.9 粗加工

图 5-51　设置刀轨参数 5

3．修改几何

单击"几何"按钮，切换至"几何"界面，然后单击"轮廓（可选）"右侧的按钮，根据高级选择并使用"逐个投影"选择加工区域轮廓，如图 5-52 所示。

图 5-52　修改几何 2

4．生成程序

单击"保存并计算"按钮，系统将根据当前设置的参数生成粗加工的刀具路径，如图 5-53 所示。确认程序无误后，单击 按钮计算剩余毛坯。

图 5-53　生成程序 4

5.4.3　二次粗加工

1．复制程序

在"NC 程序管理器"中复制上条"粗加工"程序至列表末，如图 5-54 所示。

图 5-54　复制程序 3

2．设置刀轨参数

双击程序打开"程序向导"对话框，单击"刀轨参数"按钮，切换至"刀轨参数"界面，单击"安全平面&坐标系"中的"创建坐标系"右侧的"进入"按钮创建程序坐标系。在打开的"创建新的坐标系"对话框中设置"倾斜角度"为 28，"倾斜方向"为-90，"新坐标系名称"为"正面倒扣"，然后单击"确定"按钮创建程序坐标系。在返回的界面中设置"刀具位置（公共的）"为"轮廓内"，"最小毛坯宽度"为 0.3，"Z 值限制"为"仅顶部"，"Z 顶部"为 82，如图 5-55 所示。

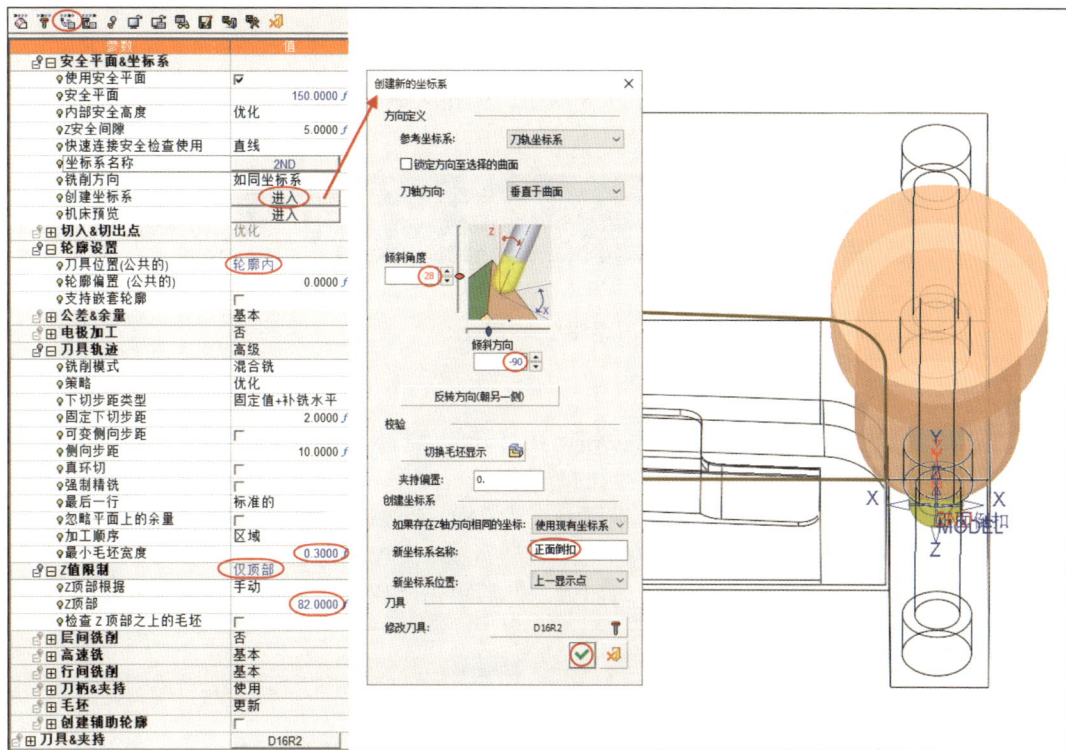

图 5-55　设置刀轨参数 6

3．修改几何

单击"几何"按钮，切换至"几何"界面，然后单击"轮廓（可选）"右侧的按钮，根据高级选择并使用"逐个投影"选择加工区域轮廓，如图 5-56 所示。

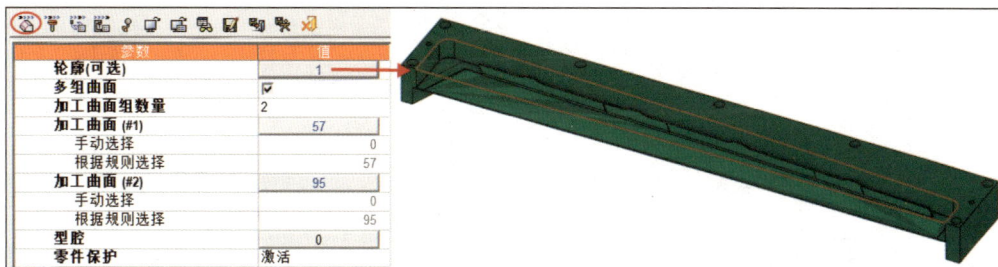

图 5-56　修改几何 3

4. 生成程序

单击"保存并计算"按钮，系统将根据当前设置的参数在倒扣区域生成粗加工的刀具路径，如图 5-57 所示。确认程序无误后，单击 ⚙ 按钮计算剩余毛坯。

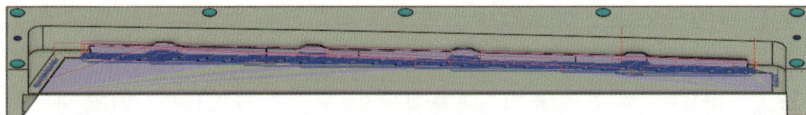

图 5-57　生成程序 5

5. 查看毛坯

点亮灯泡 💡 查看残留毛坯，如图 5-58 所示，倒扣区域尚残留较多的毛坯待半精加工时处理。

图 5-58　查看毛坯 3

6. 机床模拟

在 NC 向导中单击"机床模拟"按钮，在打开的"机床模拟"对话框中选择 NC 设置"2ND"并单击 ➡ 按钮将程序添加至右侧的"模拟的程序序列"列表框中，选中"材料去除"和"检查零件"复选框，设置"参考坐标系"为 2ND；选中"使用机床"复选框，并选择机床为"5X_HH"；设置"原点设置"中的"X"为 600、"Y"为 0、"Z"为 100，如图 5-59所示。以上参数皆由 NC 设置参数自动加载，然后单击"确定"按钮进入机床模拟界面。

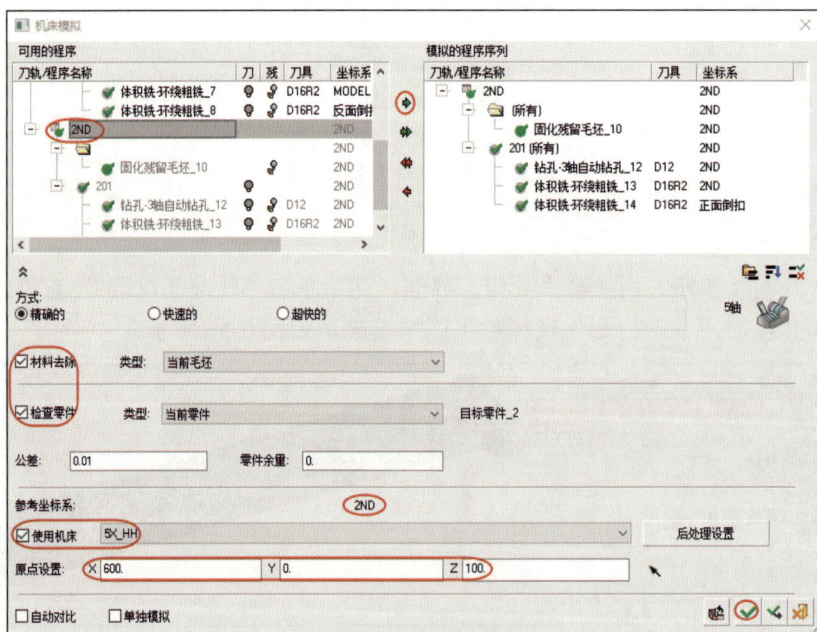

图 5-59　机床模拟设置 2

在"模拟控制"对话框中选中"忽略停止条件"复选框，然后单击 按钮开始模拟，完毕后查看"模拟报告"。更多模拟参数请查看项目 1 中的机床模拟部分。然后单击"退出模拟"按钮退出模拟界面，如图 5-60 所示。

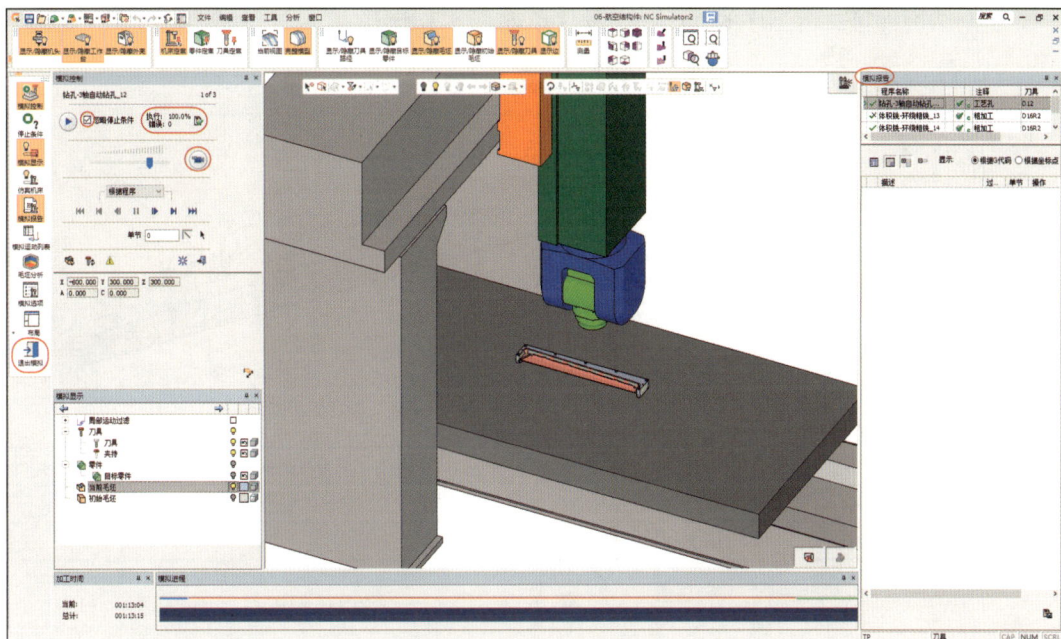

图 5-60　机床模拟结果 2

7. 后处理

在 NC 向导中单击"后处理"按钮，打开"后处理"对话框。选择 NC 设置"2ND"并单击 按钮将程序添加至右侧的"处理列表"列表框中，如图 5-61 所示，然后单击"确定"按钮进行后处理输出。

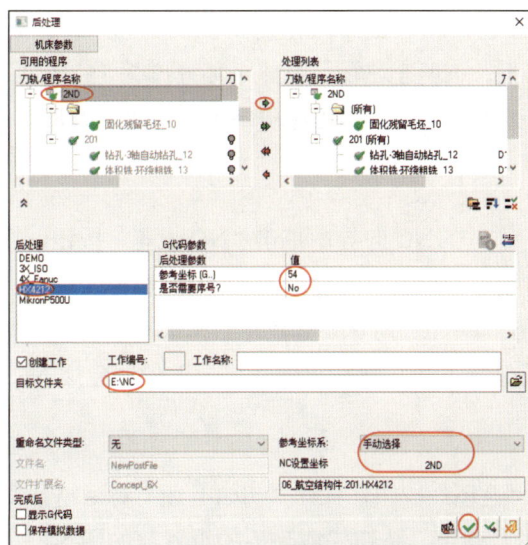

图 5-61　后处理设置 2

提示：关于 G 代码的说明参见 5.6 节表 5-5。

8. 程序单

航空结构件第二道工序的 NC 加工程序单如表 5-3 所示。

表 5-3　航空结构件第二道工序的 NC 加工程序单

计划时间							
实际时间							
上机时间							
下机时间							
工作尺寸	单位：mm						
X_c	右侧定位孔中心						
Y_c	右侧定位孔中心						
Z_c	毛坯底面提升 2mm						
工作数量：1 件							
程序名称	加工类型	刀具	行距	加工余量	上机时间	完成时间	备注
01	扩孔	D12	1	0			
02	粗加工	D16R2	10	2			

以 2 个定位孔校正工件

5.5　航空结构件的第三道加工工序

5.5.1　工艺孔加工

根据航空结构件的工艺，粗加工后需静置 48h 或以上释放加工应力，由钳工铣削夹具上、下两个平面，最终毛坯厚度为 75，然后进行精加工。在此生成 2 条铣削平面的程序更新毛坯后再删除即可。

视频 5.10 第三道工序的
编程准备

1. NC 设置

在 NC 向导中单击"NC 设置"按钮，打开"创建 NC 设置"对话框。设置"名称"为 3RD，"参考坐标系"为 MODEL；设置"设置原点"中的"X"为-600、"Y"为 0、"Z"为 175，点亮灯泡💡即可显示机床工作台，如图 5-62 所示。其他参数保持不变，然后单击"确定"按钮完成 NC 设置。

2. 创建毛坯

在 NC 向导中单击"毛坯"按钮，打开"初始毛坯"对话框，设置"毛坯类型"为"固化残留毛坯"，然后单击"确定"按钮完成毛坯的设置，如图 5-63 所示。

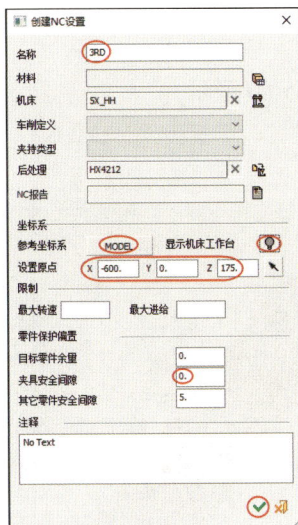

图 5-62　修改 NC 设置 3

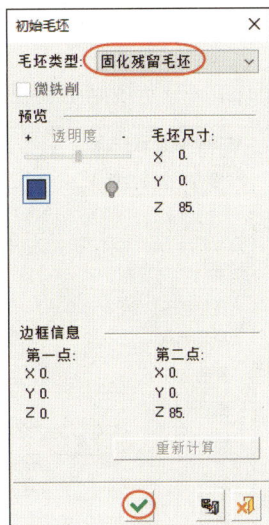

图 5-63　固化毛坯 2

3. 创建刀轨

在 NC 向导中单击"刀轨"按钮，打开"创建刀轨"对话框，设置"名称"为 301，"类型"为 5 轴，"坐标系"为 MODEL，"Z（安全高度）"为 50，在"注释"文本框中输入"反面精加工"，然后单击"确定"按钮创建刀轨，如图 5-64 所示。

4. 创建程序

视频 5.11 工艺孔加工

在 NC 向导中单击"程序"按钮，打开"程序向导"对话框，默认"主选项"为"钻孔"，"子选项"为"3 轴自动钻孔"，设置"零件保护"为"否"，如图 5-65 所示。

图 5-64　创建 5 轴刀轨 2

图 5-65　创建程序

5. 选择几何

"零件曲面"根据规则选择集合"工艺夹具"，如图 5-66 所示。

图 5-66　选择几何 3

6. 设置刀轨参数

单击"刀轨参数"按钮，切换至"刀轨参数"界面，安全高度自动继承刀轨参数为 50，设置"毛坯"为"使用"，其他参数的设置如图 5-67 所示。

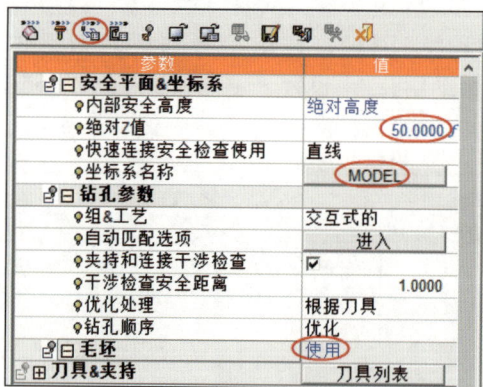

图 5-67　设置刀轨参数 7

7. 分配孔组

在组管理器中点亮"已钻削的孔"右侧的灯泡，单击 NC 向导中的"组管理器"按钮，再单击自动钻孔向导中的"组管理器"按钮，系统默认"选择孔"，单击左侧的 D10H7 定位孔并"选择相同的孔"。然后单击"确定"按钮将选择的孔组添加至组管理器中，如图 5-68 所示。

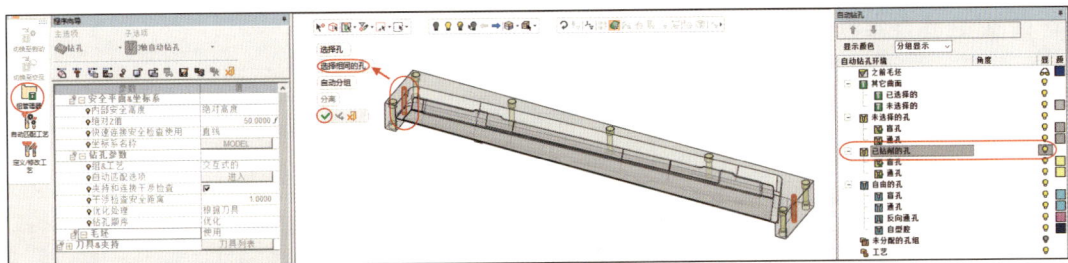

图 5-68　分配孔组

8. 定义钻孔工艺

在组管理器中的"未分配的孔组"下双击第一组"Drill_D10.0",打开工艺匹配对话框,如图 5-69 所示。

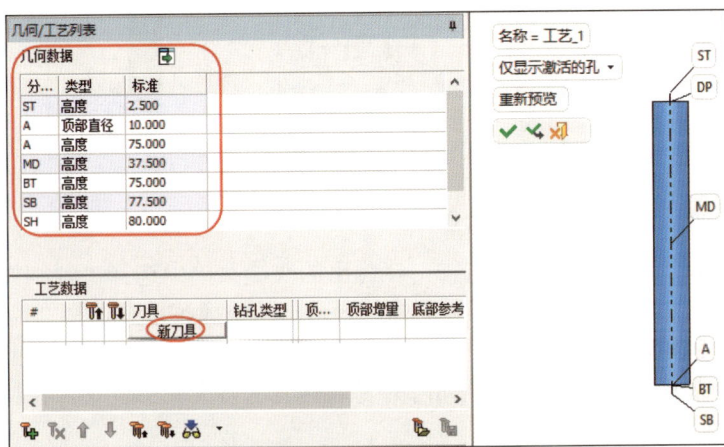

图 5-69　定义钻孔工艺

本组孔在首次粗加工时已钻 8mm 通孔,当前需要扩孔并镗孔。在"工艺数据"中单击"新刀具"按钮,在打开的"铣削刀具和夹持"对话框中选择中心钻"DRILL_9.8",如图 5-70 所示,然后单击"确定"按钮。

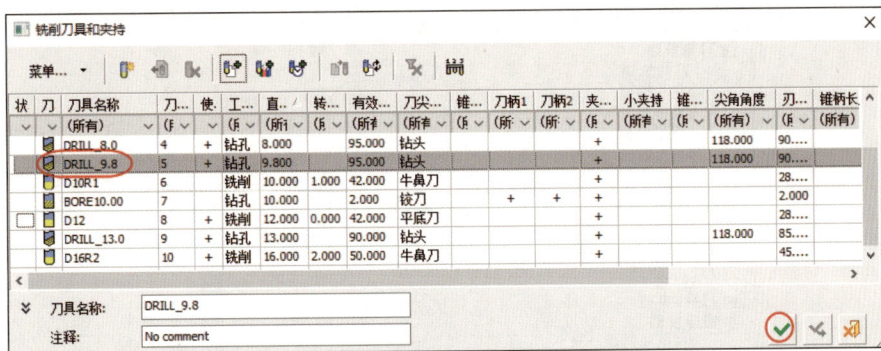

图 5-70　选择钻孔刀具

在"钻孔/铣削参数"中定义当前刀具的"刀轨参数",设置"钻孔类型"为"深孔啄钻","顶部参考"为"ST","底部参考"为"SB","底部增量"为-1,"底部类型"为"完整直径"。其余参数由刀具自动加载，如图 5-71 所示。

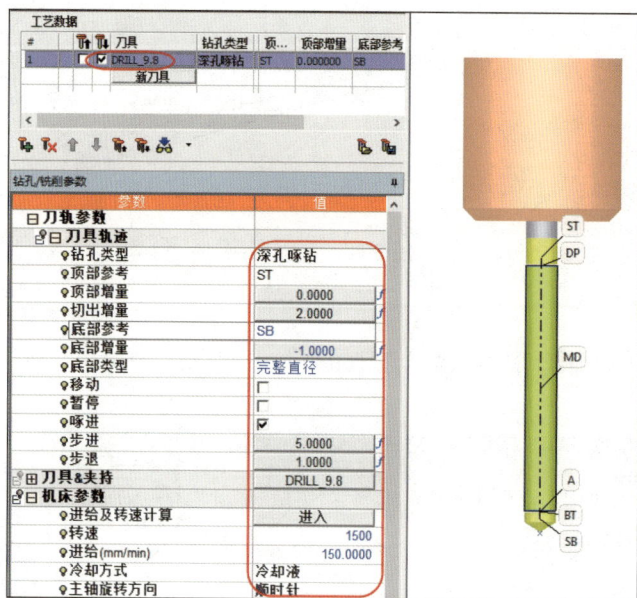

图 5-71　深孔啄钻

在"工艺数据"中的第一行上右击，在弹出的快捷菜单中选择"复制"选项，复制第一行的所有参数至第二行。在第二行上右击，在弹出的快捷菜单中选择"替换刀具"选项，在刀库中选择"BORE10.00"。设置"钻孔/铣削参数"中的"钻孔类型"为"镗孔"，其他参数由刀具自动加载，选中"刀具"列前的复选框显示刀尖底部位置，在钻孔最低点显示刀具，如图 5-72 所示。

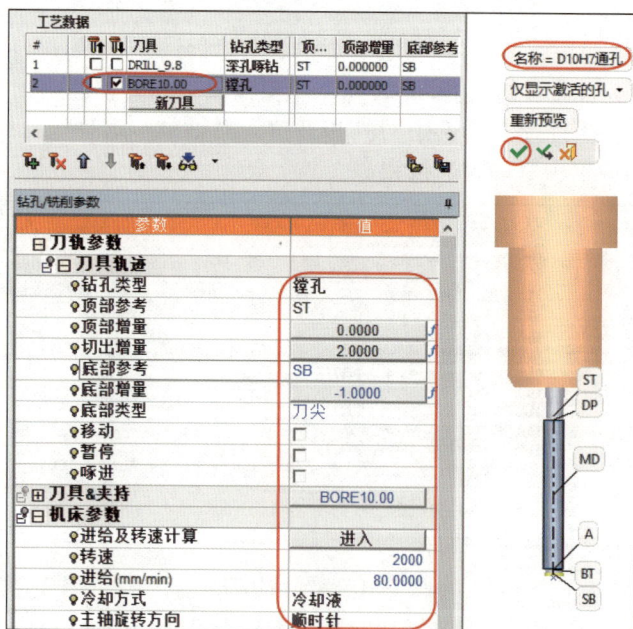

图 5-72　镗孔

9. 生成程序

单击"保存并计算"按钮，系统将根据当前设置的参数生成工艺孔的刀具路径。在"NC程序管理器"中修改程序注释为"工艺孔"，此工艺孔的作用为校正并定位工件，如图5-73所示。确认程序无误后，单击 🔧 按钮计算剩余毛坯。

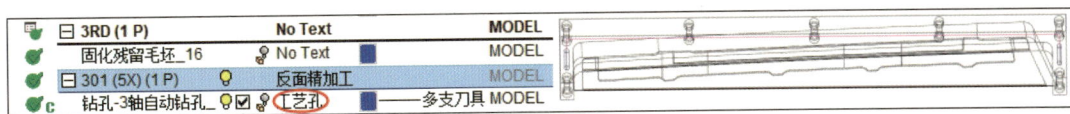

图5-73　生成程序6

5.5.2　粗加工

1. 复制程序

在"NC程序管理器"中复制第一道工序的"粗加工"程序至列表末，如图5-74所示。

视频5.12 粗加工

2. 设置刀轨参数

双击程序打开"程序向导"对话框，然后单击"刀轨参数"按钮，切换至"刀轨参数"界面。设置"加工曲面（#1）余量"为0.2，"加工曲面（#2）余量"为0.2，"曲面公差"为0.01，"最小毛坯宽度"为0.3，如图5-75所示。

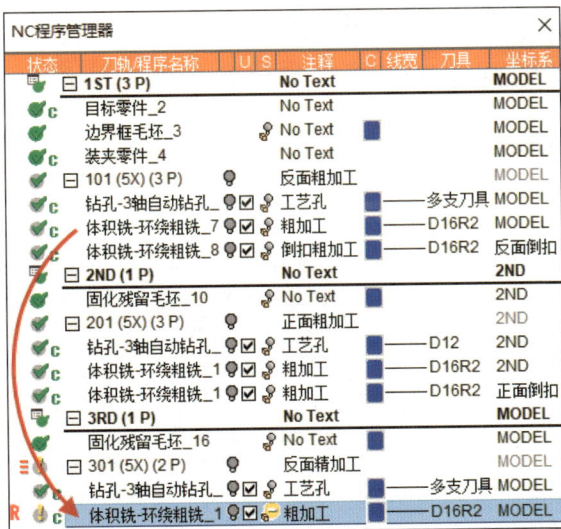

图5-74　复制程序4

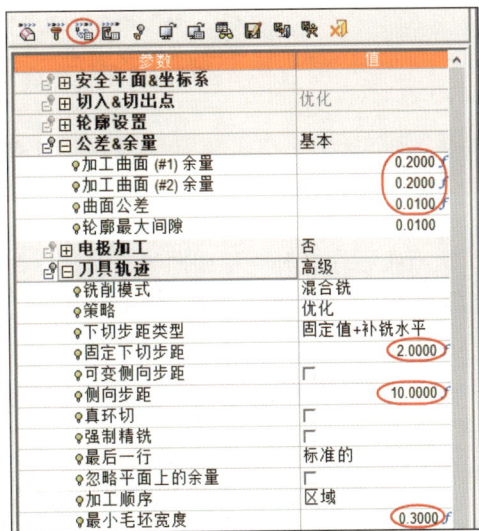

图5-75　设置刀轨参数8

3. 生成程序

单击"保存并计算"按钮，系统将根据当前设置的参数生成二次粗加工的刀具路径，如图5-76所示。确认程序无误后，单击 🔧 按钮计算剩余毛坯。

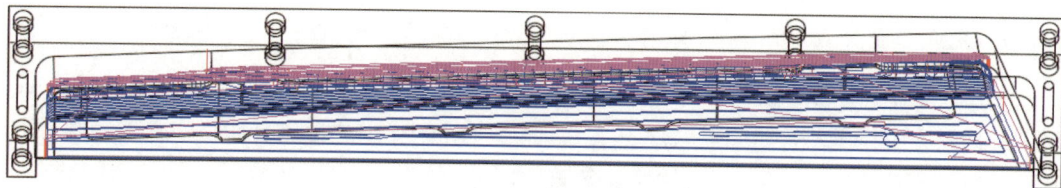

图 5-76　生成程序 7

5.5.3　二次粗加工

1. 复制程序

在"NC 程序管理器"中复制第一道工序的"倒扣粗加工"程序至列表末，如图 5-77 所示。

图 5-77　复制程序 5

2. 选择刀具

双击程序打开"程序向导"对话框，单击"刀具"按钮，在打开的"铣削刀具和夹持"对话框中选择"D8"平底刀用于二次粗加工，如图 5-78 所示，然后单击"确定"按钮。

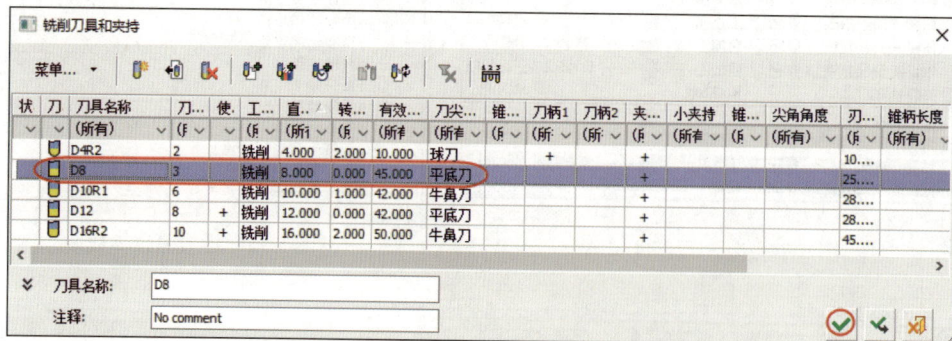

图 5-78　选择刀具 2

3. 设置刀轨参数

单击"刀轨参数"按钮，切换至"刀轨参数"界面，设置"刀具位置（公共的）"为"轮廓内"，"加工曲面（#2）余量"为 0.2，"曲面公差"为 0.01，"固定下切步距"为 0.5，"侧向步距"为 3.6，"最小毛坯宽度"为 0.3，如图 5-79 所示。

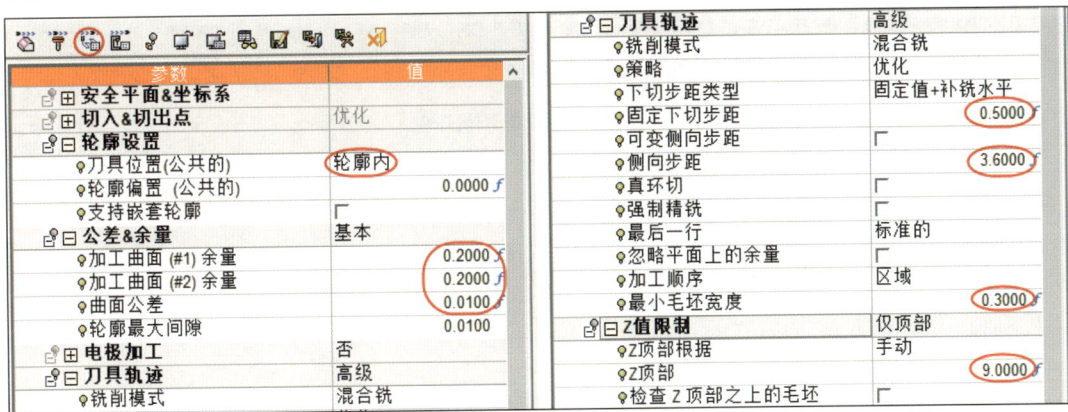

图 5-79 设置刀轨参数 9

4. 生成程序

单击"保存并计算"按钮，系统将根据当前设置的参数生成倒扣区域二次粗加工的刀具路径。确认程序无误后，单击 ✎ 按钮计算剩余毛坯。如图 5-80 所示。

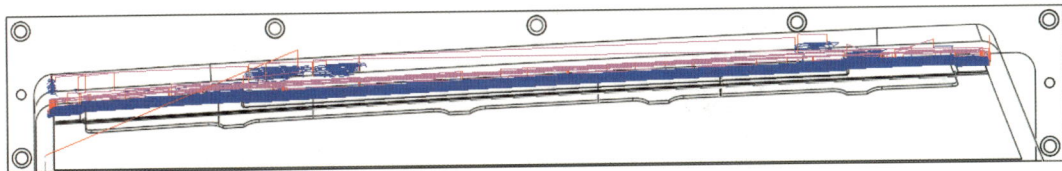

图 5-80 生成程序 8

5.5.4 倒扣粗加工

1. 新建程序

在 NC 向导中单击"程序"按钮，打开"程序向导"对话框，修改"主选项"为"5 轴加工"，"子选项"为"通用 5 轴"，如图 5-81 所示。

视频 5.13 倒扣粗加工

图 5-81 新建程序

2. 选择刀具

单击"刀具"按钮,在打开的"铣削刀具和夹持"对话框中选择"D4R2"球刀用于二次粗加工,如图 5-82 所示,然后单击"确定"按钮。

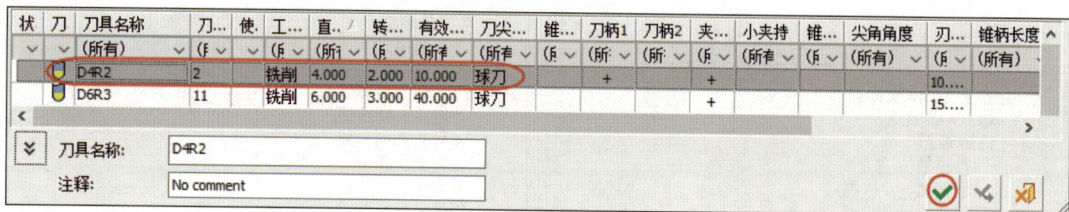

图 5-82　选择刀具 3

3. 设置刀轨参数

单击"刀轨参数"按钮,切换至"刀轨参数"界面,设置"坐标系名称"为 MODEL,"驱动曲面公差"为 0.01,"毛坯"为"更新"。然后单击"刀具轨迹"右侧的"进入"按钮,如图 5-83 所示,打开"通用 5 轴控制面板"对话框。

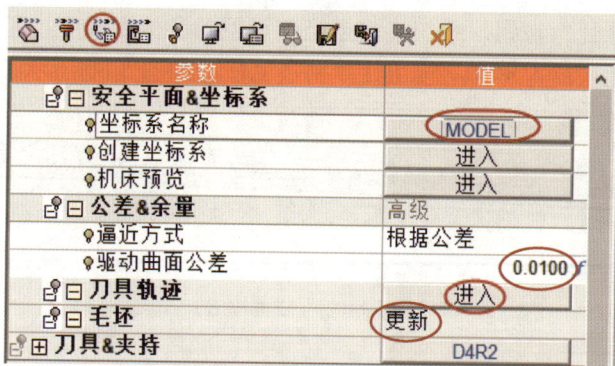

图 5-83　设置刀轨参数 10

4. 设置"曲面路径"选项卡

在"曲面路径"选项卡中设置"模式"为"平行于曲面",单击"引导"按钮,选择夹具中间大平面曲面为引导曲面,单击"驱动曲面"按钮,根据规则选择集合"反面辅助面"的曲面为驱动曲面。设置"区域"选项组中的"类型"为"以一点或两点限制",单击"设置点"按钮选择 2 点并修改 Z 高度为-33~-27。设置"铣削方式"为"双向","最大步距"为 0.3,如图 5-84 所示。

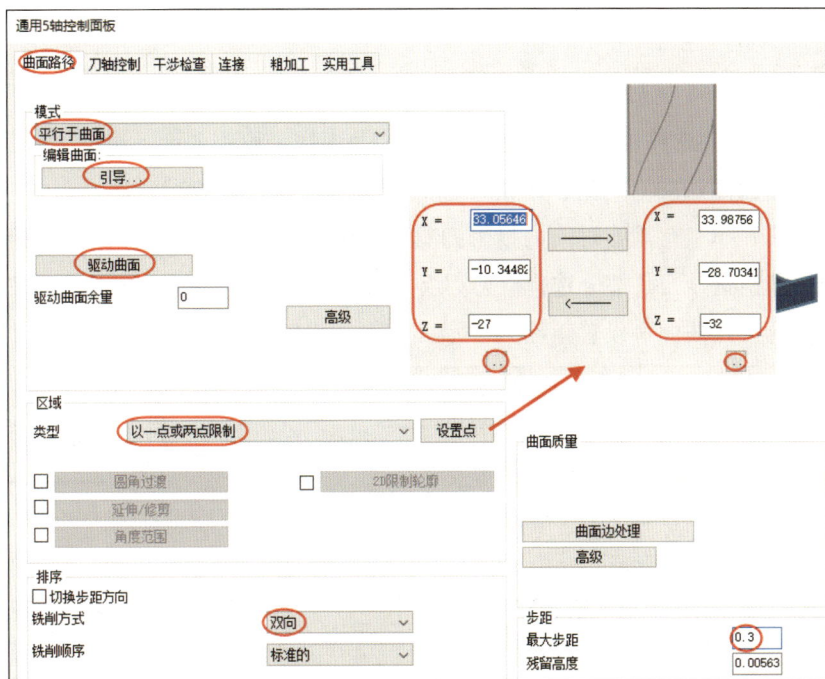

图 5-84　设置"曲面路径"选项卡 1

5. 设置"刀轴控制"选项卡

切换至"刀轴控制"选项卡,设置"刀轴将"为"相对铣削方向倾斜","铣削方向的侧倾角"为 75,其他参数保持默认设置,如图 5-85 所示。

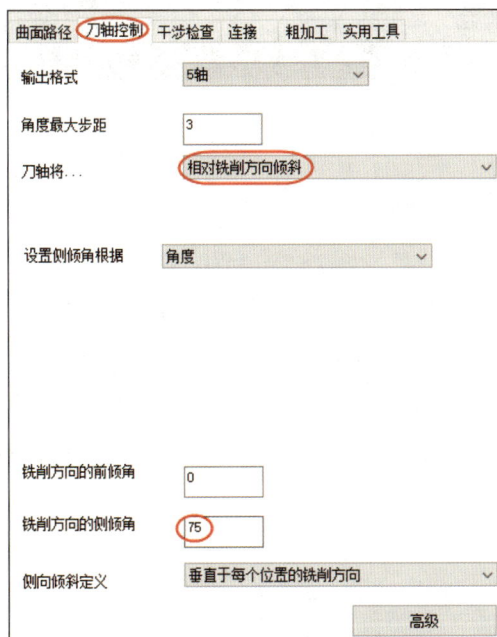

图 5-85　设置"刀轴控制"选项卡 1

6. 设置"干涉检查"选项卡

切换至"干涉检查"选项卡，选择第 1 组干涉检查，刀具部分选择"刀刃"，几何选中"检查曲面"复选框并选择集合"航空结构件"的曲面作为检查曲面，设置"余量"为 0.2，设置策略为"沿曲面法向"切出；单击"高级"按钮，在打开的对话框中选中"根据需要的方向投影刀具"和"有需要时向内投影刀具"复选框并设置"往内移动最大距离"为 3。选择第 2 组干涉检查，刀具部分选择"刀刃"，几何选中"检查曲面"复选框并选择夹具中间的大平面作为检查曲面，设置策略为"沿刀轴"切出，如图 5-86 所示。

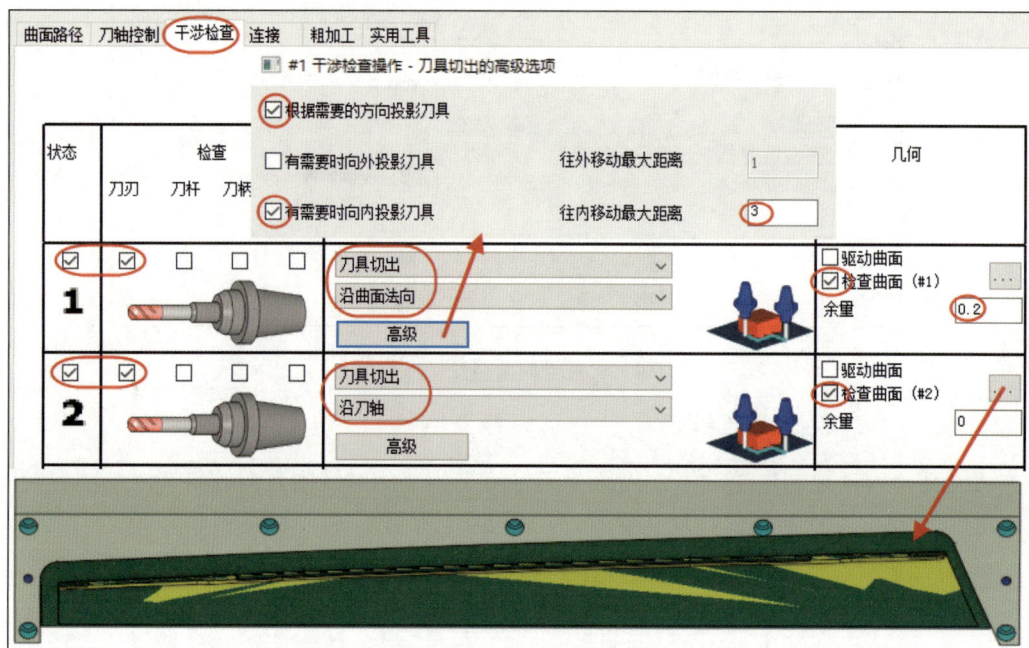

图 5-86　设置"干涉检查"选项卡 1

7. 设置"连接"选项卡

切换至"连接"选项卡，设置"首次切入"为"自安全区域切入"并"使用切入"，"最终切出"为"切出至安全区域"并"使用切出"。设置"铣削间隙"选项组中的"阈值"为 2，小于 2 判定为"小间隙"，使用"沿曲面"进行连接；大于 2 判定为"大间隙"，使用"切出至安全区域"进行连接。设置"层间连接"选项组中的"阈值"为 5，距离小于 5 时为"较短的轨迹"，使用"混合样条线"进行连接；距离大于 5 时为"较长的轨迹"，使用"切出至安全区域"进行连接，如图 5-87 所示。

图 5-87　设置"连接"选项卡 1

在"安全区域"对话框中设置"类型"为"平面","方向"为"Z 轴","高度"为 50,"快进距离"为 100,"切入进给距离"为 2,其余参数不变。在"默认的切入切出"对话框中设置切入"类型"为"相切圆弧","宽度"和"长度"都为 1,"高度"为 3,并复制参数至切出,如图 5-88 所示。

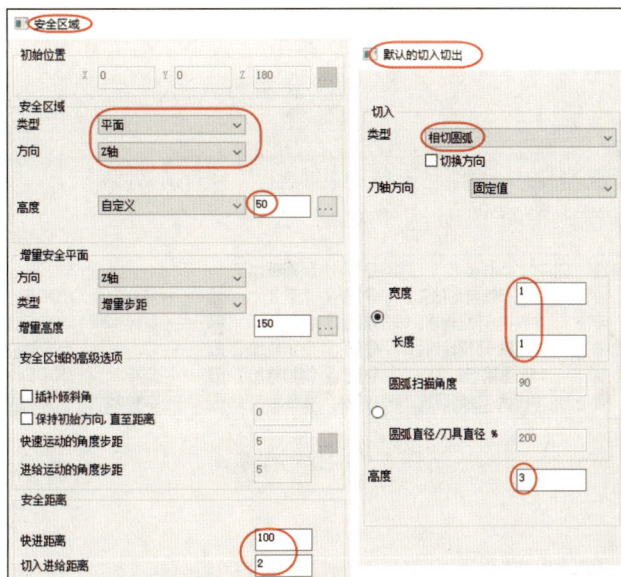

图 5-88　设置安全区域和切入切出

8. 设置机床参数

设置完以上参数后单击"确定"按钮返回"程序向导"对话框，然后单击"机床参数"按钮，打开"机床参数"界面，设置"插刀速率"为1500，选中"快速切出"复选框，如图5-89所示。

参数	值
进给及转速计算	进入
Vc (m/min)	94.2478
转速	7500
进给(mm/min)	1500.0000
插刀速率 (mm/min)	1500.0000
快速切出	☑
空切	快速运动
冷却方式	冷却液
主轴旋转方向	顺时针
旋转轴首选位置	无

图 5-89　设置机床参数 2

9. 生成程序

单击"保存并计算"按钮，系统将根据当前设置的参数在平面上方约 5mm 高度处生成 5 轴联动层切的刀具路径，如图 5-90 所示。确认程序无误后，单击 🔧 按钮计算剩余毛坯。在"NC 程序管理器"中修改注释为"倒扣粗加工"。

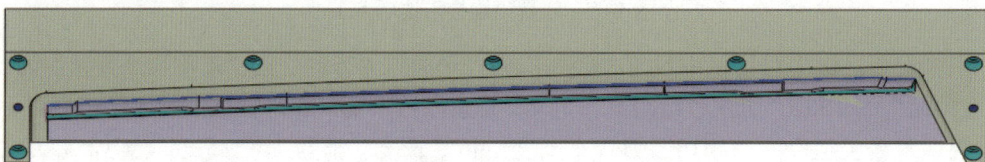

图 5-90　生成程序 9

5.5.5　水平面精加工

1. 复制程序

在"NC 程序管理器"中复制上一条"粗加工"程序至列表末，然后修改注释为"精铣水平面"，如图 5-91 所示。

视频 5.14 精铣水平面

图 5-91　复制程序 6

2. 选择刀具

双击程序打开"程序向导"对话框，单击"刀具"按钮，在打开的"铣削刀具和夹持"对话框中选择"D12_F"球刀用于二次粗加工，如图 5-92 所示，然后单击"确定"按钮。

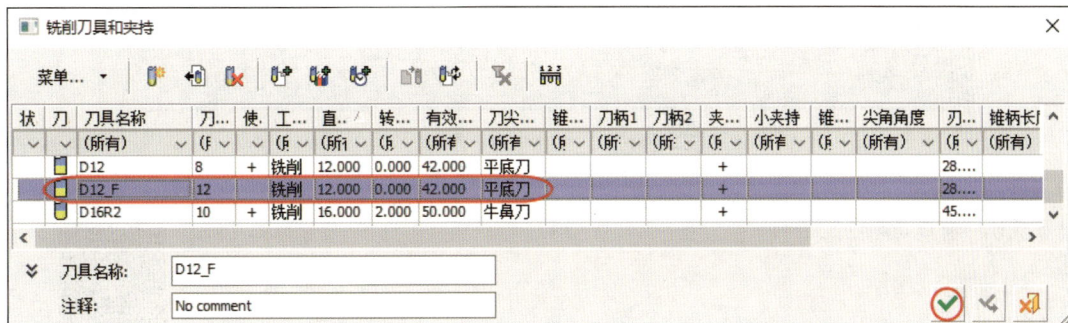

图 5-92 选择刀具 4

3. 设置刀轨参数

单击"刀轨参数"按钮，切换至"刀轨参数"界面，设置"公差&余量"为"高级"，侧壁余量都为 0.5，底部余量都为 0。设置"下切步距类型"为"精铣水平面"，"固定下切步距"为 1，"侧向步距"为 6，"最小毛坯宽度"为 0，如图 5-93 所示。

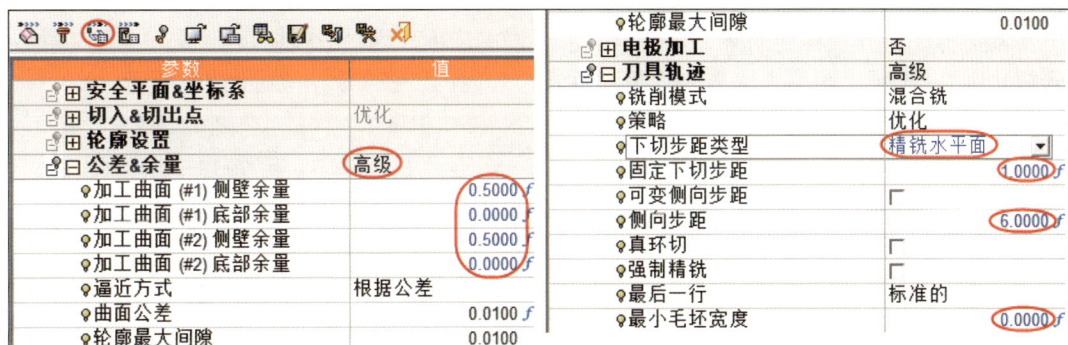

图 5-93 设置刀轨参数 11

"精铣水平面"是一个隐藏参数，选择主菜单中的"工具"→"预设置"选项，在打开的"预设置编辑器"对话框中选择"通用"→"NC 通用"选项，在右侧"NC 通用"选项组中选中"粗铣&型腔体积铣-<精铣水平面>选项"复选框，如图 5-94 所示。

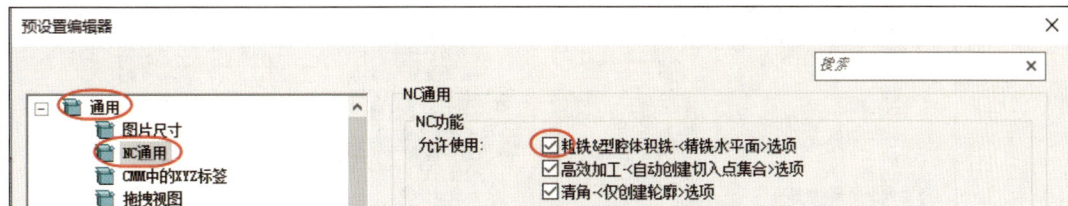

图 5-94 设置隐藏参数"精铣水平面"

4. 生成程序

单击"保存并计算"按钮，系统将根据当前设置的参数在所有水平面上生成精铣刀具路径，如图 5-95 所示。确认程序无误后，单击 按钮计算剩余毛坯。

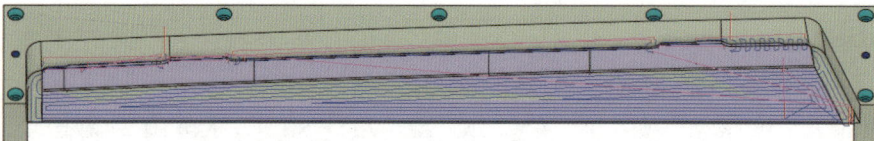

图 5-95　生成程序 10

▌5.5.6　垂直面精加工

1. 复制程序

在"NC 程序管理器"中复制上一条"精铣水平面"程序至列表末，然后修改注释为"垂直面"，如图 5-96 所示。

视频 5.15　铣削垂直面

图 5-96　复制程序 7

2. 选择几何

双击程序打开"程序向导"对话框，修改"主选项"为"2.5 轴"，"子选项"为"传统开放轮廓"。设置"轮廓"为集合"反面垂直边"内的 2 条曲线，如图 5-97 所示。

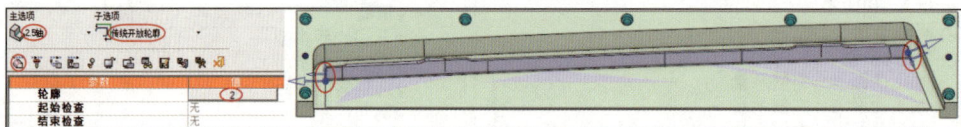

图 5-97　选择几何 4

3. 设置刀轨参数

单击"刀轨参数"按钮，切换至"刀轨参数"界面，设置切入/切出类型为"法向"，"延伸"为 5，"内部安全高度"为"增量"，值为 0。设置"刀具位置（公共的）"为"切向"，"轮廓偏置（公共的）"为 0，"铣削侧（公共的）"为"左侧"，"Z 顶部"为-12，"Z 底部"为-35，"下切步距"为 1，"铣削风格"为"双向"，如图 5-98 所示。

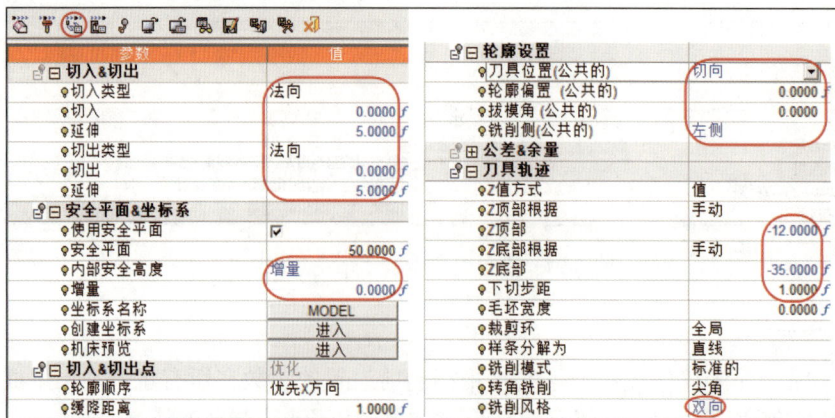

图 5-98　设置刀轨参数 12

4. 生成程序

单击"保存并计算"按钮,系统将根据当前设置的参数在两侧垂直面上生成双向层切铣削的刀具路径,如图 5-99 所示。确认程序无误后,单击 🔗 按钮计算剩余毛坯。

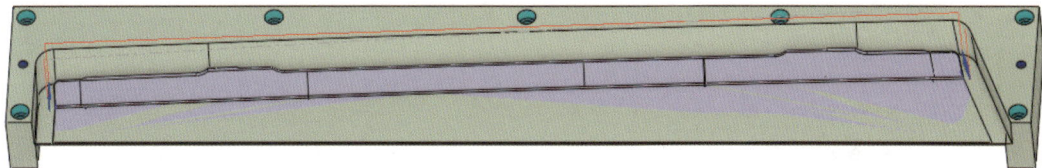

图 5-99 生成程序 11

5.5.7 5 轴精加工

1. 复制程序

在"NC 程序管理器"中复制上面的"倒扣粗加工"程序至列表末,然后修改注释为"精加工",如图 5-100 所示。

视频 5.16 精加工

图 5-100 复制程序 8

2. 设置刀轨参数

双击程序打开"程序向导"对话框,单击"刀轨参数"按钮,切换至"刀轨参数"界面,设置"驱动曲面公差"为 0.005,单击"刀具轨迹"右侧的"进入"按钮,如图 5-101 所示,打开"通用 5 轴控制面板"对话框。

图 5-101 设置刀轨参数 13

3. 设置"曲面路径"选项卡

在"曲面路径"选项卡中单击"设置点"按钮,设置起始"Z"高度为 0,"加工顺序"为"区域","最大步距"为 0.15,如图 5-102 所示。

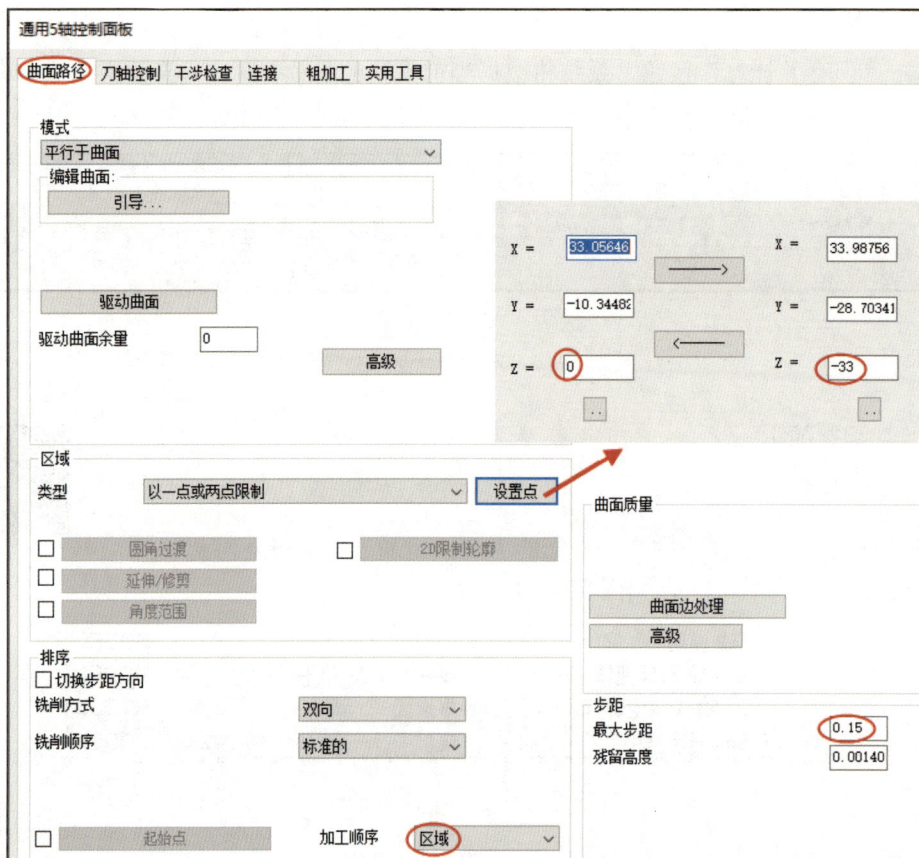

图 5-102   设置"曲面路径"选项卡 2

4. 设置"干涉检查"选项卡

切换至"干涉检查"选项卡,修改第 1 组干涉检查的检查曲面余量为 0,如图 5-103 所示。

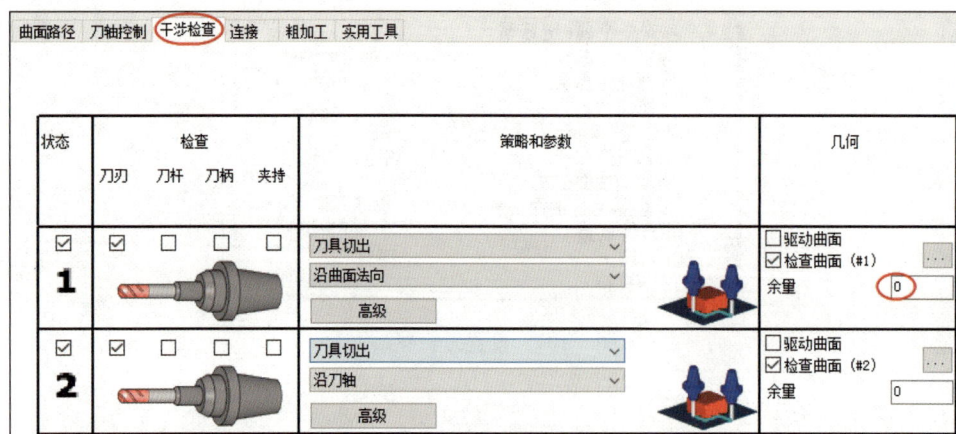

图 5-103   设置"干涉检查"选项卡 2

5. 生成程序

设置完以上参数后单击"确定"按钮返回"程序向导"对话框，然后单击"保存并计算"按钮，在倒扣区域生成平行于底面的刀具路径，如图 5-104 所示。确认程序无误后，单击 按钮计算剩余毛坯。

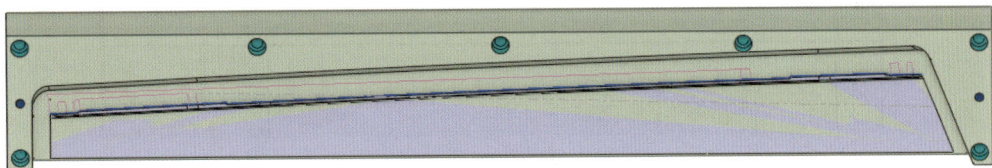

图 5-104　生成程序 12

6. 复制程序

在"NC 程序管理器"中复制上一条"精加工"程序至列表末，如图 5-105 所示。

图 5-105　复制程序 9

7. 设置"曲面路径"选项卡

双击程序打开"程序向导"对话框，再次打开"通用 5 轴控制面板"对话框。在"曲面路径"选项卡中设置"驱动曲面"为外侧壁和底部圆角，单击"设置点"按钮修改"Z"顶部为-34，如图 5-106 所示。

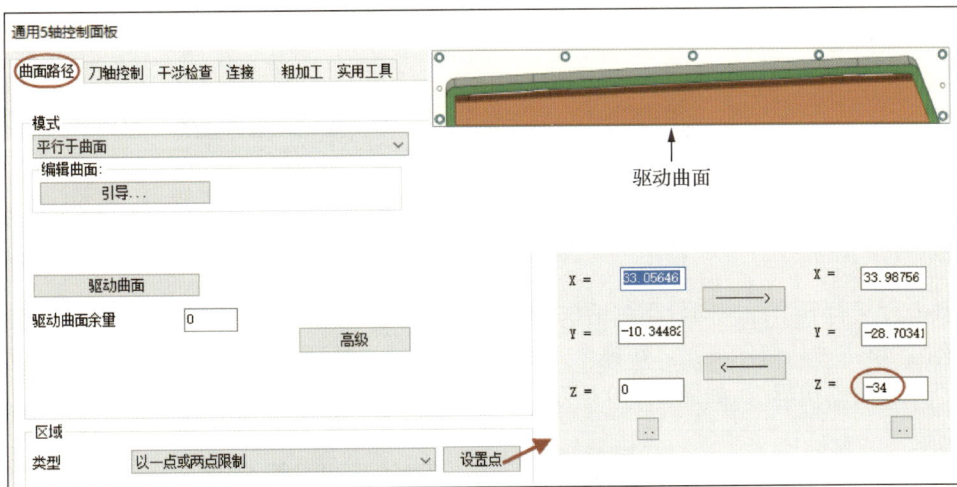

图 5-106　设置"曲面路径"选项卡 3

8. 设置"干涉检查"选项卡

切换至"干涉检查"选项卡，修改第 1 组干涉检查的几何为"驱动曲面"，关闭策略中的"高级"选项，如图 5-107 所示。

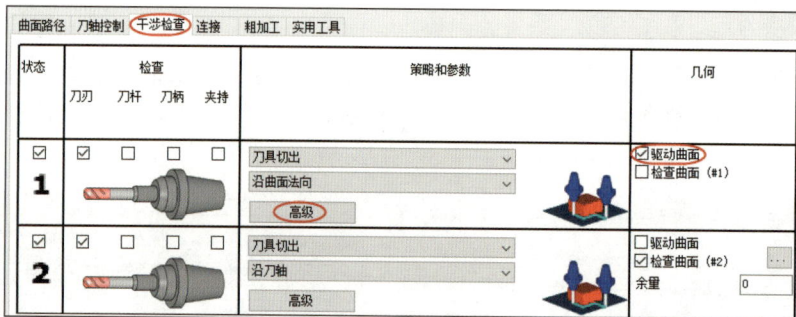

图 5-107　设置"干涉检查"选项卡 3

9. 生成程序

设置完以上参数后单击"确定"按钮返回"程序向导"对话框，然后单击"保存并计算"按钮，在外侧生成平行于底面的刀具路径，如图 5-108 所示。确认程序无误后，单击 按钮计算剩余毛坯。

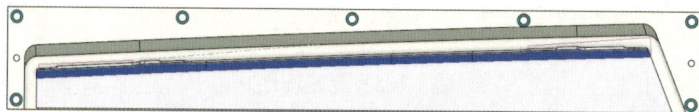

图 5-108　生成程序 13

▌5.5.8　圆角精加工

1. 复制程序

在"NC 程序管理器"中复制上一条"精加工"程序至列表末，然后修改注释为"圆角"，如图 5-109 所示。

图 5-109　复制程序 10

2. 修改几何

双击程序打开"程序向导"对话框，修改"主选项"为"曲面铣削"，"子选项"为"精铣所有"。单击"几何"按钮，切换至"几何"界面，选择顶部的 6 个曲面为零件曲面，选择时"开启自动边界"，如图 5-110 所示。

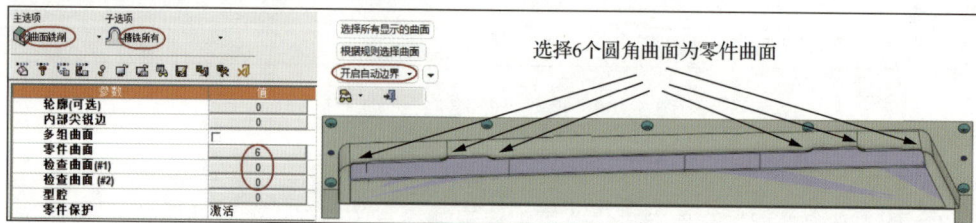

图 5-110　修改几何 4

3. 设置刀轨参数

单击"刀轨参数"按钮，切换至"刀轨参数"界面。设置"安全平面"和"内部安全高度"的"绝对 Z 值"为 50，"刀具位置（公共的）"为"接触点"，"零件曲面余量"为 0，"刀具轨迹"为"高级"，"加工方式"为"平行铣削"，"平坦区域铣削模式"为"混合铣"，"平坦区域步距"为 0.15，其余参数保持不变，如图 5-111 所示。

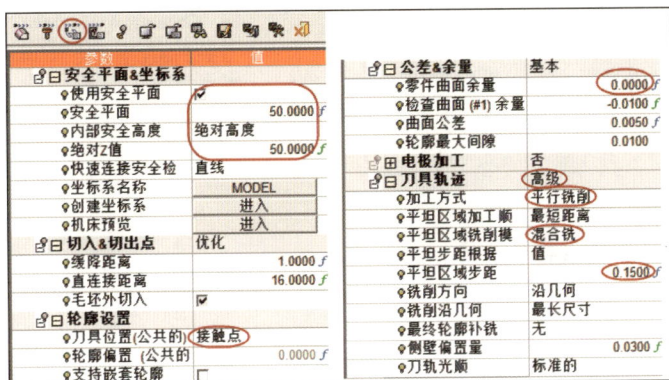

图 5-111　设置刀轨参数 14

4. 生成程序

设置完以上参数后单击"确定"按钮返回"程序向导"对话框，然后单击"保存并计算"按钮，在所有圆角区域生成精加工的刀具路径，如图 5-112 所示。确认程序无误后，单击 按钮计算剩余毛坯。

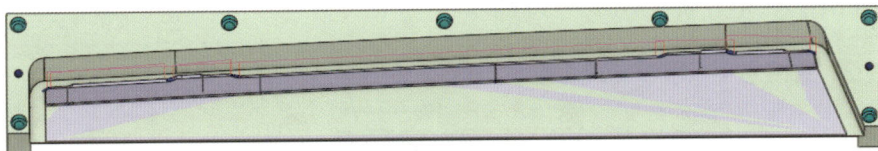

图 5-112　生成程序 14

5. 查看毛坯

点亮灯泡 查看残留毛坯，如图 5-113 所示。

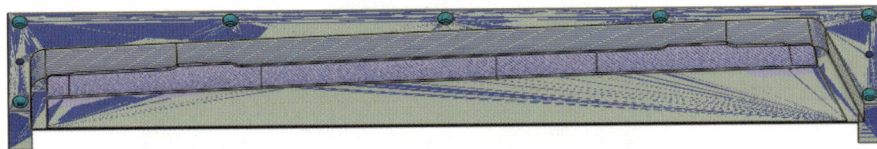

图 5-113　查看毛坯 4

6. 机床模拟

在 NC 向导中单击"机床模拟"按钮，在打开的"机床模拟"对话框中选择 NC 设置"3RD"并单击 按钮将程序添加至右侧的"模拟的程序序列"列表框中，选中"材料去除"和"检查零件"复选框，设置"参考坐标系"为 MODEL，选中"使用机床"复选框，并选择机床为"5X_HH",设置"原点设置"中的"X"为-600、"Y"为0、"Z"为175,如图5-114所示。以上参数皆由NC设置参数自动加载,然后单击"确定"按钮进入机床模拟界面。

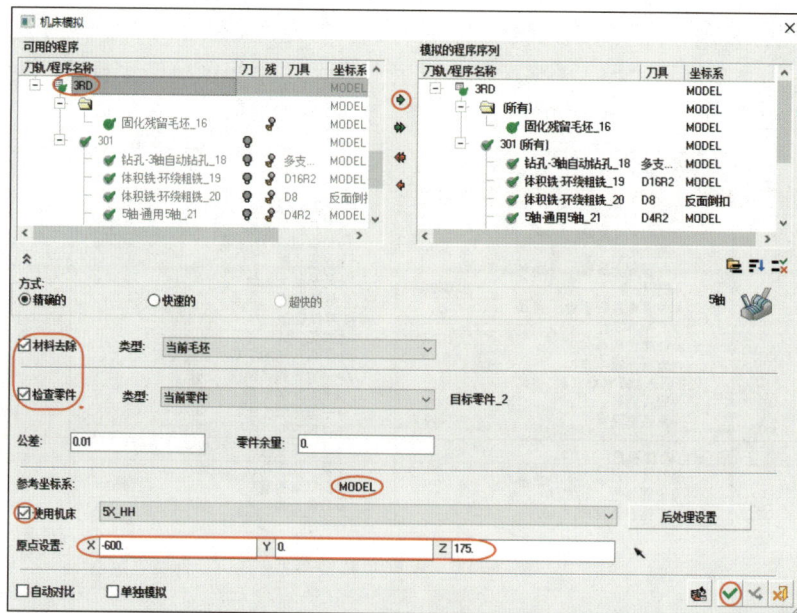

图5-114 机床模拟设置3

在"模拟控制"对话框中选中"忽略停止条件"复选框,然后单击 按钮开始模拟,完毕后查看"模拟报告"。更多模拟参数请查看项目1中的机床模拟部分,然后单击"退出模拟"按钮退出模拟界面,如图5-115所示。

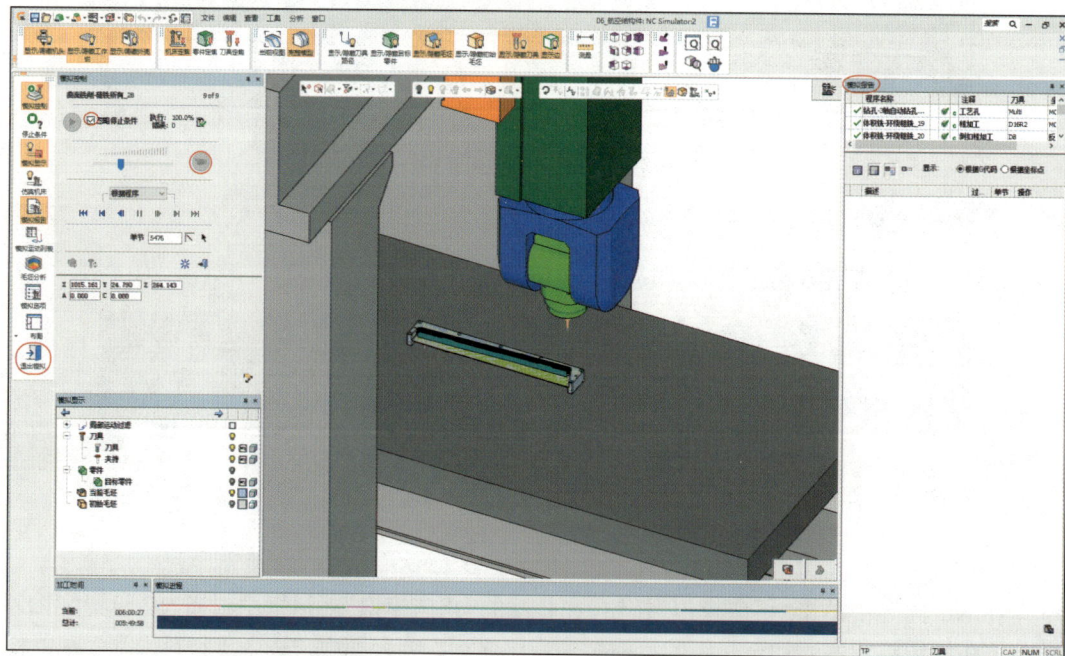

图5-115 机床模拟结果3

7．后处理

在 NC 向导中单击"后处理"按钮，打开"后处理"对话框。选择 NC 设置"3RD"并单击 ➡ 按钮将程序添加至右侧的"处理列表"列表框中，然后单击"确定"按钮进行后处理输出，如图 5-116 所示。

提示：关于 G 代码的说明参见 5.6 节表 5-5。

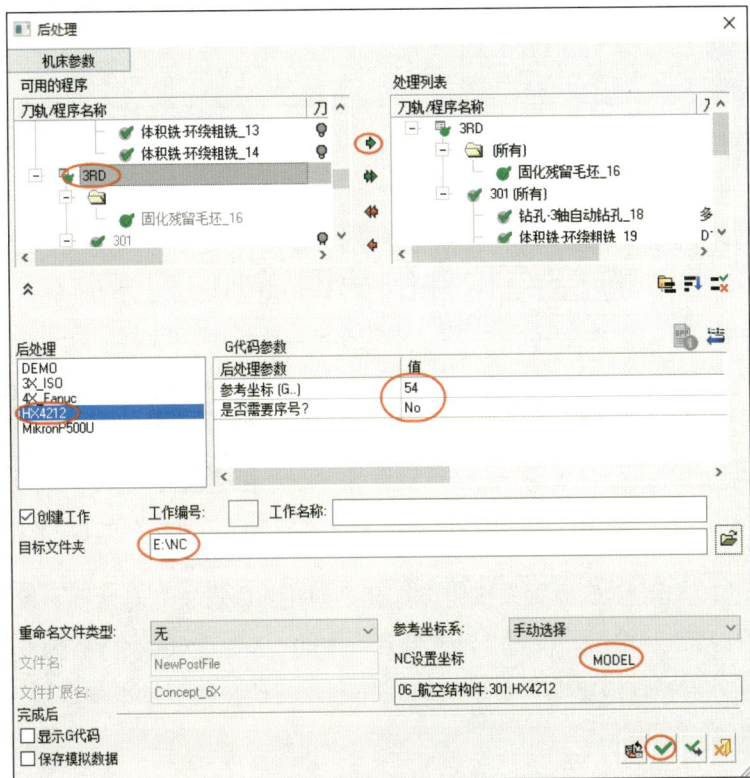

图 5-116　后处理设置 3

8．程序单

航空结构件第三道工序的 NC 加工程序单如表 5-4 所示。

表 5-4　航空结构件第三道工序的 NC 加工程序单

计划时间		
实际时间		
上机时间		
下机时间		
工作尺寸	单位：mm	
X_c	左侧定位孔中心	
Y_c	左侧定位孔中心	
Z_c	毛坯顶面	
工作数量：1 件		以 2 个定位孔校正工件

续表

程序名称	加工类型	刀具	行距	加工余量	上机时间	完成时间	备注
01	钻孔	DRILL_9.8	5	0.1			
02	镗孔	BORE10.00	10	0			
03	粗加工	D16R2	1	0.2			
04	粗加工	D8	0.3	0.2			
05	粗加工	D4R2	0.3	0.2			
06	精加工	D12_F	6	0			
07	精加工	D4R2	0.15	0			

5.6 航空结构件的第四道加工工序

5.6.1 粗加工

1. NC 设置

视频 5.17 第四道工序的编程准备　　视频 5.18 粗加工

在 NC 向导中单击"NC 设置"按钮，打开"创建 NC 设置"对话框。设置"名称"为 4TH，"参考坐标系"为 2ND，设置"设置原点"中的"X"为 600、"Y"为 0、"Z"为 100，如图 5-117 所示。点亮灯泡 💡 即可显示机床工作台。其他参数保持不变，然后单击"确定"按钮完成 NC 设置。

2. 创建毛坯

在 NC 向导中单击"毛坯"按钮，打开"初始毛坯"对话框，设置"毛坯类型"为"固化残留毛坯"，如图 5-118 所示，然后单击"确定"按钮完成毛坯的设置。

注意：实际加工时会使用专用夹具"真空夹具"吸住另一侧的大平面。

3. 创建刀轨

在 NC 向导中单击"刀轨"按钮，打开"创建刀轨"对话框，设置"名称"为 401，"类型"为 5 轴，"坐标系"为 2ND，"Z（安全高度）"为 150，在"注释"文本框中输入"正面精加工"，如图 5-119 所示，然后单击"确定"按钮创建刀轨。

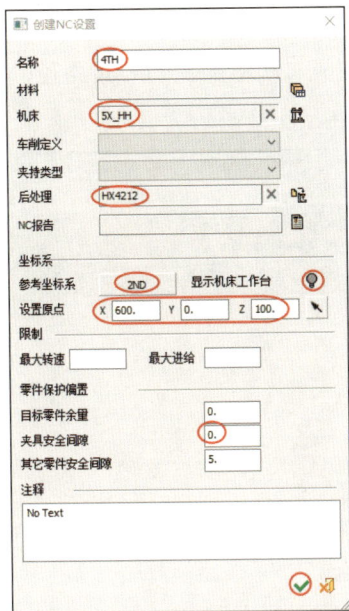

图 5-117　修改 NC 设置 4　　　图 5-118　固化毛坯 3　　　图 5-119　创建 5 轴刀轨 3

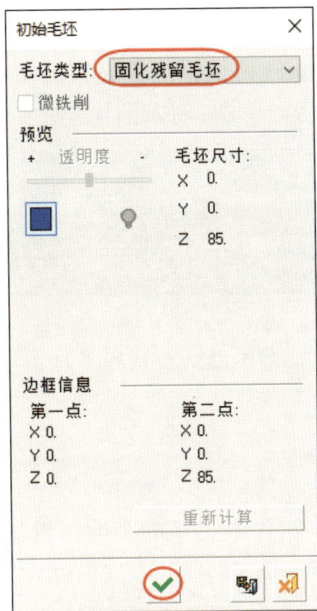

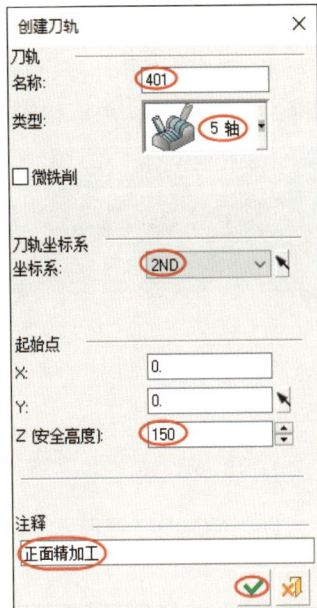

4. 复制程序

在 "NC 程序管理器" 中复制第二道工序的 "粗加工" 程序至列表末，如图 5-120 所示。

5. 设置刀轨参数

双击程序打开 "程序向导" 对话框，单击 "刀轨参数" 按钮，切换至 "刀轨参数" 界面，设置 "加工曲面（#1）余量" 为 0.2，"加工曲面（#2）余量" 为 0.2，"曲面公差" 为 0.01，"最小毛坯宽度" 为 0.3，如图 5-121 所示。

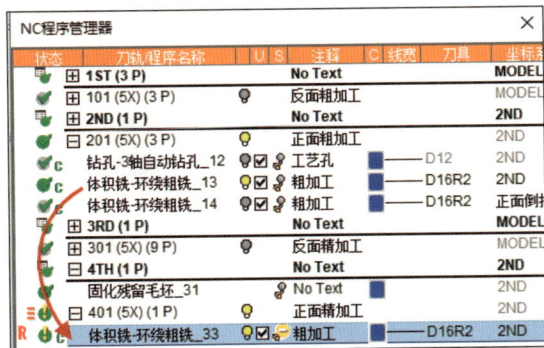

图 5-120　复制程序 11　　　　　　图 5-121　设置刀轨参数 15

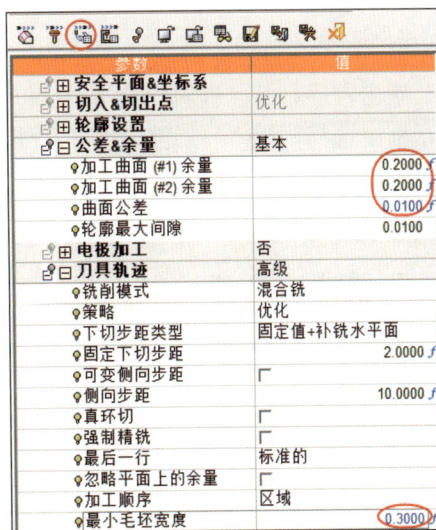

6. 生成程序

单击"保存并计算"按钮，系统将根据当前设置的参数生成二次粗加工的刀具路径，如图 5-122 所示。确认程序无误后，单击🔒按钮计算剩余毛坯。

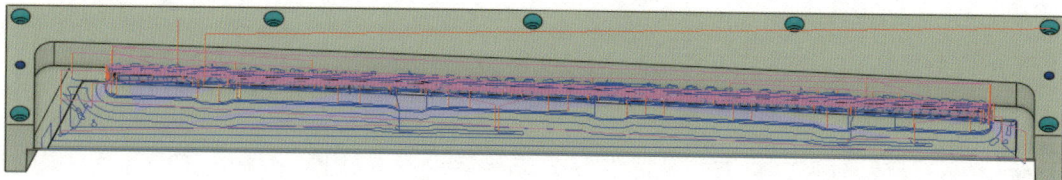

图 5-122　生成程序 15

5.6.2　二次粗加工

1. 复制程序

在"NC 程序管理器"中复制第二道工序的"倒扣粗加工"程序至列表末，如图 5-123 所示。

图 5-123　复制程序 12

2. 选择刀具

双击程序打开"程序向导"对话框，单击"刀具"按钮，在打开的"铣削刀具和夹持"对话框中选择"D8"平底刀用于二次粗加工，如图 5-124 所示，然后单击"确定"按钮。

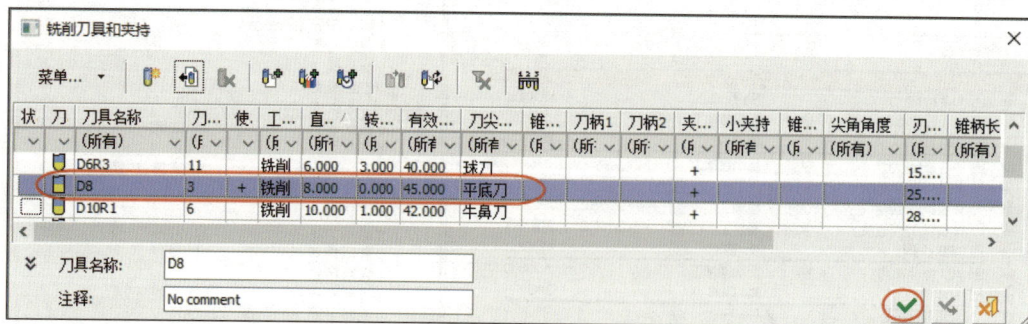

图 5-124　选择刀具 5

3. 设置刀轨参数

单击"刀轨参数"按钮，切换至"刀轨参数"界面，设置"加工曲面（#1）余量"为 0.2 ，"加工曲面（#2）余量"为 0.2，"曲面公差"为 0.01，"固定下切步距"为 0.5，"侧向步距"为 3.6，"最小毛坯宽度"为 0.3，如图 5-125 所示。

图 5-125 设置刀轨参数 16

4. 生成程序

单击"保存并计算"按钮，系统将根据当前设置的参数生成倒扣区域的二次粗加工刀具路径，如图 5-126 所示。确认程序无误后，单击 🔶 按钮计算剩余毛坯。

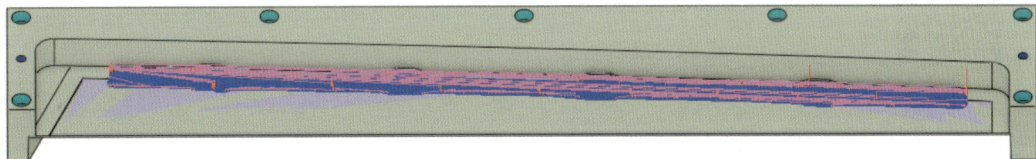

图 5-126 生成程序 16

5.6.3 倒扣粗加工

1. 复制程序

在"NC 程序管理器"中复制第三道工序的"倒扣粗加工"程序至列表末，如图 5-127 所示。

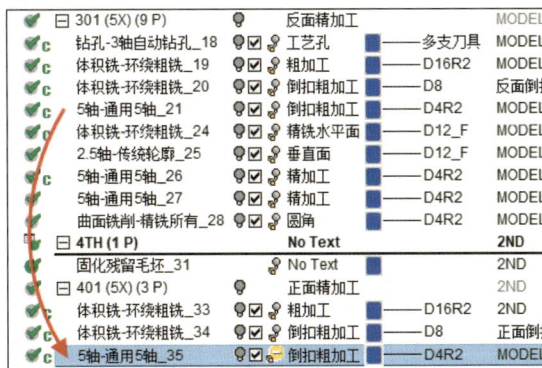

图 5-127 复制程序 13

2. 设置刀轨参数

双击程序打开"程序向导"对话框，单击"刀轨参数"按钮，切换至"刀轨参数"界面，设置"坐标系名称"为2ND，单击"刀具轨迹"右侧的"进入"按钮，如图5-128所示，打开"通用5轴控制面板"对话框。

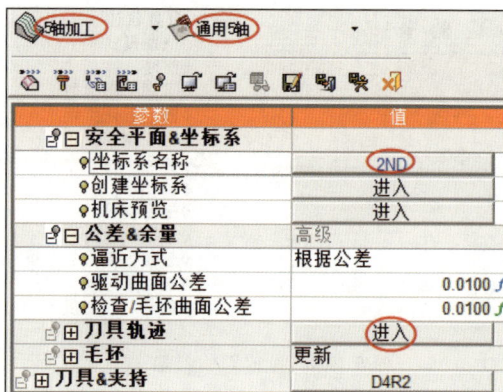

图5-128 设置刀轨参数17

3. 设置"曲面路径"选项卡

视频5.19 倒扣粗加工

单击"引导"按钮重新选择夹具中间的大平面曲面为引导曲面，单击"驱动曲面"按钮，选择倒扣面和底部圆角为驱动曲面。设置"驱动曲面余量"为0.2，单击"设置点"按钮，选择2点并修改Z高度为39.5～45，如图5-129所示。

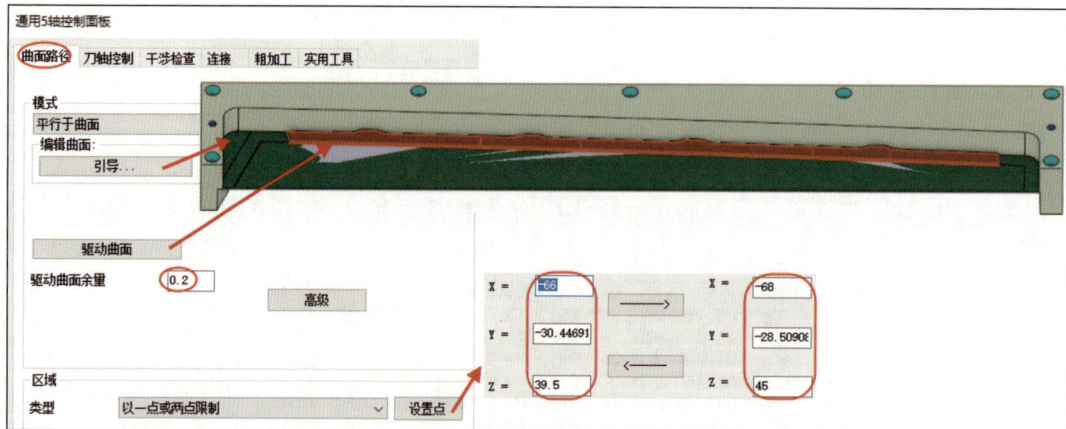

图5-129 设置"曲面路径"选项卡4

4. 设置"刀轴控制"选项卡

切换至"刀轴控制"选项卡，设置"刀轴将"为"与轴成固定角度倾斜"，参考轴为"Z轴"，"倾斜角度"为35，其他参数保持默认设置，如图5-130所示。

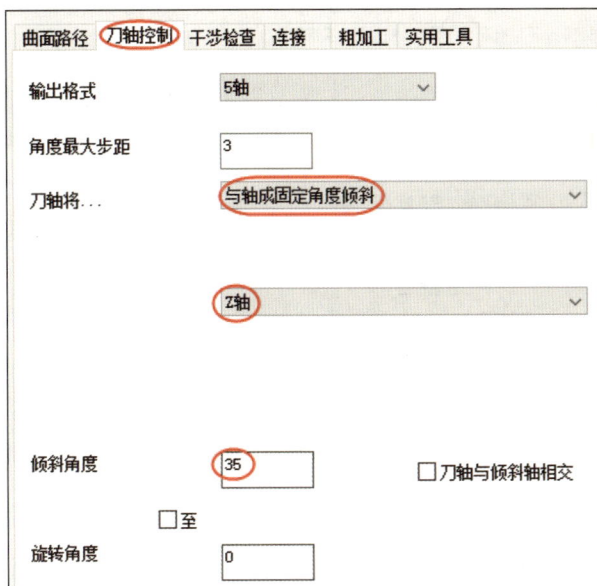

图 5-130　设置"刀轴控制"选项卡 2

5. 设置"干涉检查"选项卡

切换至"干涉检查"选项卡，设置第 1 组干涉检查的策略为"沿刀轴"切出，单击"检查曲面"右侧的按钮选择夹具中间的大平面作为检查曲面，如图 5-131 所示。

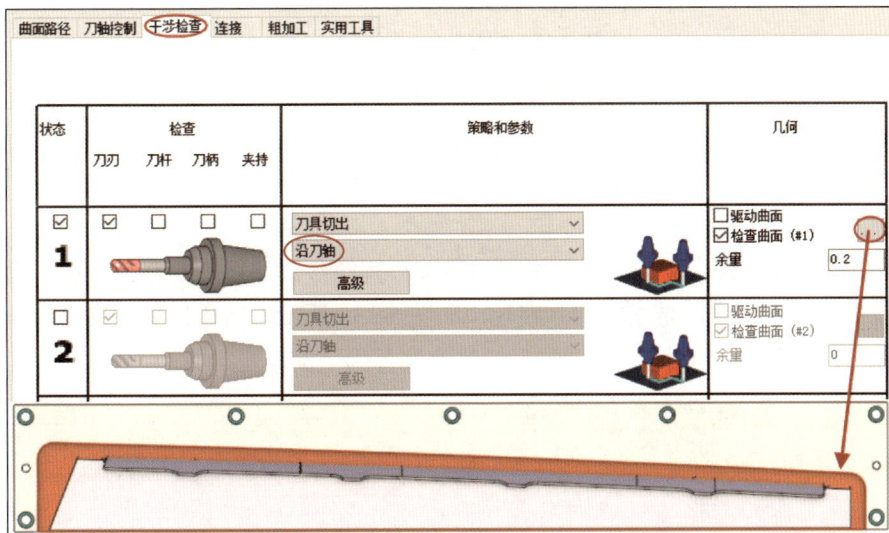

图 5-131　设置"干涉检查"选项卡 4

6. 设置"连接"选项卡

切换至"连接"选项卡，单击"安全区域"按钮，在打开的"安全区域"对话框中设置"高度"为 100，如图 5-132 所示。

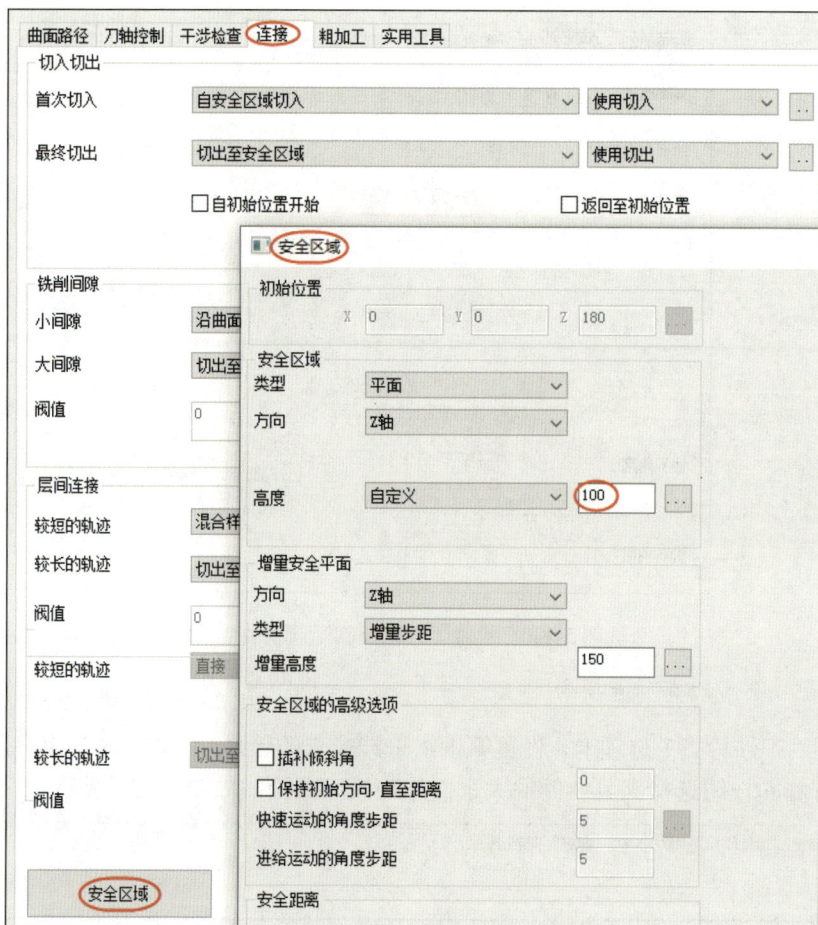

图 5-132　设置"连接"选项卡 2

7. 生成程序

单击"保存并计算"按钮，系统将根据当前设置的参数计算刀具路径。在平面上方约 5mm 高度处生成 5 轴联动层切的刀具路径，如图 5-133 所示。确认程序无误后，单击 按钮计算剩余毛坯。在"NC 程序管理器"中修改注释为"倒扣粗加工"。

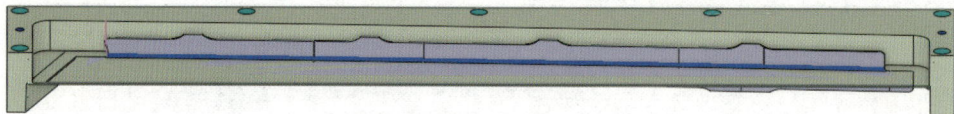

图 5-133　生成程序 17

5.6.4　水平面精加工

1. 复制程序

在"NC 程序管理器"中复制第三道工序的"精铣水平面"程序至列表末，如图 5-134 所示。

视频 5.20 精铣水平面

2. 设置刀轨参数

双击程序打开"程序向导"对话框，单击"刀轨参数"按钮，切换至"刀轨参数"界面，设置"安全平面"为100，"坐标系名称"为2ND，如图5-135所示。

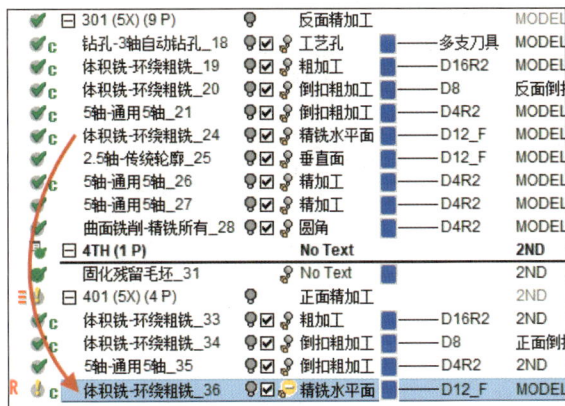

图5-134　复制程序14

图5-135　设置刀轨参数18

3. 生成程序

单击"保存并计算"按钮，系统将根据当前设置的参数生成刀具路径，如图5-136所示。在所有水平面上生成了精铣刀具路径。确认程序无误后，单击💰按钮计算剩余毛坯。

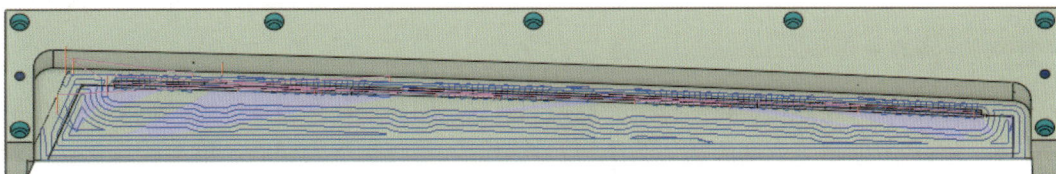

图5-136　生成程序18

5.6.5　铣削垂直面

1. 复制程序

在"NC 程序管理器"中复制第三道工序的"垂直面"程序至列表末，如图5-137所示。

2. 设置刀轨参数

双击程序打开"程序向导"对话框，单击"刀轨参数"按钮，切换至"刀轨参数"界面，设置"安全平面"为100，"坐标系名称"为2ND，"Z顶部"为58.7，"Z底部"为39，如图5-138所示。

视频5.21 铣削垂直面

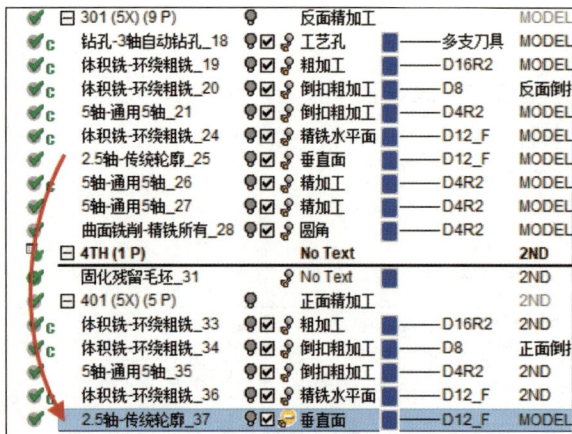

图 5-137　复制程序 15

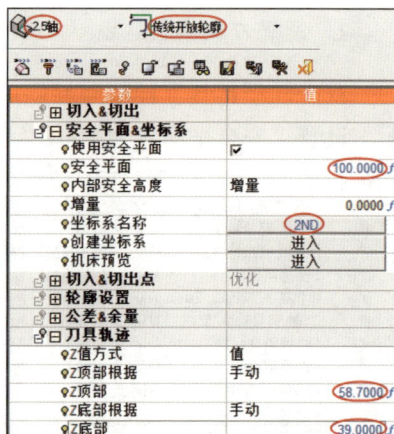

图 5-138　设置刀轨参数 19

3. 修改几何

单击"几何"按钮,切换至"几何"界面,单击"轮廓"右侧的按钮,修改"轮廓"为集合"正面垂直边"内的 2 条曲线,如图 5-139 所示。

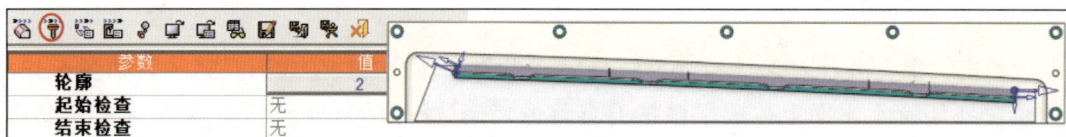

图 5-139　修改几何 5

4. 生成程序

单击"保存并计算"按钮,系统将根据当前设置的参数计算刀具路径,如图 5-140 所示。在两侧垂直面上生成双向层切铣削的刀具路径。确认程序无误后,单击 按钮计算剩余毛坯。

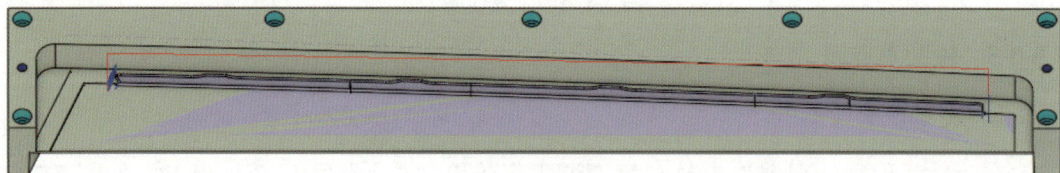

图 5-140　生成程序 19

5.6.6　5 轴精加工

1. 复制程序

在"NC 程序管理器"中复制上面的"倒扣粗加工"程序至列表末,然后修改注释为"精加工",如图 5-141 所示。

视频 5.22 精加工

2. 设置刀轨参数

双击程序打开"程序向导"对话框，单击"刀轨参数"按钮，切换至"刀轨参数"界面，设置"驱动曲面公差"为 0.005，单击"刀具轨迹"右侧的"进入"按钮，如图 5-142 所示，打开"通用 5 轴控制面板"对话框。

图 5-141 复制程序 16

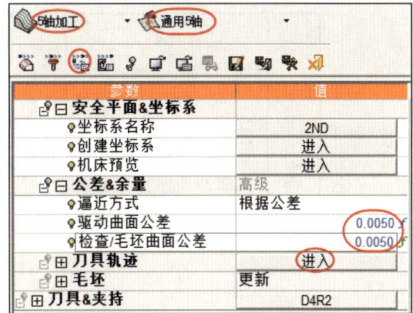

图 5-142 设置刀轨参数 20

3. 设置"曲面路径"选项卡

在"曲面路径"选项卡中设置"驱动曲面余量"为 0，区域类型为"完全的，自起始边至结束边"。选中"延伸/修剪"复选框，并单击该按钮，在打开的"延伸/修剪"对话框中设置值为 1。然后在返回的选项卡中设置"加工顺序"为"区域"，"最大步距"为 0.15，如图 5-143 所示。

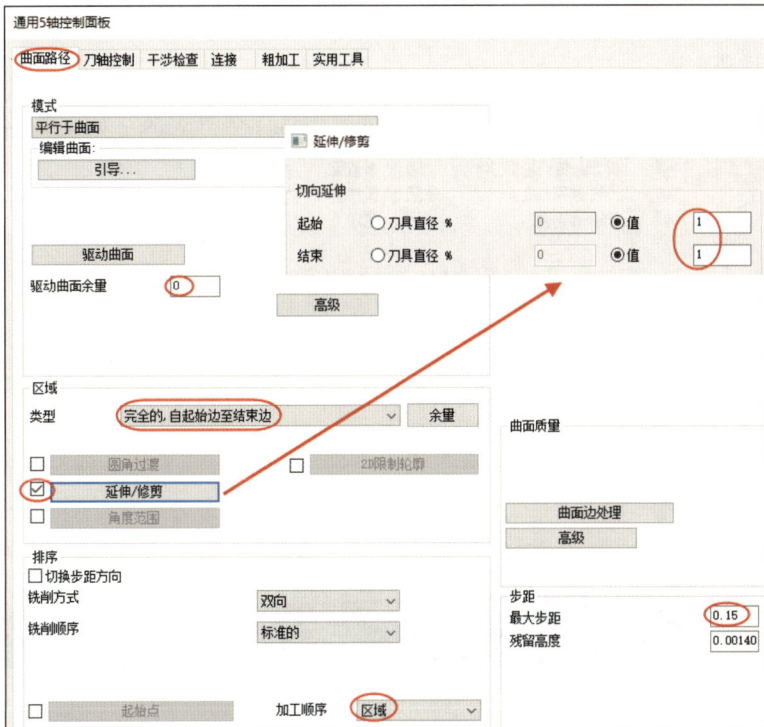

图 5-143 设置"曲面路径"选项卡 5

4. 设置"干涉检查"选项卡

切换至"干涉检查"选项卡，修改第 1 组干涉检查的检查曲面余量为 0，如图 5-144 所示。

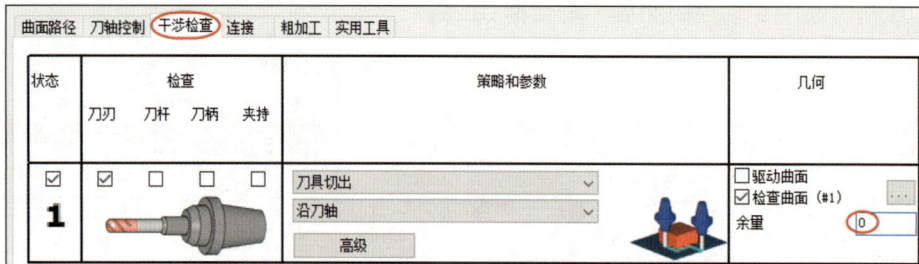

图 5-144　设置"干涉检查"选项卡 5

5. 生成程序

设置完以上参数后单击"确定"按钮返回"程序向导"对话框，然后单击"保存并计算"按钮，在倒扣区域生成平行于底面的刀具路径，如图 5-145 所示。确认程序无误后，单击 🔒 按钮计算剩余毛坯。

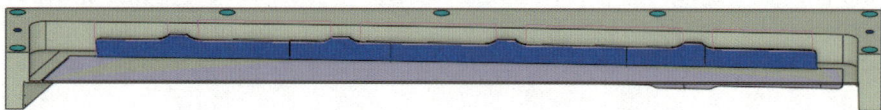

图 5-145　生成程序 20

6. 复制程序

在"NC 程序管理器"中复制上一条"精加工"程序至列表末，如图 5-146 所示。

图 5-146　复制程序 17

7. 设置"曲面路径"选项卡

双击程序打开"程序向导"对话框，再次打开"通用 5 轴控制面板"对话框。设置"驱动曲面"为集合"正面辅助面"内的所有曲面，如图 5-147 所示。

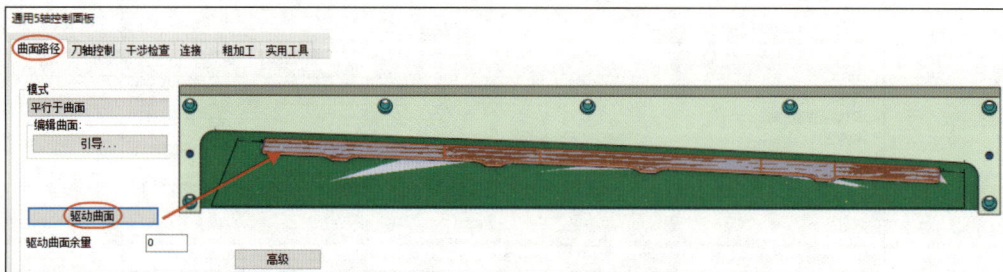

图 5-147　设置"曲面路径"选项卡 6

8. 设置"刀轴控制"选项卡

切换至"刀轴控制"选项卡，设置"刀轴将"为"相对铣削方向倾斜"，"铣削方向的侧倾角"为80，其他参数保持默认设置，如图 5-148 所示。

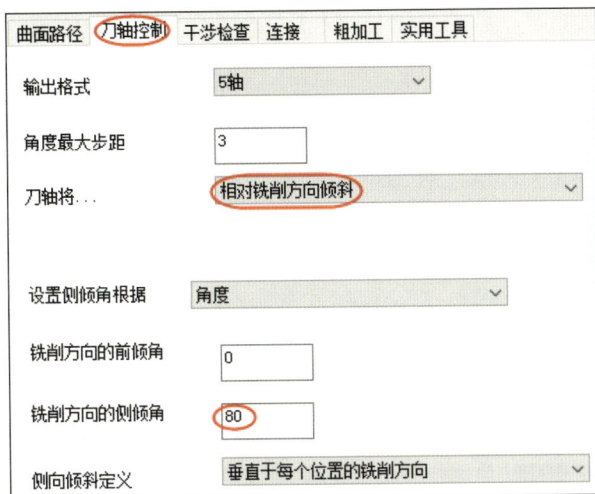

图 5-148 设置"刀轴控制"选项卡 3

9. 设置"干涉检查"选项卡

切换至"干涉检查"选项卡，修改第 1 组干涉检查的策略为"停止刀轨计算"，如图 5-149 所示。

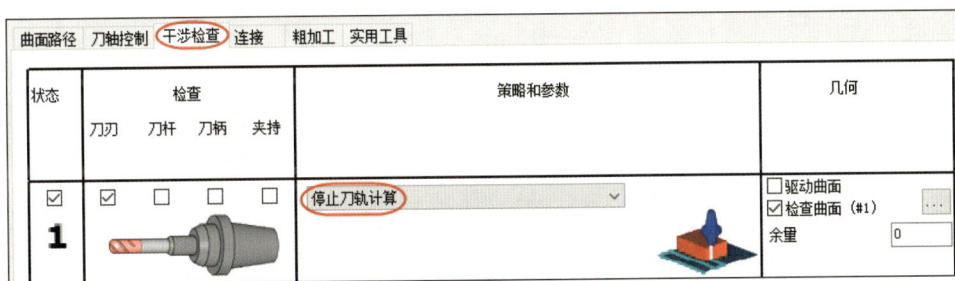

图 5-149 设置"干涉检查"选项卡 6

10. 生成程序

设置完以上参数后单击"确定"按钮返回"程序向导"对话框，然后单击"保存并计算"按钮，在内侧区域生成平行于底面的刀具路径，如图 5-150 所示。确认程序无误后，单击 🔁 按钮计算剩余毛坯。

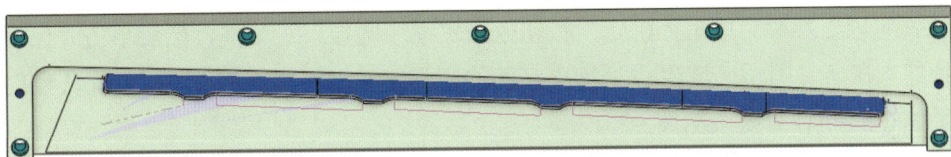

图 5-150 生成程序 21

5.6.7 圆角精加工

1. 复制程序

在"NC 程序管理器"中复制第三道工序的"圆角"程序至列表末，如图 5-151 所示。

2. 设置刀轨参数

双击程序打开"程序向导"对话框，单击"刀轨参数"按钮，切换至"刀轨参数"界面，设置"安全平面"和"绝对 Z 值"为 100，"坐标系名称"为 2ND，如图 5-152 所示。

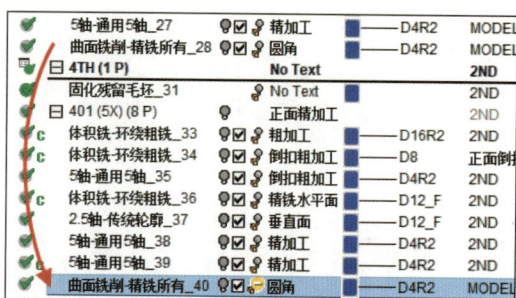

图 5-151 复制程序 18

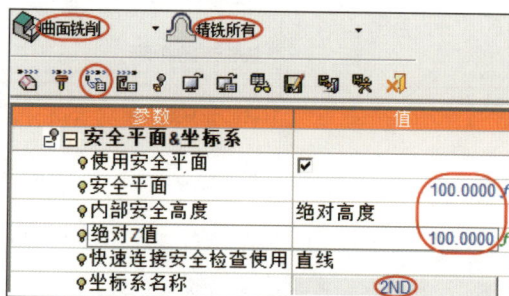

图 5-152 设置刀轨参数 21

3. 修改几何

单击"几何"按钮，切换至"几何"界面，选择顶部 10 个曲面为零件曲面，选择时"开启自动边界"，如图 5-153 所示。

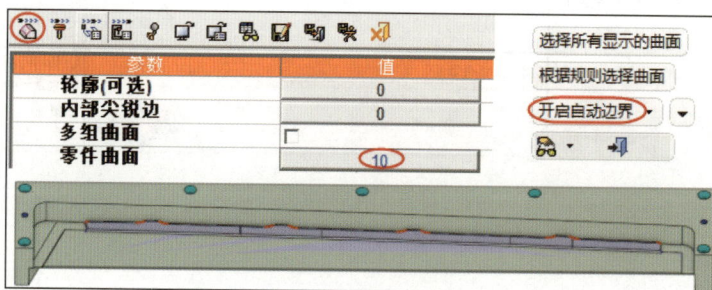

图 5-153 修改几何 6

4. 生成程序

设置完以上参数后单击"确定"按钮返回"程序向导"对话框，然后单击"保存并计算"按钮，在所有圆角区域生成平行于底面的刀具路径，如图 5-154 所示。确认程序无误后，单击 按钮计算剩余毛坯。

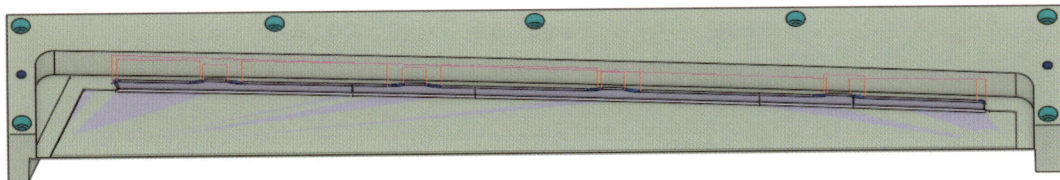

图 5-154 生成程序 22

5.6.8 清角加工

1. 复制程序

在"NC 程序管理器"中复制上面的"精加工"程序至列表末，然后修改注释为"底部清角"，如图 5-155 所示。

图 5-155 复制程序 19

2. 设置"曲面路径"选项卡

双击程序打开"程序向导"对话框，再次打开"通用 5 轴控制面板"对话框。在"曲面路径"选项卡中设置"模式"为"平行于曲线"，单击"驱动曲线"按钮，选择集合"正面清角"内的中间大平面内部的边，单击"驱动曲面"按钮，选择集合"正面清角"内的中间大平面。设置区域类型为"根据铣削次数决定"，"铣削次数"为104，如图 5-156 所示。

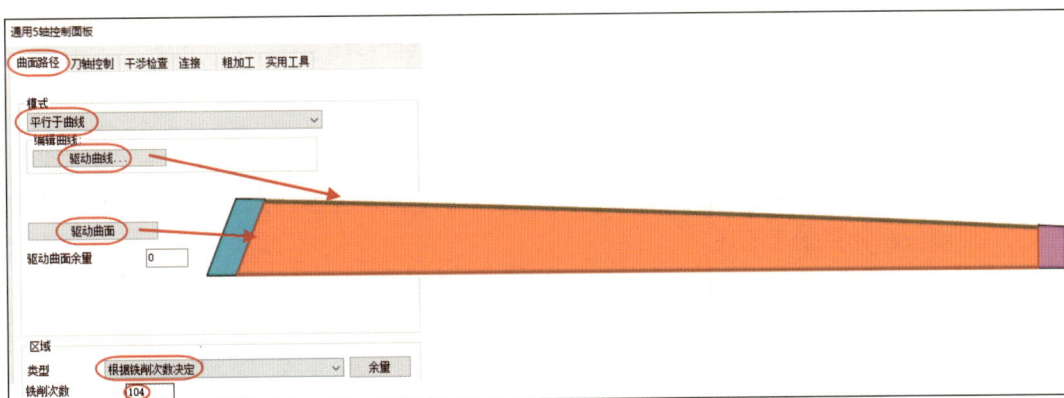

图 5-156 设置"曲面路径"选项卡 7

3. 设置"刀轴控制"选项卡

切换至"刀轴控制"选项卡，设置"刀轴将"为"相对铣削方向倾斜"，"铣削方向的侧倾角"为 32，其他参数保持默认设置，如图 5-157 所示。

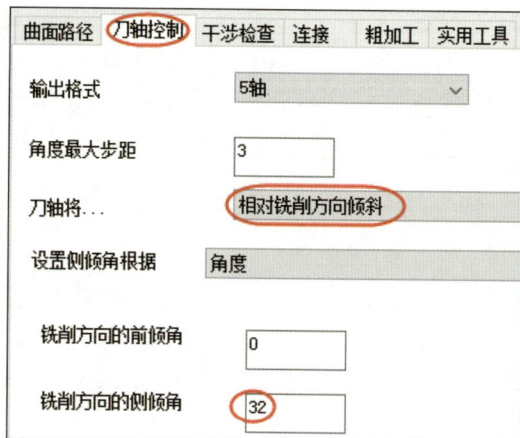

图 5-157　设置"刀轴控制"选项卡 4

4. 设置"干涉检查"选项卡

切换至"干涉检查"选项卡，修改第 1 组干涉检查的几何为驱动曲面，设置策略为"沿刀轴"切出，如图 5-158 所示。

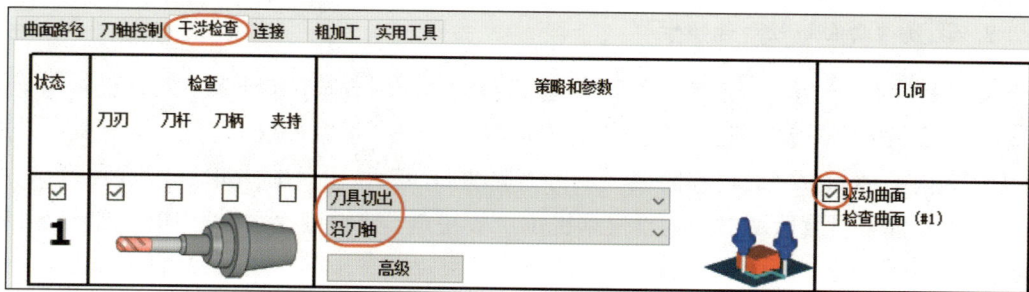

图 5-158　设置"干涉检查"选项卡 7

5. 生成程序

设置完以上参数后单击"确定"按钮返回"程序向导"对话框，然后单击"保存并计算"按钮，在倒扣区域底部生成平行于曲线的刀具路径，如图 5-159 所示。确认程序无误后，单击 按钮计算剩余毛坯。

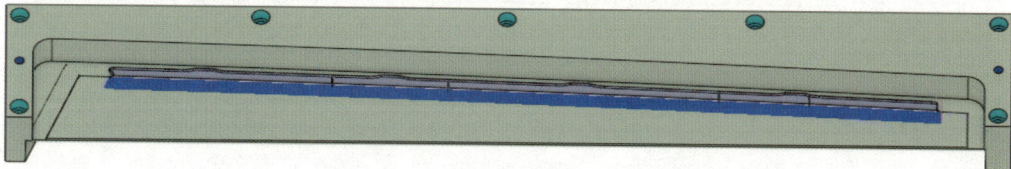

图 5-159　生成程序 23

6. 复制程序

在"NC 程序管理器"中复制上一条"底部清角"程序至列表末，如图 5-160 所示。

图 5-160　复制程序 20

7. 设置"曲面路径"选项卡

双击程序打开"程序向导"对话框，再次打开"通用 5 轴控制面板"对话框。在"曲面路径"选项卡中单击"驱动曲线"按钮，选择集合"正面清角"内的右侧小平面左边的边，单击"驱动曲面"按钮，选择集合"正面清角"内的右侧小平面。设置"铣削次数"为 5，修改延伸的值为 3，如图 5-161 所示。

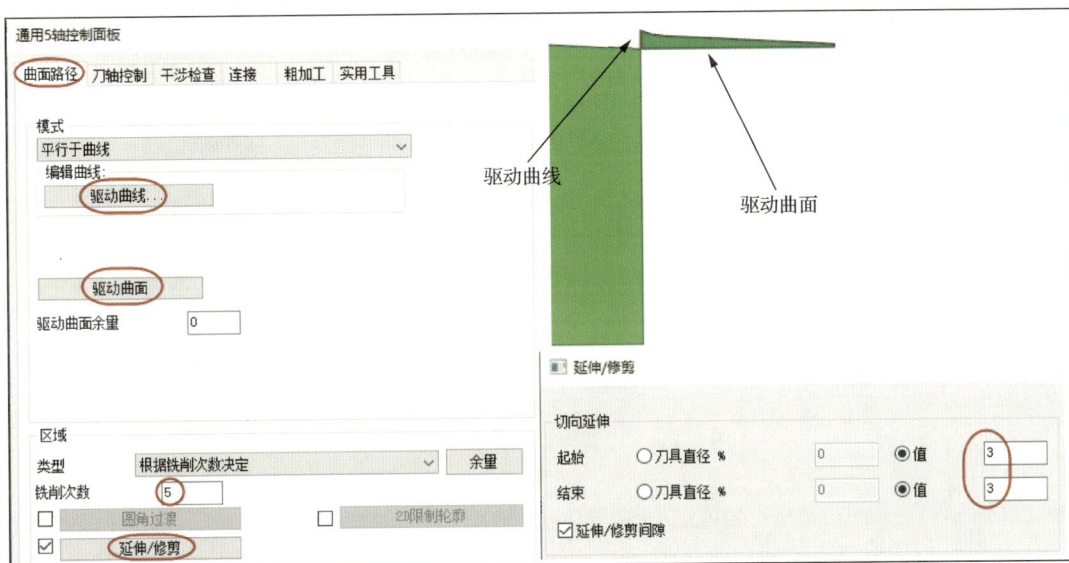

图 5-161　设置"曲面路径"选项卡 8

8. 生成程序

设置完以上参数后单击"确定"按钮返回"程序向导"对话框，然后单击"保存并计算"按钮，在右侧生成平行于曲线的刀具路径，如图 5-162 所示。确认程序无误后，单击 🥔 按钮计算剩余毛坯。

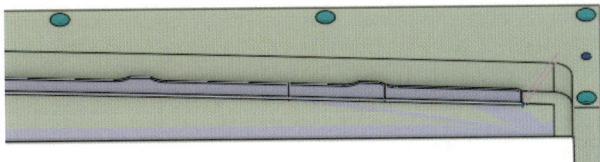

图 5-162　生成程序 24

9. 复制程序

在"NC 程序管理器"中复制上一条"底部清角"程序至列表末，如图 5-163 所示。

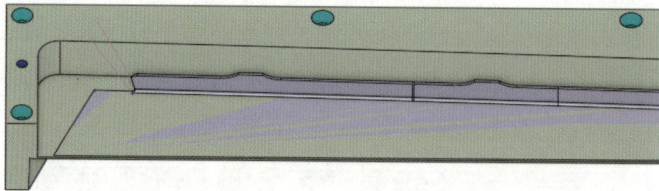

图 5-163　复制程序 21

10. 设置"曲面路径"选项卡

双击程序打开"程序向导"对话框，再次打开"通用 5 轴控制面板"对话框。在"曲面路径"选项卡中单击"驱动曲线"按钮，选择集合"正面清角"内的左侧小平面右边的边，单击"驱动曲面"按钮，选择集合"正面清角"内的左侧小平面，如图 5-164 所示。

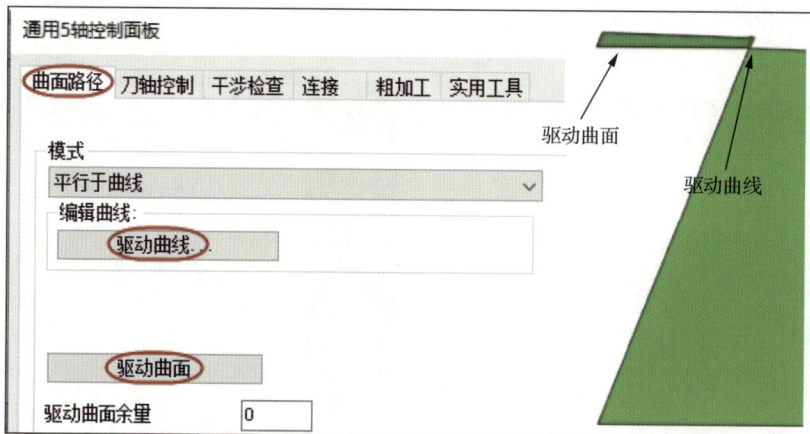

图 5-164　设置"曲面路径"选项卡 9

11. 生成程序

设置完以上参数后单击"确定"按钮返回"程序向导"对话框，然后单击"保存并计算"按钮，在左侧生成平行于曲线的刀具路径，如图 5-165 所示。确认程序无误后，单击 🔧 按钮计算剩余毛坯。

图 5-165　生成程序 25

5.6.9　工艺位精铣所有

1. 复制程序

在"NC 程序管理器"中复制上面的"圆角"程序至列表末，然后修改注释为"切断"，如图 5-166 所示。

视频 5.23 切断

图 5-166　复制程序 22

2．选择刀具

双击程序打开"程序向导"对话框，然后单击"刀具"按钮，在打开的"铣削刀具和夹持"对话框中选择"D8"平底刀用于切断加工，如图 5-167 所示，然后单击"确定"按钮。

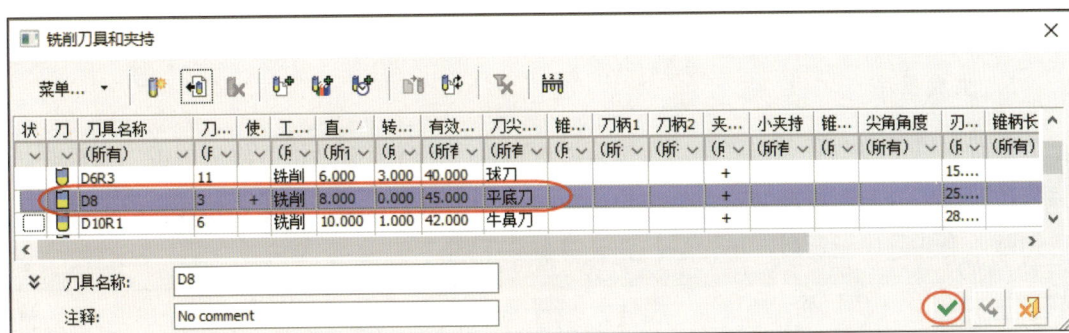

图 5-167　选择刀具 6

3．修改几何

单击"几何"按钮，切换至"几何"界面，单击"轮廓（可选）"右侧的按钮重新选择集合"切断"的封闭轮廓为轮廓，单击"零件曲面"右侧的按钮重新选择集合"航空结构件"的曲面为零件曲面，选择时"关闭自动边界"，如图 5-168 所示。

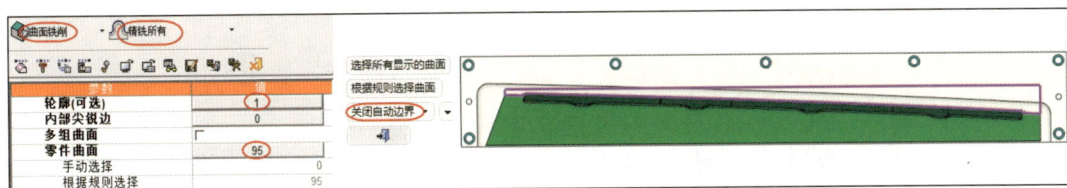

图 5-168　修改几何 7

4．设置刀轨参数

双击程序打开"程序向导"对话框，单击"刀轨参数"按钮，切换至"刀轨参数"界面，设置"刀具位置（公共的）"为"轮廓上"，"零件曲面余量"为 0.01，用于刀轨接顺；设置"加工方式"为"层"，"陡峭区域铣削方式"为"混合铣"，"陡峭区域步距"为 0.1，选中"铣削至 Z 最低点"复选框，设置"Z 顶部"为 39，"Z 底部"为 32，如图 5-169 所示。

图 5-169 设置刀轨参数 22

5. 生成程序

设置完以上参数后单击"确定"按钮返回"程序向导"对话框，然后单击"保存并计算"按钮，生成内侧连接处的刀具路径，如图 5-170 所示。零件与工艺孔连接的部分区域已切断。确认程序无误后，单击 🔒 按钮计算剩余毛坯。

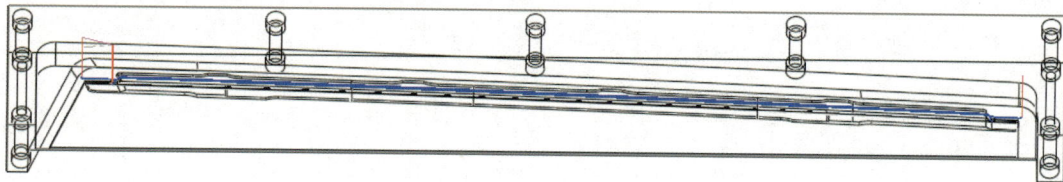

图 5-170 生成程序 26

5.6.10 工艺位 2.5 轴加工

1. 复制程序

在"NC 程序管理器"中复制上面的"切断"程序至列表末，如图 5-171 所示。

图 5-171 复制程序 23

2. 修改几何

双击程序打开"程序向导"对话框，修改"主选项"为"2.5 轴"，"子选项"为"传统开放轮廓"。单击"几何"按钮，切换至"几何"界面，单击"轮廓"右侧的按钮重新选择集合"切断"内的开放轮廓为轮廓，如图 5-172 所示。

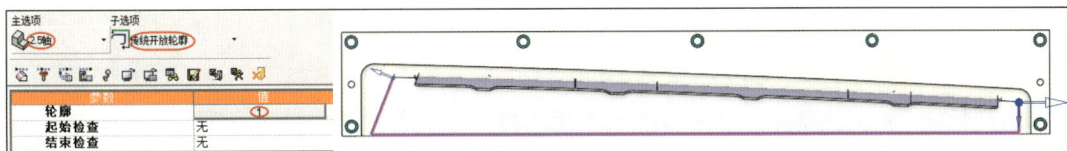

图 5-172　修改几何 8

3．设置刀轨参数

单击"刀轨参数"按钮，切换至"刀轨参数"界面，设置"切入&切出"中的"切入类型"为"法向"，"延伸"长度为 6，"内部安全高度"为"增量"，值为 0。设置"刀具位置（公共的）"为"切向"，"铣削侧（公共的）"为"左侧"，"Z 顶部"为 37，"Z 底部"为 35，"下切步距"为 0.1，"铣削风格"为"双向"，如图 5-173 所示。

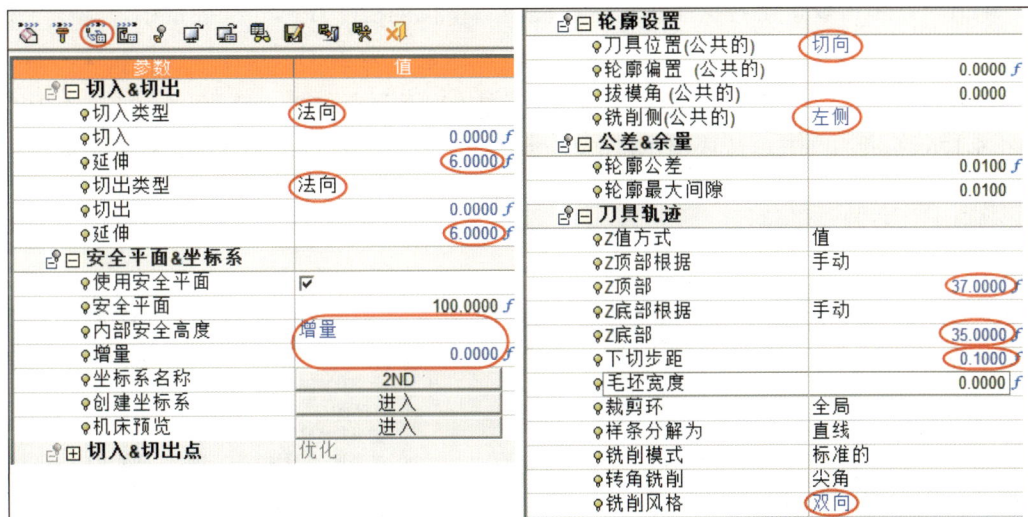

图 5-173　设置刀轨参数 23

4．生成程序

设置完以上参数后单击"确定"按钮返回"程序向导"对话框，然后单击"保存并计算"按钮，生成其余 3 个方向切断的刀具路径，如图 5-174 所示。零件与夹具部分已全部切断。确认程序无误后，单击🔧按钮计算剩余毛坯。

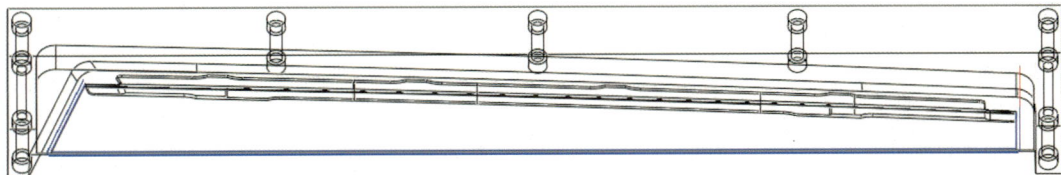

图 5-174　生成程序 27

5. 查看毛坯

点亮灯泡🕯查看残留毛坯，如图 5-175 所示。

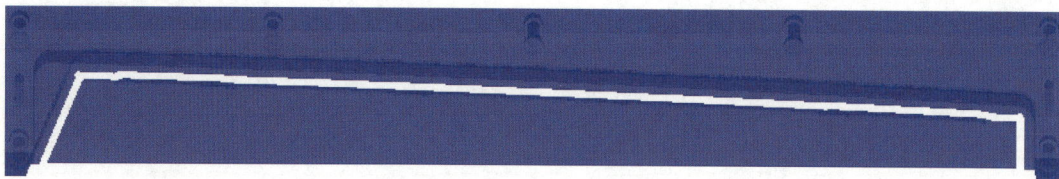

图 5-175　查看毛坯 5

6. 机床模拟

在 NC 向导中单击"机床模拟"按钮，在打开的"机床模拟"对话框中选择 NC 设置"4TH"并单击➡按钮将程序添加至右侧的"模拟的程序序列"列表框中，选中"材料去除"和"检查零件"复选框，设置"参考坐标系"为 2ND。选中"使用机床"复选框并选择机床为"5X_HH"，设置"原点设置"中的"X"为 600、"Y"为 0、"Z"为 100，如图 5-176 所示。以上参数皆由 NC 设置参数自动加载，然后单击"确定"按钮进入机床模拟界面。

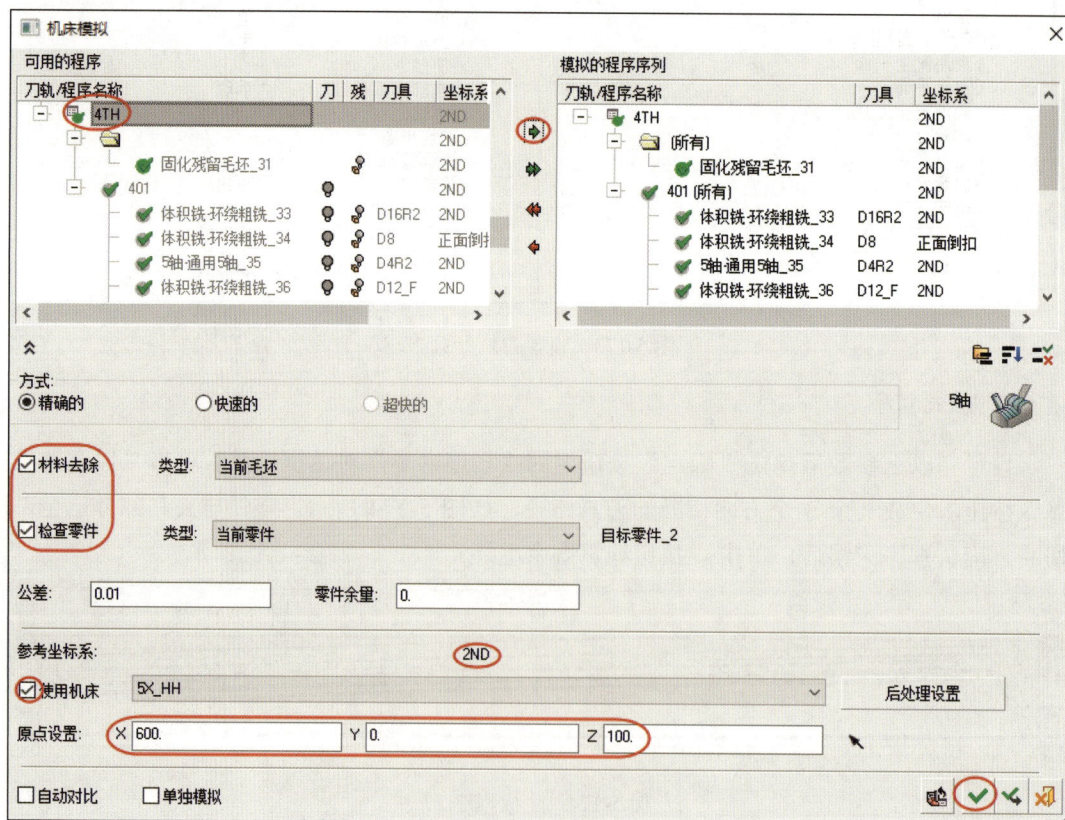

图 5-176　机床模拟设置 4

在"模拟控制"对话框中选中"忽略停止条件"复选框，然后单击按钮开始模拟，完毕后查看"模拟报告"发现一个误报错误，此处可忽略。更多模拟参数请查看项目 1 中的机床模拟部分。然后单击"退出模拟"按钮退出模拟界面，如图 5-177 所示。

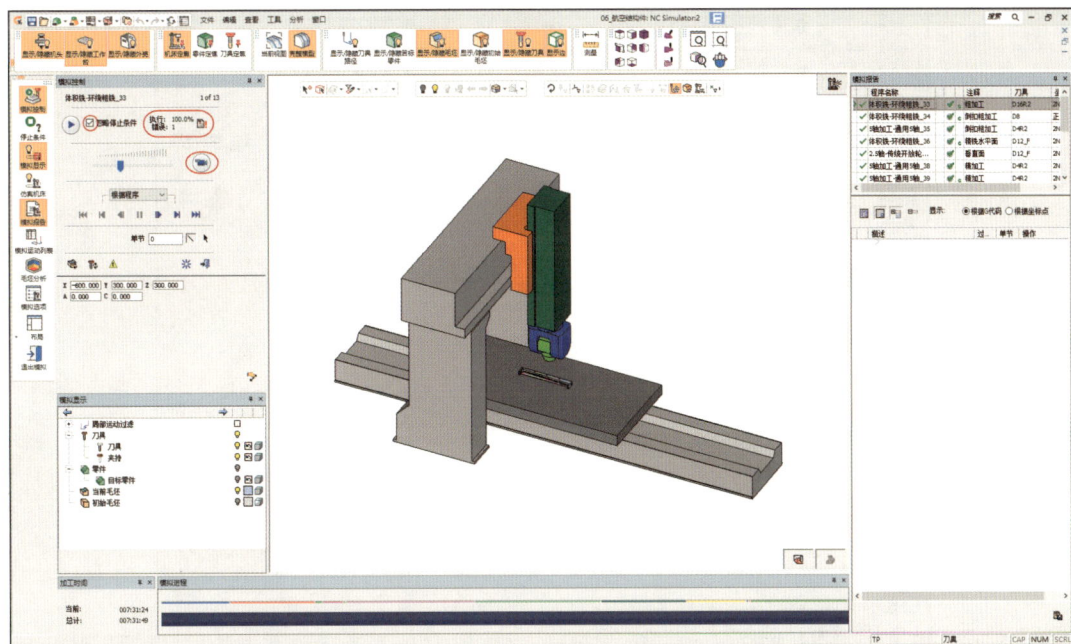

图 5-177　机床模拟结果 4

退出模拟环境，保存文档。文件保存路径为"X:\...\项目 5 航空结构件数控编程\源文件"，文件名为"航空结构件结果.elt"。

动画 5.1 反面粗加工　　动画 5.2 正面粗加工　　动画 5.3 反面精加工　　动画 5.4 正面精加工

7. 后处理

在 NC 向导中单击"后处理"按钮，打开"后处理"对话框。选择 NC 设置"4TH"并单击按钮将程序添加至右侧的"处理列表"列表框中，然后单击"确定"按钮进行后处理输出，如图 5-178 所示。

视频 5.24 后处理

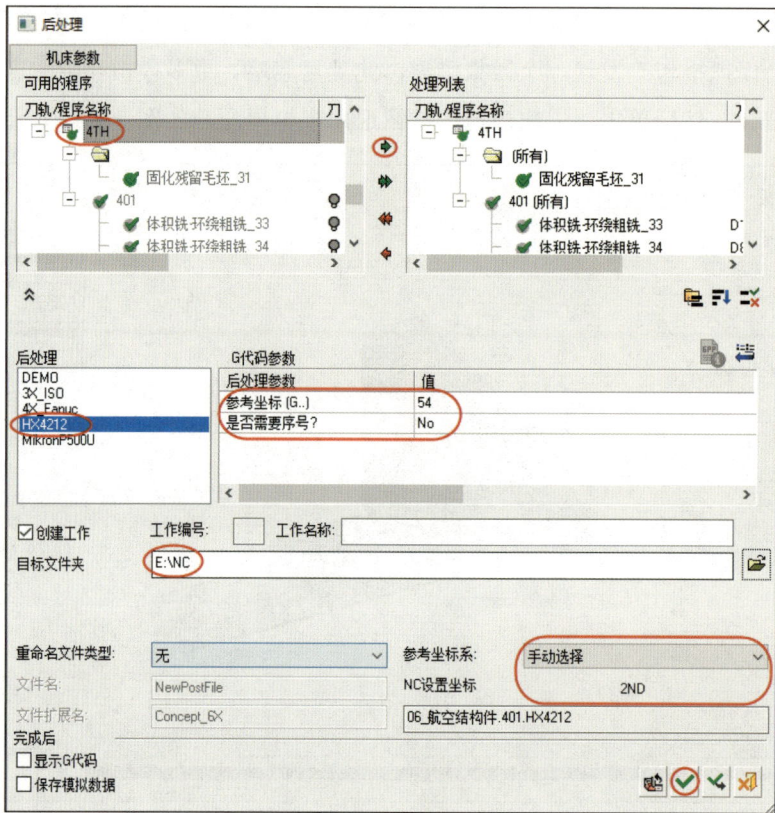

图 5-178　后处理设置 4

为了便于阅读，仅选择"底部清角"和"切断"这 2 条程序进行后处理，请分别查看定位和联动加工时坐标系的区别。生成的 G 代码如表 5-5 所示。

表 5-5　联动和定位加工程序的 G 代码

G 代码	注释
;%_N_0010_MPF	程序开始
;(航空结构件)	图档名称前面的分号为注释屏蔽符号
;(POST:HX4212)	后处理名称，避免混淆机床
;(UCS:2ND)	参考坐标系，对应程序单上显示的坐标，避免出错
;(T2　D4R2　D=4 R=2 TL=42 CL=10 HN:A63-184-06-8)	第 1 支刀具信息
;(T3　D8　D=8 R=0 TL=45 CL=25 HN:A63-140.06.2)	第 2 支刀具信息
;(加工时间:00:16:20)	程序加工时间
;(A_MIN=-32　A_MAX=0)	A 轴加工范围
;(C_MIN=0　C_MAX=90)	C 轴加工范围
G90 G17 G54 G40	机床初始化
TRAFOOF	取消刀尖跟随模式
ROT	取消自定义的工作平面
M86	松开 A 轴

续表

G 代码	注释
M36	松开 C 轴
G75 FP=1 Z0	返回 Z 最高点
G00 C0 A0	AC 轴归零
; TOOL NAME: D4R2 -- DIAMETER: 4 -- CORNER RADIUS: 2	刀具信息
T2 M06	换 2 号刀
G642	
COMPCAD	
FFWON	开启高速高精度模式
COMPCURV	
SOFT	
S7500 M03	转速为 7500，正转
G00 A-32 C68	快速到达 AC 轴的起始位置
;(MW_5X　　#43, 底部清角)	程序信息
TRAORI	开启刀尖跟随模式，下面的所有 XYZ 坐标都按参考坐标系输出
G54 D1	调用 G54 坐标和刀具补偿
X-1022.233 Y27.674	快速到达 XY 轴的起始位置
Z100	到达 Z 安全高度
M08	开启冷却液
X-988.673 Y14.115 Z42.075	快速到达加工位置
G01 X-987.69 Y13.718 Z40.379 F1500	进给切入
X-987.378 Y12.514 Z37.304	开始联动加工
X-989.412 Y7.478 C70.757	
X-989.406 Y7.495 C73.197	
X-989.399 Y7.512 C75.636	
X-989.397 Y7.53 C78.075	
*** 分割线 ***	为了便于阅读，此处删除了中间的程序代码
X-989.394 Y7.549 C80.514	
X-989.387 Y7.584 C85.257	
X-989.388 Y7.619 C90	
X-990.875 Z40.401	
G00 X-996.175 Z48.882	
X-1028.117 Z100	加工完毕后返回安全高度
M01	程序停止，便于查看加工结果和机床调试
M05	主轴停止
M09	关闭冷却液
TRAFOOF	取消刀尖跟随模式
G75 FP=1 Z0	返回 Z 最高点
G00 C0 A0	AC 轴归零

续表

G 代码	注释
; TOOL NAME: D8 -- DIAMETER: 8 -- CORNER RADIUS: 0	刀具信息
T3 M06	换 3 号刀
G642	开启高速高精度模式
COMPCAD	
FFWON	
COMPCURV	
SOFT	
S6500 M03	转速为 6500，正转
;(PROFILE #45，切断)	程序信息
G00 A0 C0	快速到达 AC 轴的起始位置
TRAORI	开启刀尖跟随模式，下面的所有 XYZ 坐标都按参考坐标系输出
G54 D1	调用 G54 坐标和刀具补偿
X-30 Y-23.853	快速到达 XY 轴的起始位置
Z100	到达 Z 安全高度
M08	开启冷却液
ROT X0 Y0 Z0	开启自定义工作平面模式，下面的所有 XYZ 坐标都按新的坐标模式输出。当前为 0，等同于参考坐标系
M85	锁定 A 轴
M35	锁定 C 轴
Z38	快速到达加工位置
G01 Z36.9 F1500	进给切入
Y-29.853	开始定位加工
Y-78	
G02 X-34 Y-82 I-4 J0	圆弧运动
G01 X-1060.002	
*** 分割线 ***	为了便于阅读，此处删除了中间的程序代码
Y-23.853	
G00 Z100	加工完毕后返回安全高度
M05	主轴停止
M09	关闭冷却液
ROT	取消自定义的工作平面
M86	松开 A 轴
M36	松开 C 轴
G75 FP=1 Z0	返回 Z 最高点
G00 C0 A0	AC 归零
M30	程序结束

8. 程序单

航空结构件第四道工序的 NC 加工程序单如表 5-6 所示。

表 5-6　航空结构件第四道工序的 NC 加工程序单

计划时间								
实际时间								
上机时间								
下机时间								
工作尺寸	单位：mm							
X_c	右侧定位孔中心							
Y_c	右侧定位孔中心							
Z_c	毛坯底部							
	工作数量：1 件							

以 2 个定位孔校正工件

程序名称	加工类型	刀具	行距	加工余量	上机时间	完成时间	备注
01	粗加工	D16R2	1	0.2			
02	粗加工	D8	0.3	0.2			
03	粗加工	D4R2	0.3	0.2			
04	精加工	D12_F	6	0			
05	精加工	D4R2	0.15	0			
06	切断	D8	0.1	0			

巩固练习

　　根据本项目学习的内容，自行设计装夹、定义毛坯，并选择合适的刀具完成如图 5-179 所示练习零件"弯板"的编程。

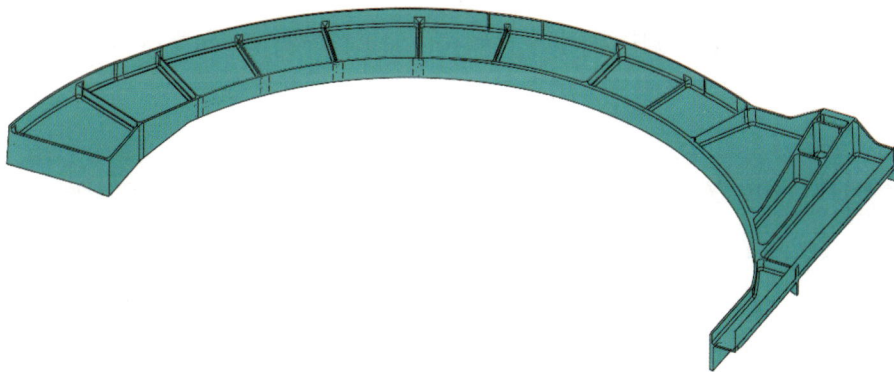

图 5-179　弯板

拓展练习

　　完成如图 5-180 所示大板的数控程序创建。

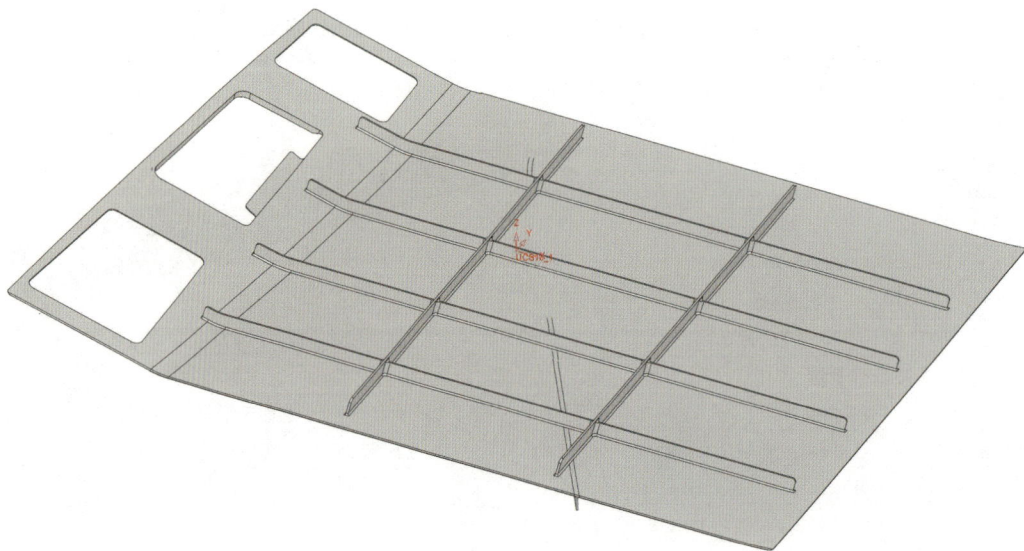

图 5-180　大板

知识拓展　航空构件的工艺特点

　　航空结构件是构成飞机机体骨架和气动外形的重要组成部分，其工艺特点是结构复杂，加工难度大——零件外形涉及机身外形、机翼外形及翼身融合区外形等复杂理论外形，且需要与多个零件进行套合；切削加工量大——材料去除率达到 90% 以上；薄壁，易变形——存在大量薄壁、深腔结构，为典型的弱刚性结构；加工精度高——装配协调面等数量多，零件制造精度要求高；难加工材料比例大——以钛合金、复合材料为代表。

思政案例　中国人终于坐上了自己的大飞机

　　2023 年 5 月 28 日上午 10 时 32 分，中国东方航空使用中国商飞全球首架交付的 C919 大型客机执行 MU9191 航班（图 5-181），从上海虹桥机场飞往北京首都机场，开启这一机型全球首次商业载客飞行。该航班标志着 C919 的研发、制造、取证、投运全面贯通，中国民航商业运营国产大飞机正式起步。

　　C919 大型客机是我国首次按照国际通行适航标准自行研制、具有自主知识产权的喷气式干线客机。C919 飞机于 2007 年立项，2017 年首飞，2022 年 9 月 29 日取得中国民航局型号合格证。2022 年 12 月 9 日，中国东方航空作为全球首发用户，正式从中国商飞接收编号为 B-919A 的全球首架交付飞机。

图 5-181 C919 大飞机首航

［资料来源：《人民日报海外版》（2023 年 6 月 2 日第 05 版）］

叶片数控编程

项目导读

本项目中的零件为叶片模型，如图 6-1 所示。毛坯为铸件，材质为钛合金。榫头部分已在其他工序加工完毕。本项目的工作过程如下：叶片模型分析→叶片加工工艺制定→编程操作→机床模拟→后处理。

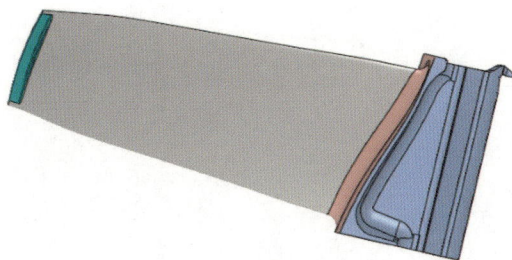

图 6-1 叶片模型

学习目标

1）掌握叶片加工的编程方法。

2）能制定叶片的加工工艺。

3）能运用加工策略进行编程及机床模拟。

4）培养专注、细致、严谨、负责的工作态度。

5）坚定文化自信，培养爱国情怀。

6.1 叶片模型分析

打开 Cimatron 软件，打开"X:\...\项目 6 叶片数控编程\源文件\叶片.elt"文件，进入 Cimatron 16 编程界面。在开始编程之前对图形进行整体分析。

1. 尺寸分析

选择主菜单中的"工具"→"PMI"→"标注"选项，对零件和夹 具尺寸进行标注，如图 6-2 所示。根据零件尺寸来确定编程时刀具的 尺寸。

视频 6.1 零件分析

2. 曲率分析

选择主菜单中的"分析"→"曲率"选项，对零件进行分析，根据零件曲率确定编程 时刀具的直径，如图 6-3 所示。

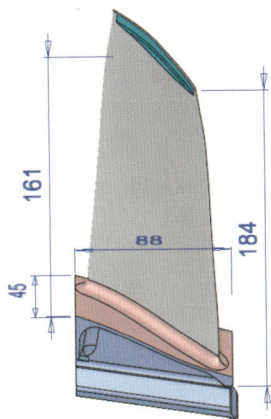

图 6-2　整体尺寸

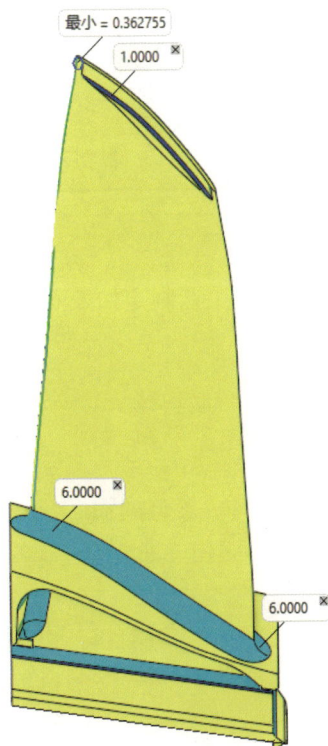

图 6-3　曲率分析

3. 壁厚分析

切换至 CAD 模式，选择主菜单中的"分析"→"壁厚"选项，选中叶片后开始分析，在不同的颜色区域单击显示各区域的厚度，如图 6-4 所示。

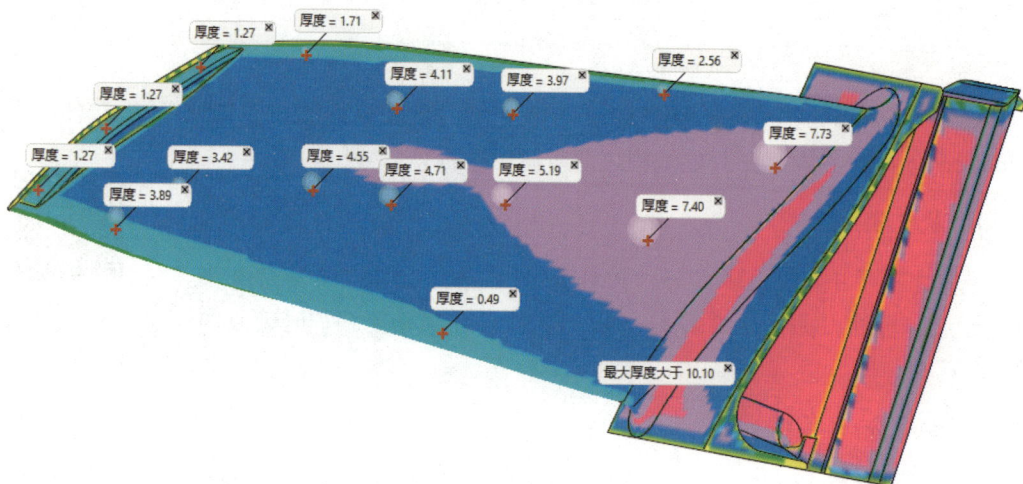

图 6-4　厚度分析

6.2　叶片的加工工艺制定

叶片的加工工艺制定如表 6-1 所示。

表 6-1　叶片的加工工艺

视频 6.2 制定加工工艺

序号	加工内容	加工策略	图解	备注
01	顶部粗加工	通用 5 轴投影曲线		使用直径为 30、圆角为 5 的牛鼻刀对顶面进行粗加工
02	主体粗加工	通用 5 轴两曲线仿形		使用直径为 30、圆角为 5 的牛鼻刀对主体进行粗加工
03	根部粗加工	通用 5 轴平行于曲线		使用直径为 30、圆角为 5 的牛鼻刀对根部进行粗加工

序号	加工内容	加工策略	图解	备注
04	缺口粗加工	通用 5 轴 平行于曲线		使用直径为 12、圆角为 1 的牛鼻刀对缺口进行粗加工
05	缺口精加工	通用 5 轴 平行于曲线		使用直径为 10、圆角为 1 的牛鼻刀对缺口进行精加工
06	主体精加工	通用 5 轴 两曲线仿形		使用直径为 20、圆角为 4 的牛鼻刀对主体进行精加工
07	根部精加工	通用 5 轴 平行于曲线		使用直径为 10 的球刀对根部进行精加工
08	顶部精加工	通用 5 轴 平行于曲线		使用直径为 10 的球刀对顶面进行精加工

6.3 叶片编程操作

6.3.1　顶部粗加工

1. NC 设置

在 "NC 程序管理器" 中双击 "NC_Setup" 选项，打开 "修改 NC 设置" 对话框。当前已设置机床为 "5XTT-Mikron"，这是一台立式结构的 5 轴双摆台机床，设置 "后处理" 为 "MikronP500U"，"参考坐标系" 为 MODEL，设置 "设置原点" 中的 "X" 为 0、"Y" 为 0、"Z" 为 140。点亮灯泡 💡 即可显示机床工作台。"夹具安全间隙" 已设置为 1，如图 6-5 所示。

视频 6.3 编程准备

2. 创建零件

在 "NC 程序管理器" 中双击 "目标零件" 选项，打开 "零件" 对话框。当前已选择集合 "01_叶片" 的曲面为目标零件，如图 6-6 所示。

视频 6.4 顶部粗加工

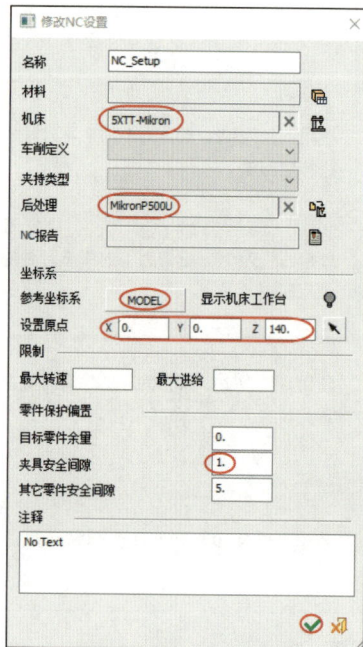

图 6-5　修改 NC 设置

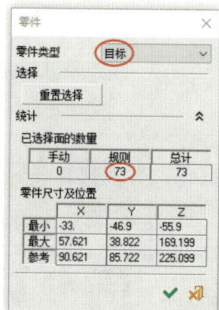

图 6-6　设置目标零件

3. 创建毛坯

在"NC 程序管理器"中双击"网格面毛坯"选项，打开"初始毛坯"对话框。当前已选择集合"02_毛坯"的网格面为毛坯，如图 6-7 所示。

4. 创建夹具

在"NC 程序管理器"中双击"装夹零件"选项，打开"零件"对话框。当前已选择集合"03_夹具"的曲面为夹具，如图 6-8 所示。

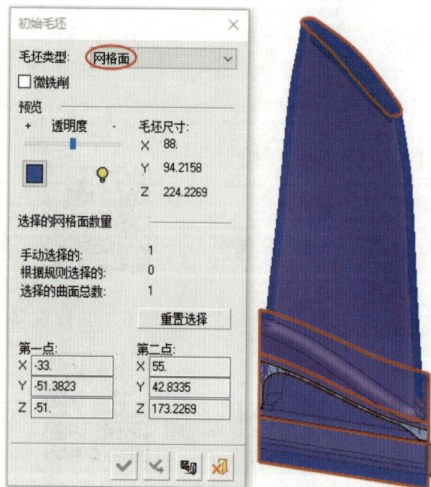

图 6-7　创建毛坯

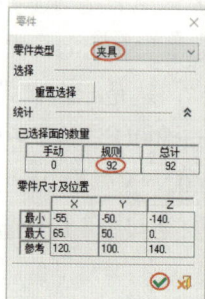

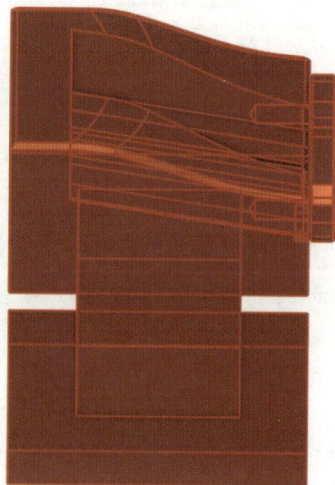

图 6-8　创建夹具

5. 创建刀轨

在"NC 程序管理器"中双击刀轨文件夹"101"，打开"修改刀轨"对话框。设置"名称"为101，"类型"为5轴，"坐标系"为MODEL，"Z（安全高度）"为200，如图6-9所示。

6. 新建程序

在 NC 向导中单击"程序"按钮，打开"程序向导"对话框。修改"主选项"为"5轴加工"，"子选项"为"通用 5 轴"。单击"刀轨参数"按钮，切换至"刀轨参数"界面，设置"坐标系名称"为MODEL，"驱动曲面公差"为0.01，"更新残留毛坯"为"是"，其他参数保持默认设置，如图6-10所示。

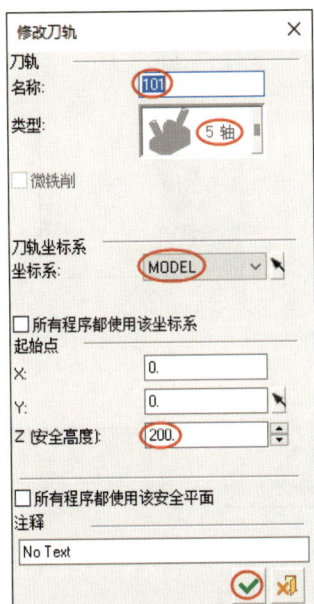

图 6-9　创建 5 轴刀轨　　　　　　　　　　图 6-10　新建程序

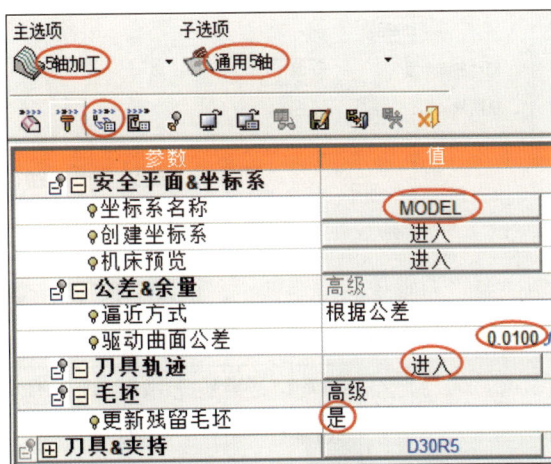

7. 选择刀具

单击"刀具"按钮，在打开的"铣削刀具和夹持"对话框中选择"D30R5"牛鼻刀进行粗加工，如图6-11所示，然后单击"确定"按钮。

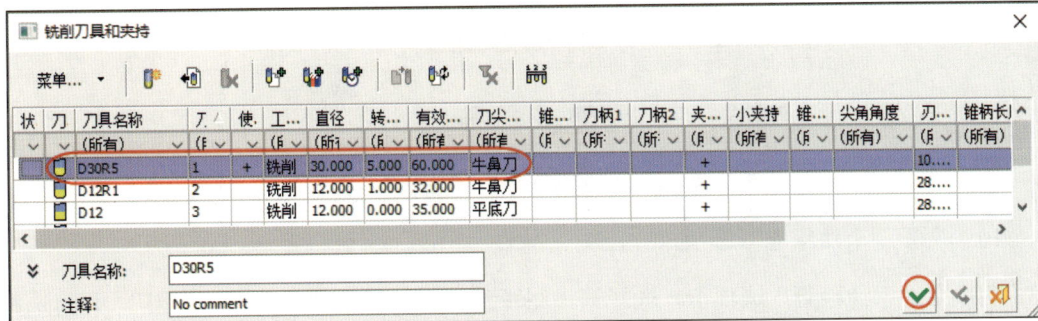

图 6-11　选择刀具 1

8. 设置"曲面路径"选项卡

单击"进入"按钮，打开"通用 5 轴控制面板"对话框。在"曲面路径"选项卡中设置"模式"为"投影曲线"，单击"投影"按钮，选择集合"11_叶片顶部"的曲线为投影曲线，单击"驱动曲面"按钮选择集合"11_叶片顶部"的大曲面为驱动曲面，设置"最大投影距离"为 1，"驱动曲面余量"为 0.2，其他参数使用默认值，如图 6-12 所示。

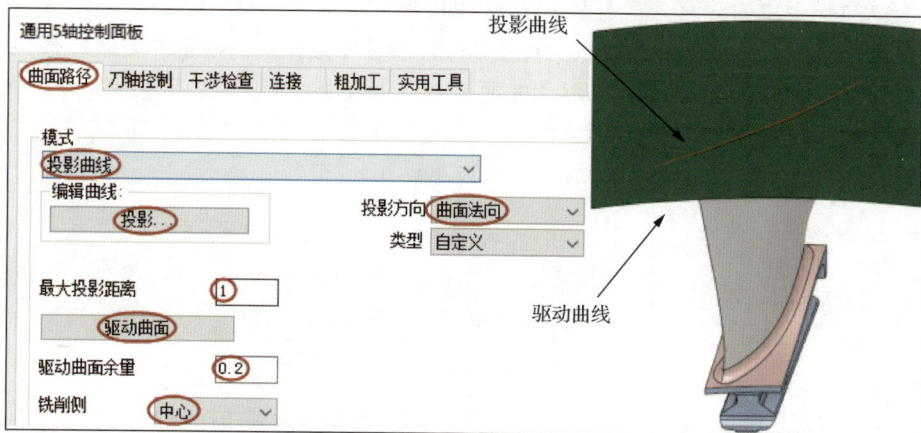

图 6-12 设置"曲面路径"选项卡 1

9. 设置"刀轴控制"选项卡

切换至"刀轴控制"选项卡，设置"接触方式"为"使用刀具中心"，其他参数使用默认值，如图 6-13 所示。

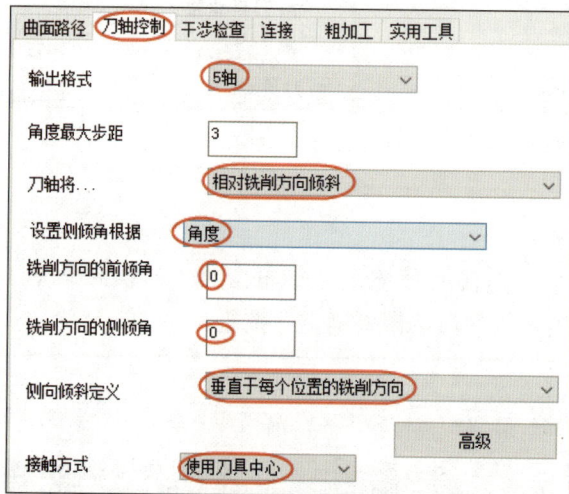

图 6-13 设置"刀轴控制"选项卡 1

10. 设置"干涉检查"选项卡

切换至"干涉检查"选项卡，选择第 1 组干涉检查，刀具部分选择"刀刃"，几何选择"驱动曲面"，设置策略为"沿刀轴"切出，其他参数使用默认值，如图 6-14 所示。

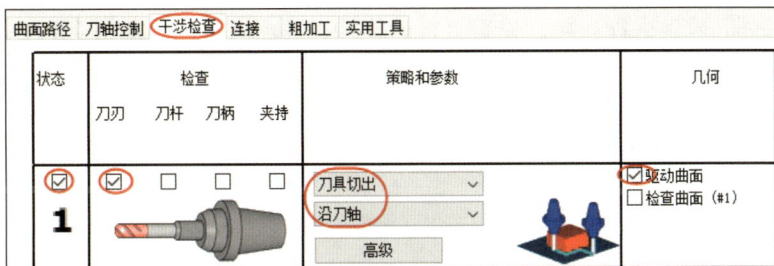

图 6-14　设置"干涉检查"选项卡 1

11. 设置"粗加工"选项卡

切换至"粗加工"选项卡，选中"深腔铣削"复选框并单击该按钮，在打开的"深腔铣削"对话框中设置"粗加工轨迹"的"数量"为 4，"间距"为 1，设置"应用深度至"为"完整的刀轨"，"排序方向"为"层"。在"粗加工"选项卡中选中"排序"复选框并单击该按钮，在打开的"粗加工排序选项"对话框中选中"以最短距离层间连接"复选框。其他参数使用默认值，如图 6-15 所示。

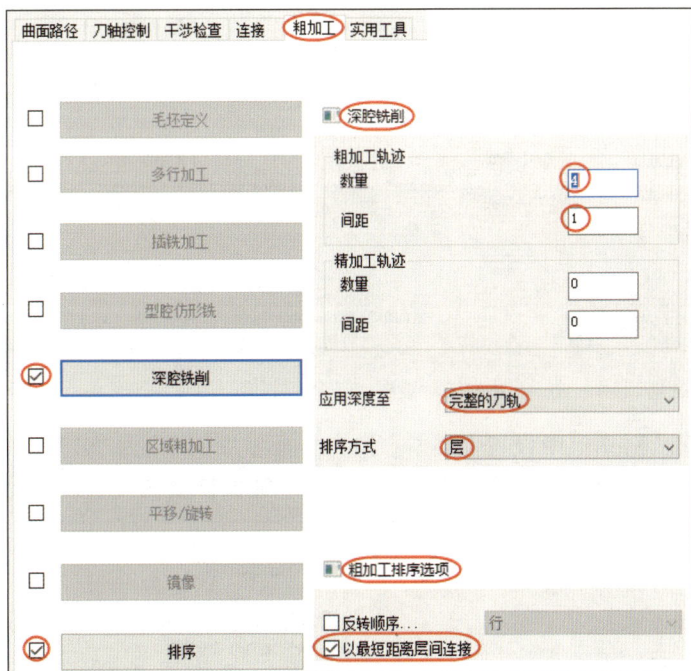

图 6-15　设置"粗加工"选项卡 1

12. 设置"连接"选项卡

切换至"连接"选项卡，设置"首次切入"为"自安全区域切入"并"不使用切入"，"最终切出"为"切出至安全区域"并"不使用切出"。设置"铣削间隙"选项组中的"阈值"为 2，小于 2 判定为"小间隙"，使用"沿曲面"进行连接；大于 2 判定为"大间隙"，使用"切出至安全区域"进行连接。设置"层间连接"选项组中的"阈值"为 5，距离小于 5 时为"较短的轨迹"，使用"沿曲面"进行连接；距离大于 5 时为"较长的轨迹"，使

用"切出至安全区域"进行连接。设置"行间连接"选项组中的"阈值"为 5，距离小于 5
时为"较短的轨迹"，使用"混合样条线"进行连接；距离大于 5 时为"较长的轨迹"，使
用"切出至安全区域"进行连接。其他参数使用默认值，如图 6-16 所示。

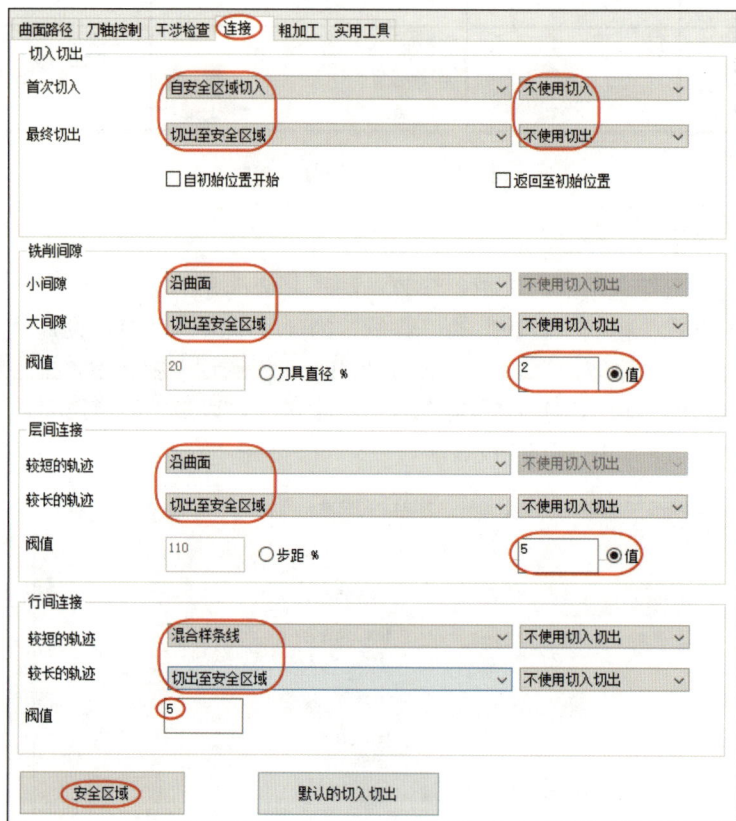

图 6-16　设置"连接"选项卡 1

在"安全区域"对话框中设置"类型"为"平面"，"方向"为"Z 轴"，"高度"为 200，
"快进距离"为 100，"切入进给距离"为 5，其余参数保持默认设置，如图 6-17 所示。

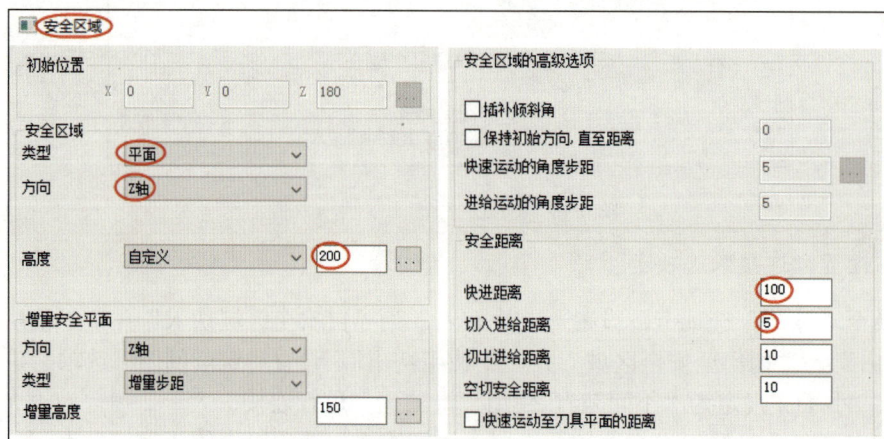

图 6-17　设置安全区域 1

13. 设置机床参数

设置完以上参数后单击"确定"按钮返回"程序向导"对话框，然后单击"机床参数"按钮，打开"机床参数"界面，选中"快速切出"复选框。其他参数由刀具自动加载，如图 6-18 所示。

14. 生成程序

单击"保存并计算"按钮，系统将根据当前设置的参数生成分层往复铣削的刀具路径，如图 6-19 所示。在"NC 程序管理器"中修改程序注释为"顶面粗加工"。确认程序无误后，单击 按钮计算剩余毛坯。

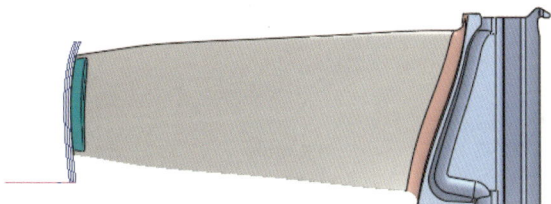

参数	值
进给及转速计算	进入
Vc (m/min)	207.3451
转速	2200
进给(mm/min)	1800.0000
插刀速率 (mm/min)	1800.0000
快速切出	☑
空切	快速运动
冷却方式	吹气
主轴旋转方向	顺时针
旋转轴首选位置	无

图 6-18　设置机床参数

图 6-19　生成程序 1

6.3.2　主体粗加工

1. 复制程序

在"NC 程序管理器"中复制上一条"顶面粗加工"程序至列表末，然后修改注释为"主体粗加工"，如图 6-20 所示。

视频 6.5 主体粗加工

图 6-20　复制程序 1

2. 设置"曲面路径"选项卡

双击程序打开"程序向导"对话框，然后单击"刀轨参数"按钮，切换至"刀轨参数"界面，单击"进入"按钮，打开"通用 5 轴控制面板"对话框。在"曲面路径"选项卡中设置"模式"为"两曲线仿形"，单击"驱动曲面"按钮，重新选择集合"12_叶片主体"的曲面作为驱动曲面；单击"第一"按钮，选择顶部的曲线作为第一曲线；单击"第二"按钮，选择底部的曲线作为第二曲线。设置"区域"选项组中的"类型"为"完全的，自起始边至结束边"，单击其右侧的"余量"按钮，在打开的"余量"对话框中设置"起始余量"为 1，"最终余量"为 14。设置"铣削方式"为"螺旋铣"，"单向铣削方向"为"顺铣"。选中"起始点"复选框并单击该按钮，在打开的"起始点参数"对话框中单击"位置"右侧的按钮选择叶片曲面左侧顶面的端点为起始点。设置"最大步距"为 15，如图 6-21 所示。

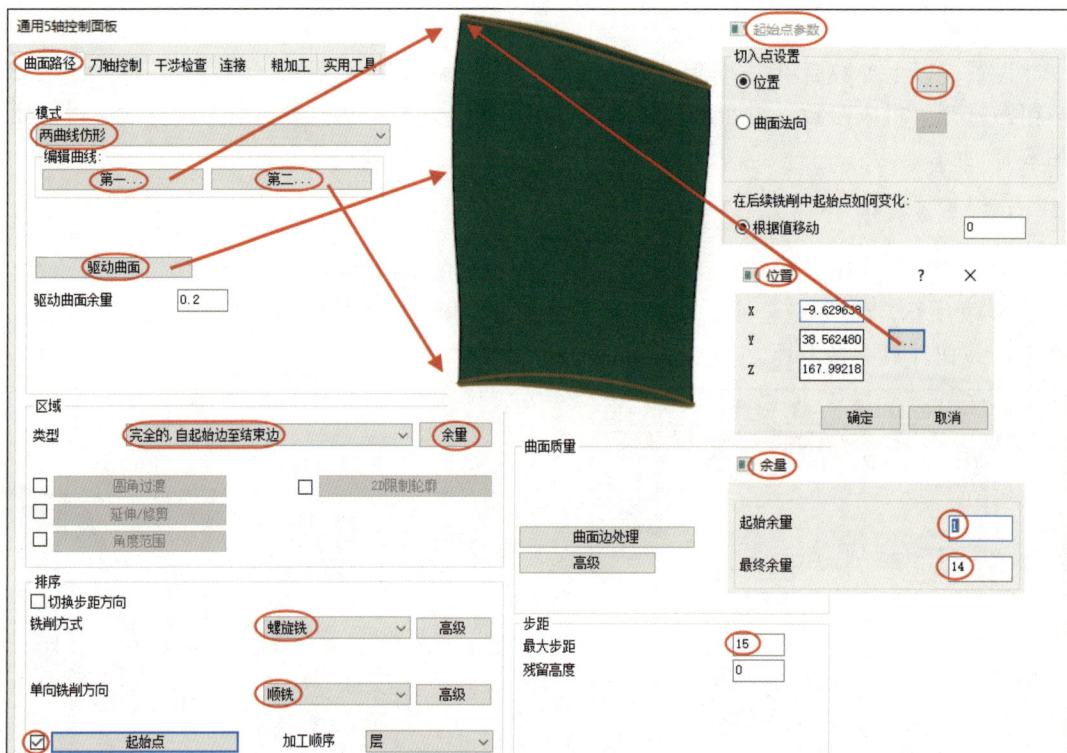

图 6-21　设置"曲面路径"选项卡 2

3. 设置"刀轴控制"选项卡

切换至"刀轴控制"选项卡，设置"铣削方向的前倾角"为 15，"接触方式"为"使用刀具前端"，如图 6-22 所示。

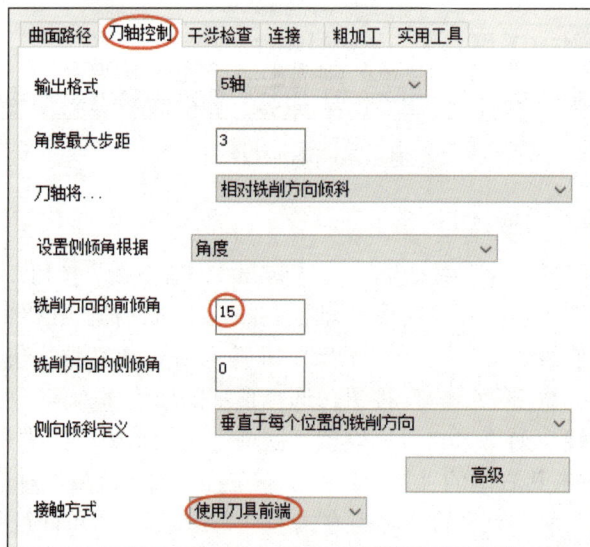

图 6-22　设置"刀轴控制"选项卡 2

4. 设置"干涉检查"选项卡

切换至"干涉检查"选项卡，第 1 组干涉检查几何参数选中"驱动曲面"和"检查曲面"复选框，单击右侧的按钮，选择集合"01_叶片"的曲面为检查曲面，如图 6-23 所示。

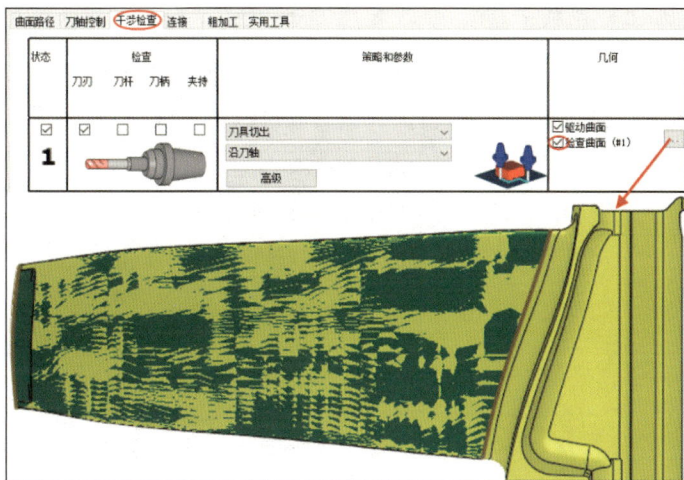

图 6-23　设置"干涉检查"选项卡 2

5. 设置"连接"选项卡

切换至"连接"选项卡，设置"首次切入"为"使用切入"，设置"层间连接"选项组中的"较长的轨迹"为"使用切入"，设置"行间连接"选项组中的"较长的轨迹"为"使用切入"，如图 6-24 所示。

图 6-24　设置"连接"选项卡 2

在"安全区域"对话框中设置"类型"为"圆柱","方向"为"Z轴","半径"为100。在"默认的切入切出"对话框中设置"切入"选项组中的"类型"为"切线","长度"为5，如图 6-25 所示。

6. 设置"粗加工"选项卡

切换至"粗加工"选项卡，选中"深腔铣削"复选框并单击该按钮，在打开的"深腔铣削"对话框中设置"排序方式"为"行"。然后取消选中"排序"复选框，如图 6-26 所示。

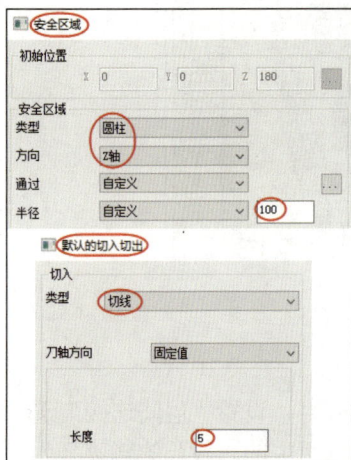

图 6-25　设置安全区域和切入

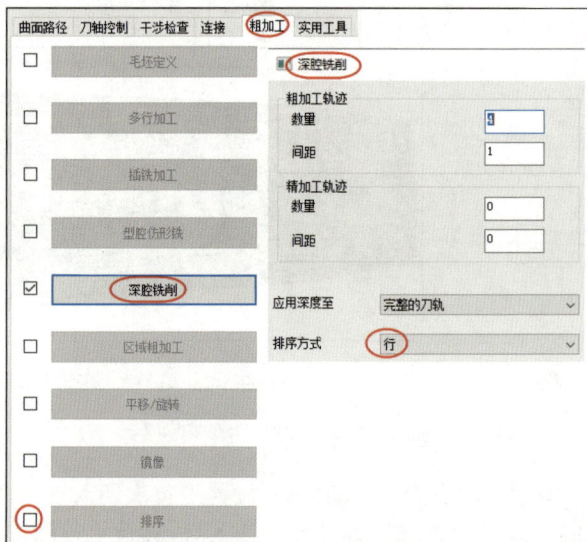

图 6-26　设置"粗加工"选项卡 2

7. 生成程序

单击"保存并计算"按钮，系统将根据当前设置的参数生成分行螺旋铣削的刀具路径，如图 6-27 所示。确认程序无误后，单击 🔧 按钮计算剩余毛坯。

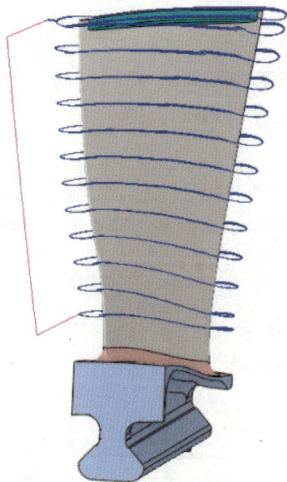

图 6-27　生成程序 2

6.3.3　根部粗加工

1. 复制程序

在 "NC 程序管理器" 中复制 "主体粗加工" 程序至列表末，然后修改注释为 "底部粗加工"，如图 6-28 所示。

视频 6.6 根部粗加工

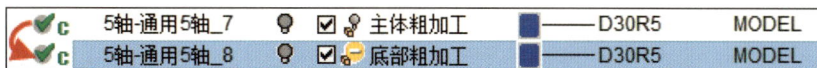

图 6-28　复制程序 2

2. 设置 "曲面路径" 选项卡

双击程序打开 "程序向导" 对话框，然后单击 "刀轨参数" 按钮，切换至 "刀轨参数" 界面，单击 "进入" 按钮打开 "通用 5 轴控制面板" 对话框。在 "曲面路径" 选项卡中设置 "模式" 为 "平行于曲线"，单击 "驱动曲面" 按钮，重新选择集合 "13_叶片底部" 外侧的小曲面为驱动曲面，单击 "驱动曲线" 按钮，选择内部曲线为驱动曲线。单击 "余量" 按钮，在打开的 "余量" 对话框中设置 "起始余量" 和 "最终余量" 为 0。选中 "延伸/修剪" 复选框并设置双向延伸 12，设置 "铣削方式" 为 "双向"。取消选中 "起始点" 复选框，设置 "最大步距" 为 1，如图 6-29 所示。

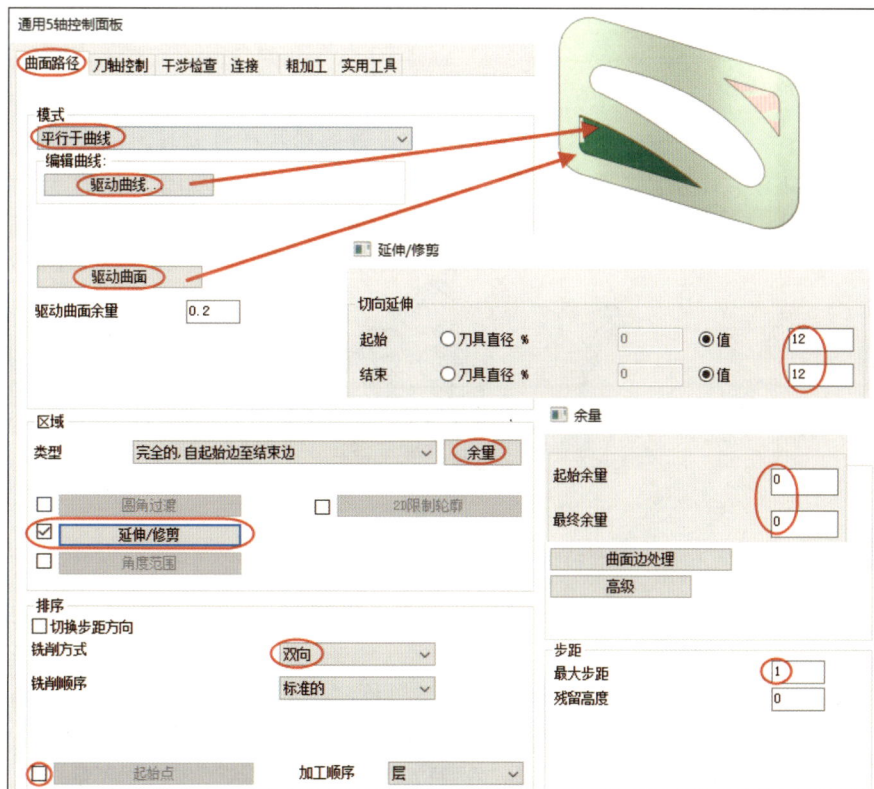

图 6-29　设置 "曲面路径" 选项卡 3

3. 设置"刀轴控制"选项卡

切换至"刀轴控制"选项卡,设置"铣削方向的前倾角"为0,"铣削方向的侧倾角"为88,"接触方式"为"自动",如图6-30所示。

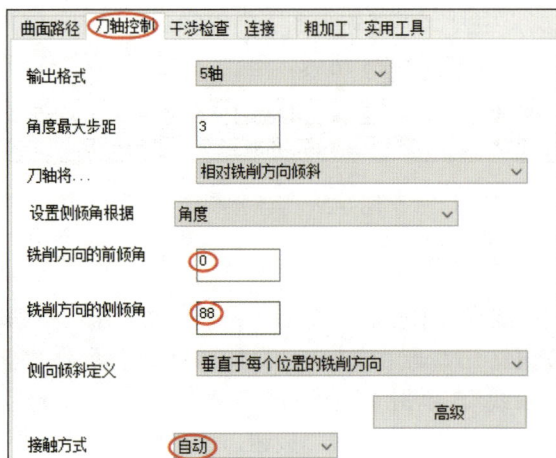

图6-30 设置"刀轴控制"选项卡3

4. 设置"粗加工"选项卡

切换至"粗加工"选项卡,取消选中"深腔铣削"复选框。

5. 设置生成程序

单击"保存并计算"按钮,系统将根据当前设置的参数计算刀具路径,生成多行双向铣削的刀轨。如图6-31所示。确认程序无误后,单击 按钮计算剩余毛坯。

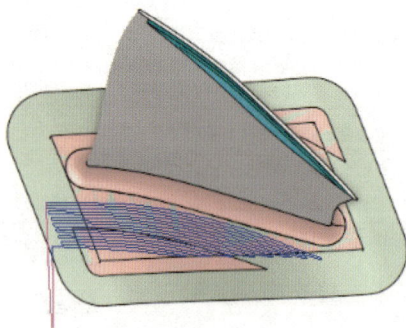

图6-31 生成程序3

6. 复制程序

在"NC程序管理器"中复制"底部粗加工"程序至列表末,如图6-32所示。

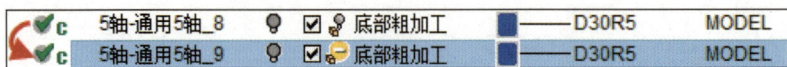

图6-32 复制程序3

7. 设置"曲面路径"选项卡 1

双击程序打开"程序向导"对话框，单击"刀轨参数"按钮，切换至"刀轨参数"选项卡界面，单击"进入"按钮打开"通用 5 轴控制面板"对话框。单击"驱动曲面"按钮重新选择集合"13_叶片底部"内侧的小曲面为驱动曲面，单击"驱动曲线"按钮选择内部曲线为驱动曲线，如图 6-33 所示。

8. 生成程序 1

单击"保存并计算"按钮，系统将根据当前设置的参数生成多行双向铣削的刀轨，如图 6-34 所示。确认程序无误后，单击 🔒 按钮计算剩余毛坯。

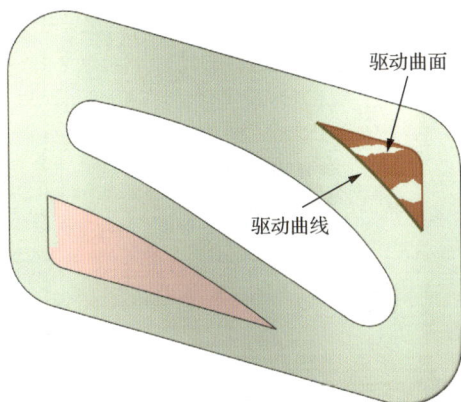

图 6-33　设置"曲面路径"选项卡 4

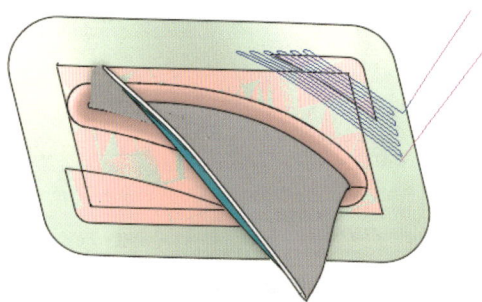

图 6-34　生成程序 4

9. 复制程序

在"NC 程序管理器"中复制"底部粗加工"程序至列表末，如图 6-35 所示。

图 6-35　复制程序 4

10. 设置"曲面路径"选项卡 2

双击程序打开"程序向导"对话框，单击"刀轨参数"按钮，切换至"刀轨参数"界面，单击"进入"按钮打开"通用 5 轴控制面板"对话框。单击"驱动曲面"按钮重新选择集合"13_叶片底部"的大曲面为驱动曲面，单击"驱动曲线"按钮选择内部曲线为驱动曲线。设置"区域"选项组中的"类型"为"根据铣削次数决定"，"铣削次数"为 15，取消选中"延伸/修剪"复选框，设置"铣削方式"为"螺旋铣"，选中"起始点"复选框并选择左上角为起始点，如图 6-36 所示。

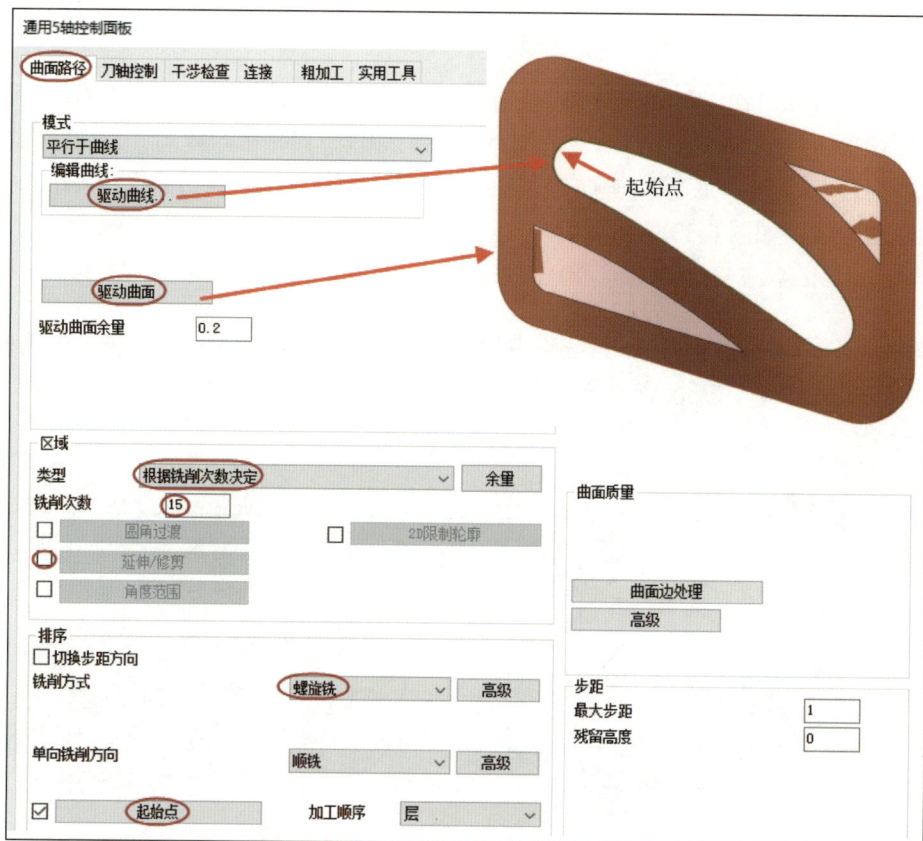

图 6-36　设置"曲面路径"选项卡 5

11. 生成程序 2

单击"保存并计算"按钮，系统将根据当前设置的参数计算刀具路径。生成螺旋铣削的刀具路径，如图 6-37 所示。确认程序无误后，单击 <!-- button --> 按钮计算剩余毛坯。

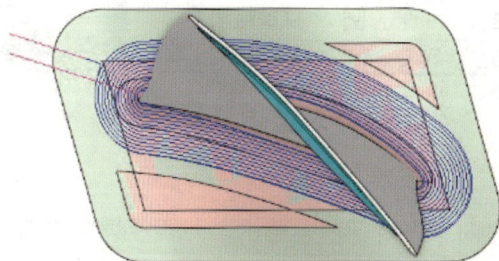

图 6-37　生成程序 5

▍6.3.4　顶部缺口粗加工

1. 复制程序

在"NC 程序管理器"中复制"底部粗加工"程序至列表末，然后修改注释为"缺口粗加工"，如图 6-38 所示。

视频 6.7 顶部缺口粗加工

图 6-38　复制程序 5

2. 选择刀具

双击程序打开"程序向导"对话框，然后单击"刀具"按钮，在打开的"铣削刀具和夹持"对话框中选择"D12R1"牛鼻刀进行粗加工，如图 6-39 所示，然后单击"确定"按钮。

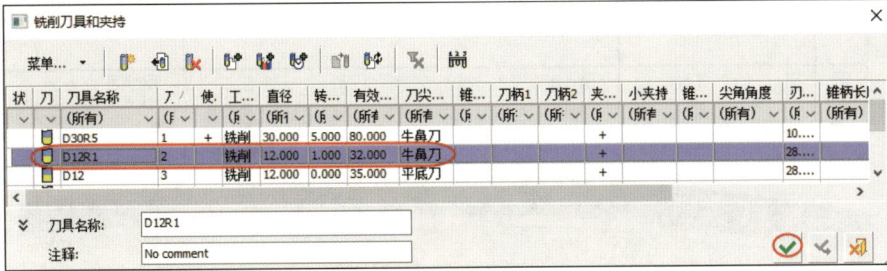

图 6-39　选择刀具 2

3. 设置"曲面路径"选项卡

单击"刀轨参数"按钮，切换至"刀轨参数"界面，单击"进入"按钮打开"通用 5 轴控制面板"对话框。在"曲面路径"选项卡中单击"驱动曲面"按钮重新选择集合"15_顶部缺口"的侧壁曲面为驱动曲面，单击"驱动曲线"按钮选择底部曲线为驱动曲线。设置"区域"选项组中的"类型"为"完全的，自起始边至结束边"，"铣削方式"为"双向"，取消选中"起始点"复选框，如图 6-40 所示。

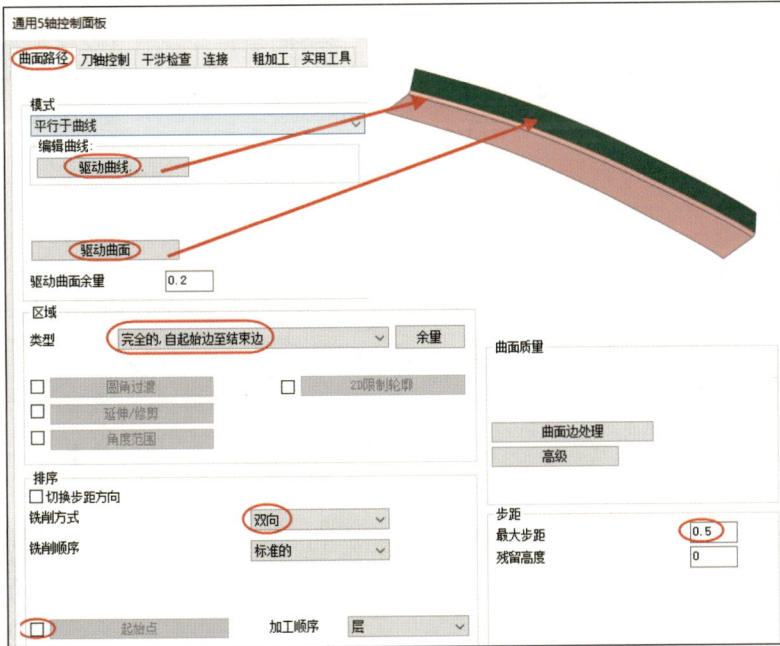

图 6-40　设置"曲面路径"选项卡 6

4. 设置"干涉检查"选项卡

切换至"干涉检查"选项卡，第 1 组干涉检查几何参数仅选中"检查曲面"复选框，单击右侧的按钮选择集合"15_顶部缺口"的底部曲面为检查曲面，设置"余量"为 0.2，如图 6-41 所示。

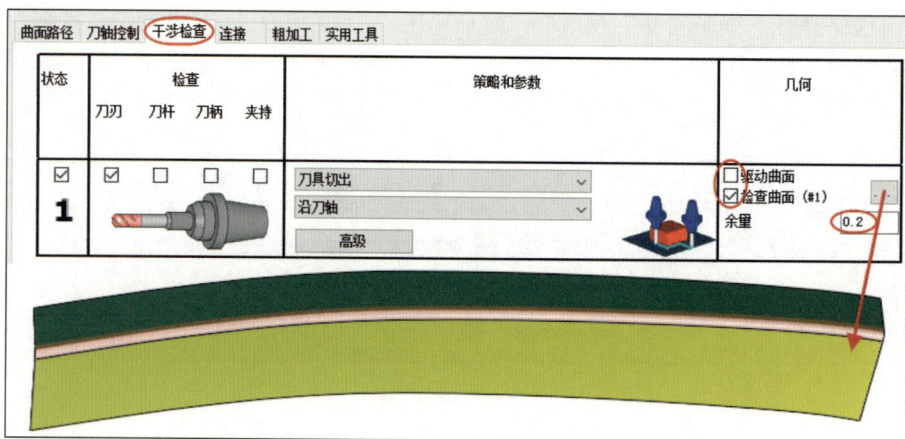

图 6-41　设置"干涉检查"选项卡 3

5. 设置安全区域

切换至"连接"选项卡，单击"安全区域"按钮，在打开的"安全区域"对话框中设置"类型"为"平面"，"方向"为"Z 轴"，"高度"为 200，如图 6-42 所示。

6. 生成程序

单击"保存并计算"按钮，系统将根据当前设置的参数计算刀具路径，生成双向铣削的刀具路径，如图 6-43 所示。确认程序无误后，单击 按钮计算剩余毛坯。

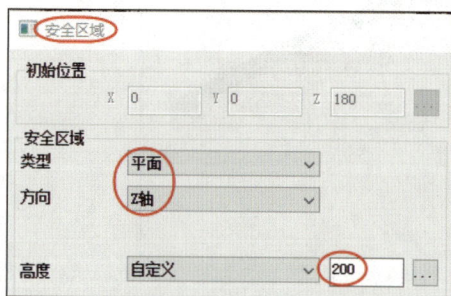

图 6-42　设置安全区域 2

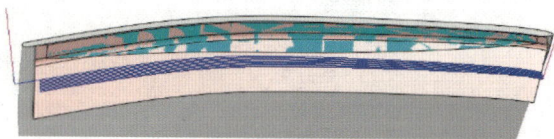

图 6-43　生成程序 6

6.3.5　顶部缺口精加工

1. 复制程序

在"NC 程序管理器"中复制"缺口粗加工"程序至列表末，然后修改注释为"缺口精加工"，如图 6-44 所示。

视频 6.8 顶部缺口精加工

图 6-44　复制程序 6

2. 选择刀具

双击程序打开"程序向导"对话框，然后单击"刀具"按钮，在打开的"铣削刀具和夹持"对话框中选择"D10R1"牛鼻刀进行精加工，如图 6-45 所示，然后单击"确定"按钮。

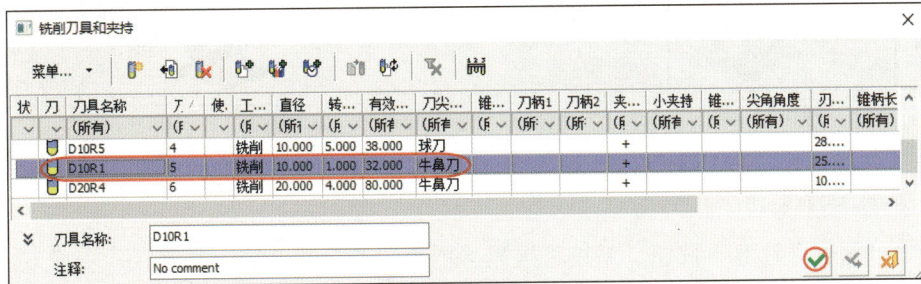

图 6-45　选择刀具 3

3. 设置"曲面路径"选项卡 1

单击"刀轨参数"按钮，切换至"刀轨参数"界面，单击"进入"按钮打开"通用 5 轴控制面板"对话框。在"曲面路径"选项卡中设置"驱动曲面余量"为 0，"最大步距"为 0.15，如图 6-46 所示。

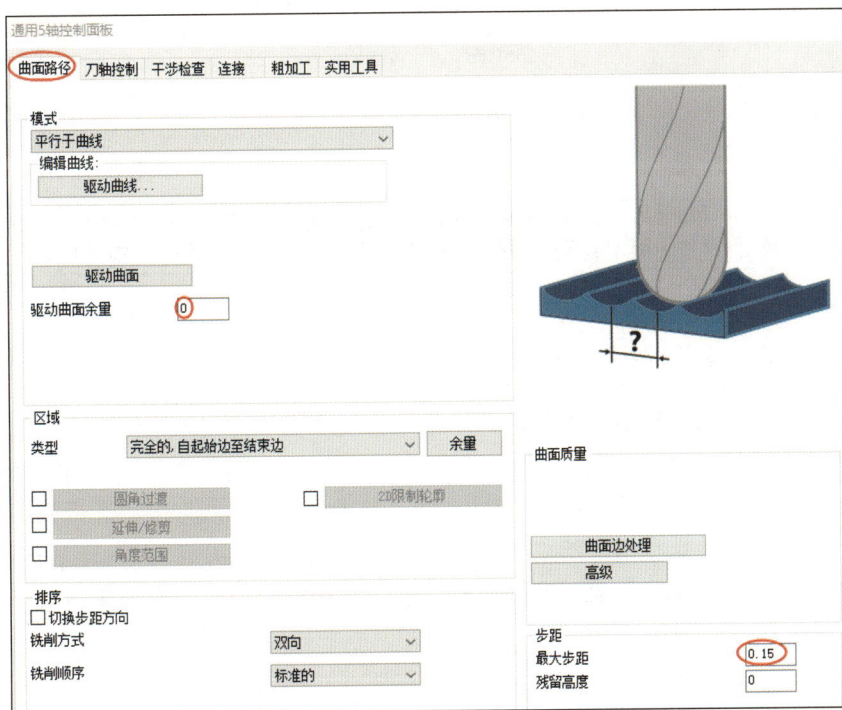

图 6-46　设置"曲面路径"选项卡 7

4. 设置"干涉检查"选项卡 1

切换至"干涉检查"选项卡，修改第 1 组干涉检查的余量为 0，如图 6-47 所示。

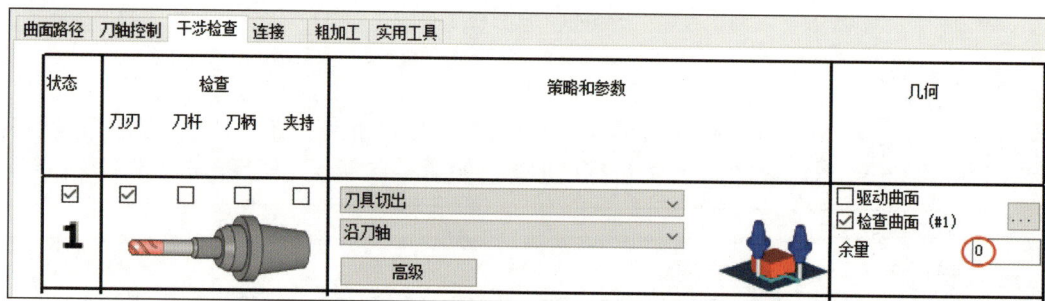

状态	检查				策略和参数	几何
	刀刃	刀杆	刀柄	夹持		
1	☑	☐	☐	☐	刀具切出　∨ 沿刀轴　∨ 高级	☐驱动曲面 ☑检查曲面（#1）　... 余量　0

图 6-47　设置"干涉检查"选项卡 4

5. 生成程序 1

单击"保存并计算"按钮，系统将根据当前设置的参数计算刀具路径，生成双向铣削的刀具路径，如图 6-48 所示。确认程序无误后，单击 🖱 按钮计算剩余毛坯。

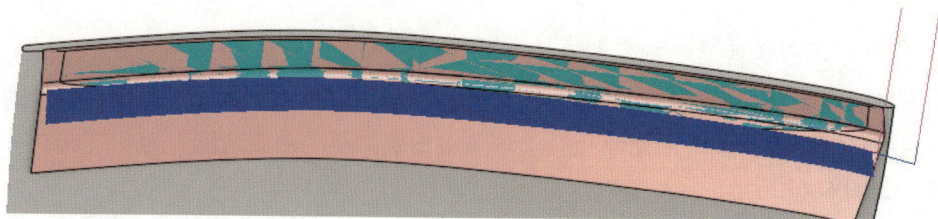

图 6-48　生成程序 7

6. 复制程序

在"NC 程序管理器"中复制"缺口精加工"程序至列表末，如图 6-49 所示。

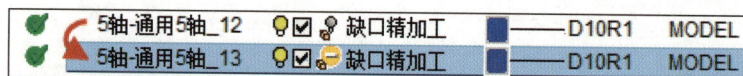

图 6-49　复制程序 7

7. 设置"曲面路径"选项卡 2

双击程序打开"程序向导"对话框，单击"刀轨参数"按钮，切换至"刀轨参数"界面，单击"进入"按钮打开"通用 5 轴控制面板"对话框。单击"驱动曲面"按钮重新选择集合"15_顶部缺口"底面的曲面为驱动曲面，单击"驱动曲线"按钮选择内部曲线为驱动曲线。设置"区域"选项组中的"类型"为"根据铣削次数决定"，单击"余量"按钮，在打开的"余量"对话框中设置"起始余量"为 4。在返回的"曲面路径"选项卡中设置"铣削次数"为 20，如图 6-50 所示。

8. 设置"刀轴控制"选项卡

切换至"刀轴控制"选项卡，设置"铣削方向的侧倾角"为 0，如图 6-51 所示。

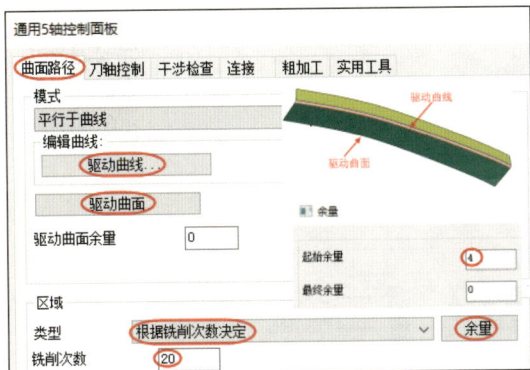

图 6-50　设置"曲面路径"选项卡 8

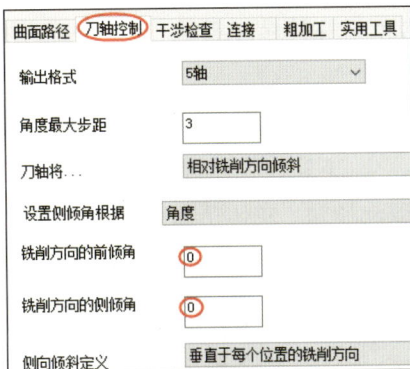

图 6-51　设置"刀轴控制"选项卡 4

9. 设置"干涉检查"选项卡 2

切换至"干涉检查"选项卡，修改第 1 组的"检查曲面"为侧壁曲面，干涉检查余量为 0.02，设置策略为"沿曲面法向"切出。选择第 2 组干涉检查，刀具部分选择"刀刃"，几何选择"驱动曲面"，设置策略为"沿刀轴"切出，如图 6-52 所示。

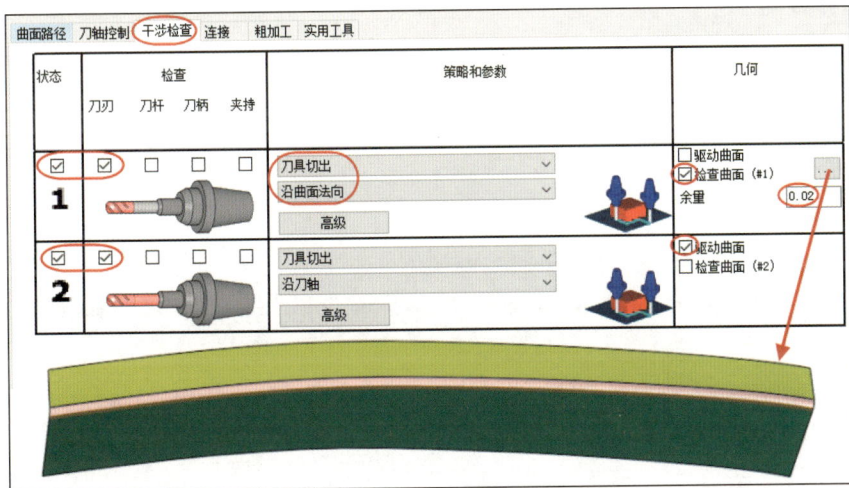

图 6-52　设置"干涉检查"选项卡 5

10. 生成程序 2

单击"保存并计算"按钮，系统将根据当前设置的参数计算刀具路径，生成双向铣削的刀具路径。确认程序无误后，单击🖱按钮计算剩余毛坯，如图 6-53 所示。

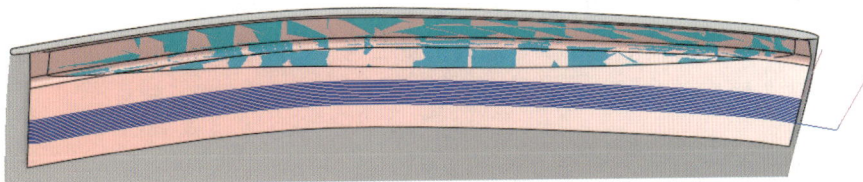

图 6-53　生成程序 8

6.3.6 主体精加工

1. 复制程序

在"NC 程序管理器"中复制"主体粗加工"程序至列表末，然后
修改注释为"主体精加工"，如图 6-54 所示。

视频 6.9 主体精加工

图 6-54　复制程序 8

2. 选择刀具

双击程序打开"程序向导"对话框，单击"刀具"按钮，在打开的"铣削刀具和夹
持"对话框中选择"D20R4"牛鼻刀进行精加工，如图 6-55 所示，然后单击"确定"
按钮。

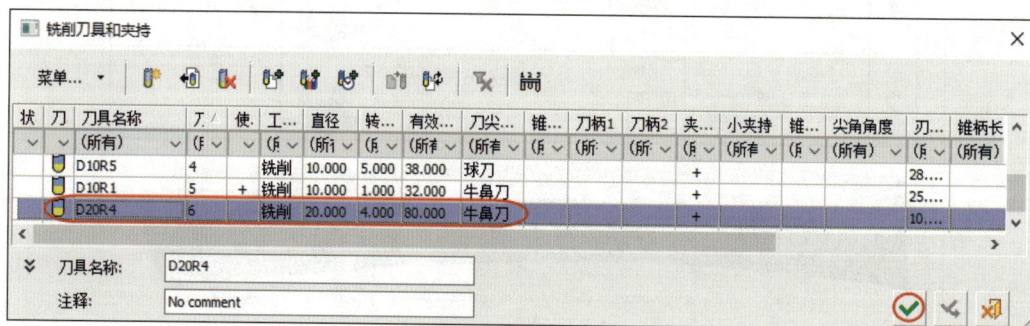

图 6-55　选择刀具 4

3. 设置"曲面路径"选项卡

单击"刀轨参数"按钮，切换至"刀轨参数"界面，单击"进入"按钮打开"通用 5
轴控制面板"对话框。在"曲面路径"选项卡中设置"驱动曲面余量"为 0，单击"余量"
按钮在打开的"余量"对话框中设置"最终余量"为 7。然后在返回的"曲面路径"选项
卡中设置"最大步距"为 2，如图 6-56 所示。

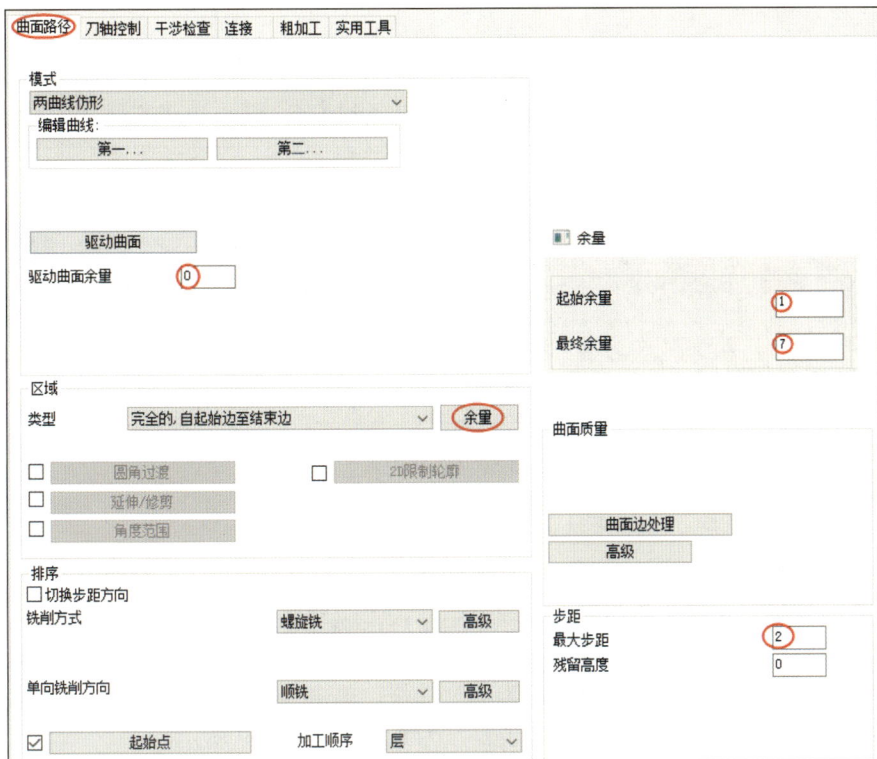

图 6-56　设置"曲面路径"选项卡 9

注意：叶片在铣削完好后会再次被打磨抛光，使用牛鼻刀大间距进行精加工的效率更高。

4. 设置"粗加工"选项卡

切换至"粗加工"选项卡，取消选中"深腔铣削"复选框。

5. 生成程序

单击"保存并计算"按钮，系统将根据当前设置的参数生成螺旋铣削的刀具路径，如图 6-57 所示。确认程序无误后，单击![按钮]按钮计算剩余毛坯。

6.3.7　根部精加工

1. 复制程序

在"NC 程序管理器"中复制"主体精加工"程序至列表末，然后修改注释为"根部精加工"，如图 6-58 所示。

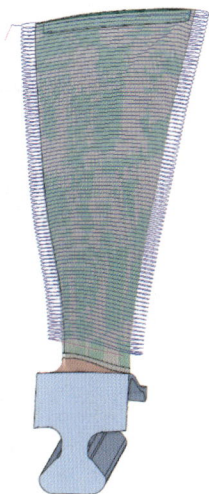

图 6-57　生成程序 9

图 6-58　复制程序 9

视频 6.10 根部精加工

227

2. 选择刀具

双击程序打开"程序向导"对话框，单击"刀具"按钮，在打开的"铣削刀具和夹持"对话框中选择"D10R5"球刀进行精加工，如图6-59所示，然后单击"确定"按钮。

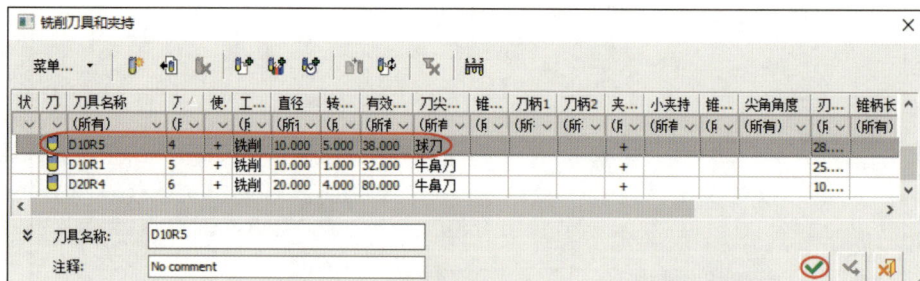

图 6-59　选择刀具 5

3. 设置"曲面路径"选项卡 1

单击"刀轨参数"按钮，切换至"刀轨参数"界面，单击"进入"按钮打开"通用5轴控制面板"对话框。在"曲面路径"选项卡中单击"驱动曲面"按钮，重新选择集合"14_叶片根部"的圆角曲面作为驱动曲面；单击"第一"按钮，选择顶部的曲线作为第一曲线；单击"第二"按钮，选择底部的曲线作为第二曲线。单击"余量"按钮并设置"起始余量"和"最终余量"为0。最后设置"最大步距"为0.2，如图6-60所示。

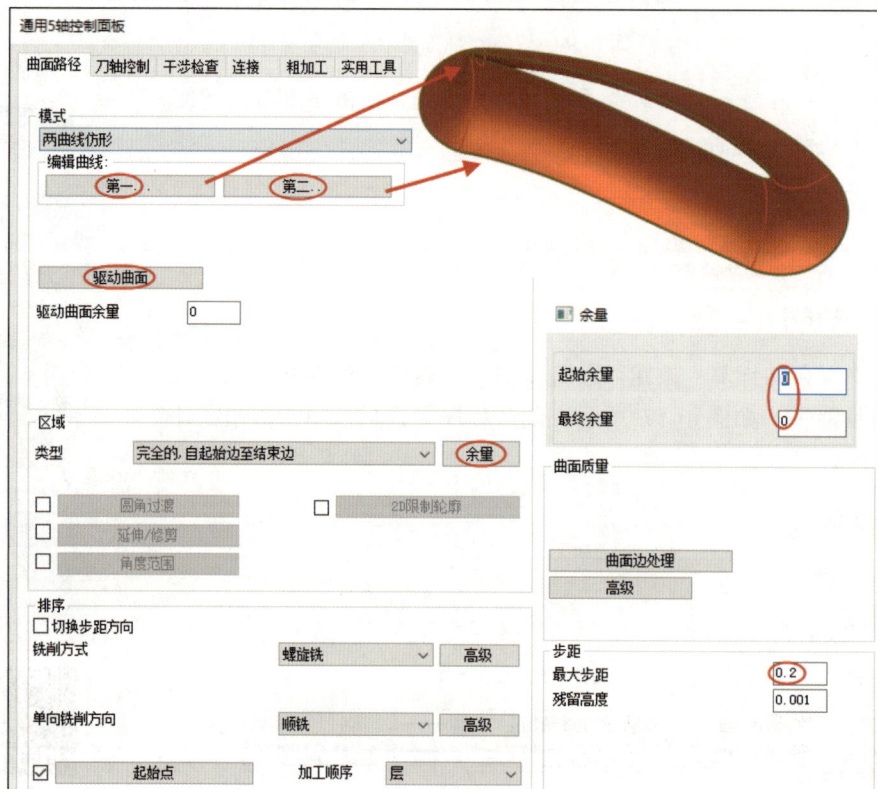

图 6-60　设置"曲面路径"选项卡 10

4. 设置"刀轴控制"选项卡 1

切换至"刀轴控制"选项卡，设置"铣削方向的侧倾角"为 0，"侧向倾斜定义"为"引导曲面的标准方向"，"接触方式"为"自动"。选中"刀轴限制"复选框并单击该按钮，在打开的对话框中选中"锥形限制"复选框，设置与 Z 轴的角度范围为 45°～80°，如图 6-61 所示。

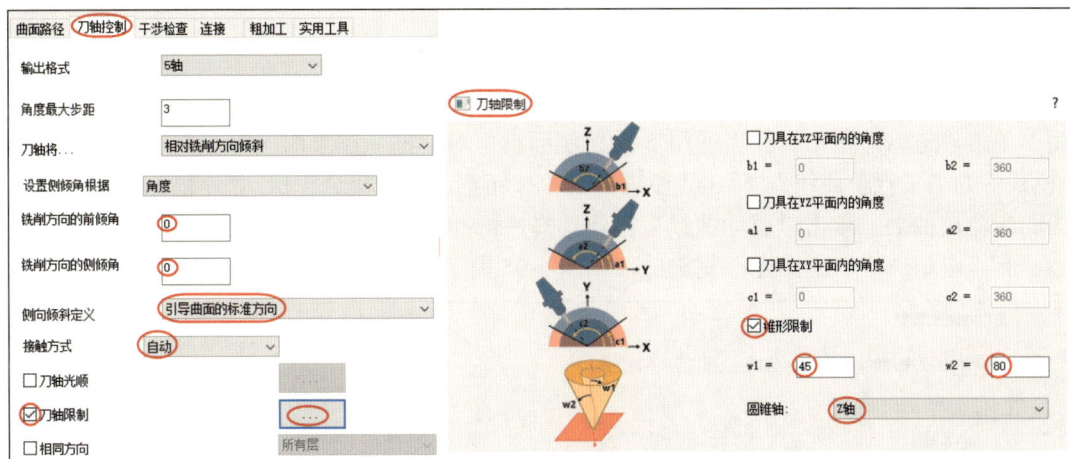

图 6-61　设置"刀轴控制"选项卡 5

5. 设置"干涉检查"选项卡 1

切换至"干涉检查"选项卡，第 1 组干涉检查几何参数仅选择"检查曲面"，单击右侧的按钮，选择集合"01_叶片"的所有曲面和集合"14_叶片根部"的底部曲面为检查曲面。单击"高级"按钮并选择"有需要时下移刀具"，如图 6-62 所示。

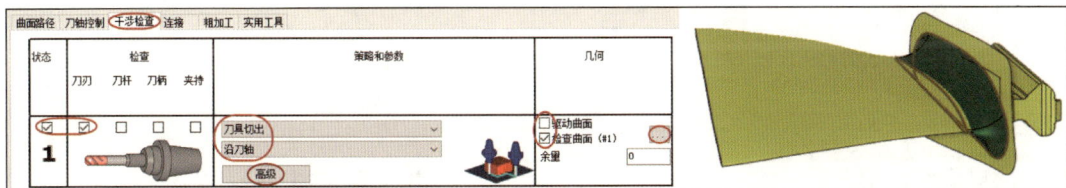

图 6-62　设置"干涉检查"选项卡 6

6. 生成程序 1

单击"保存并计算"按钮，系统将根据当前设置的参数生成螺旋铣削的刀具路径，如图 6-63 所示。确认程序无误后，单击 按钮计算剩余毛坯。

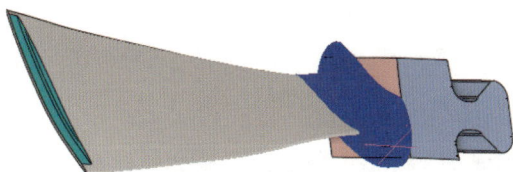

图 6-63　生成程序 10

7. 复制程序 1

在"NC 程序管理器"中复制"根部精加工"程序至列表末，如图 6-64 所示。

图 6-64　复制程序 10

8. 设置"曲面路径"选项卡 2

双击程序打开"程序向导"对话框，单击"刀轨参数"按钮，切换至"刀轨参数"界面，单击"进入"按钮打开"通用 5 轴控制面板"对话框。在"曲面路径"选项卡中设置"模式"为"平行于曲线"，单击"驱动曲面"按钮重新选择集合"14_叶片根部"外侧的小曲面为驱动曲面，单击"驱动曲线"按钮选择内部曲线为驱动曲线。设置"铣削方式"为"双向"，取消选中"起始点"复选框，如图 6-65 所示。

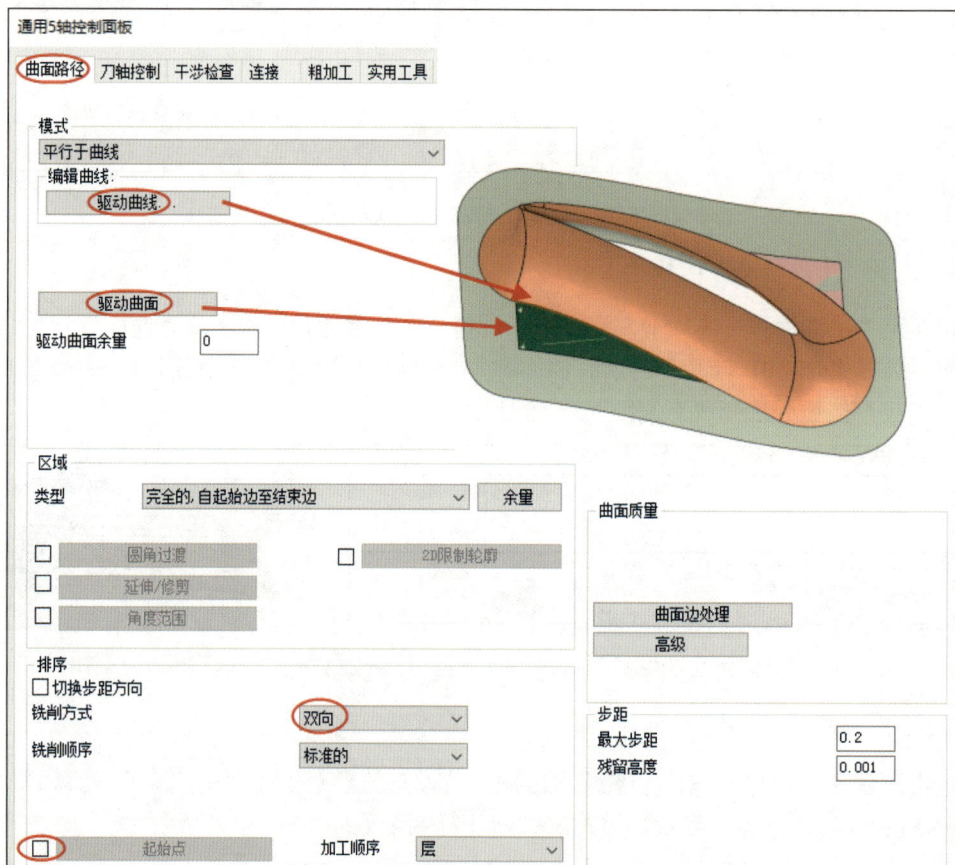

图 6-65　设置"曲面路径"选项卡 11

9. 设置"刀轴控制"选项卡 2

切换至"刀轴控制"选项卡，设置"铣削方向的侧倾角"为 45，"侧向倾斜定义"为"垂直于每个位置的铣削方向"，取消选中"刀轴限制"复选框，如图 6-66 所示。

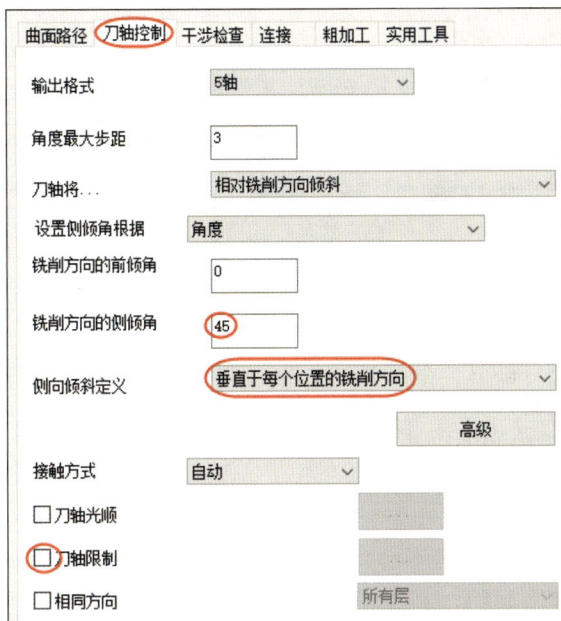

图 6-66　设置"刀轴控制"选项卡 6

10. 设置"干涉检查"选项卡 2

切换至"干涉检查"选项卡，取消选择所有的干涉检查，如图 6-67 所示。

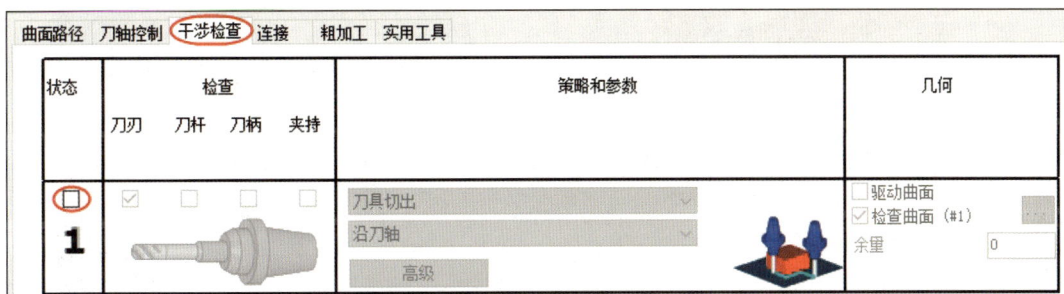

图 6-67　设置"干涉检查"选项卡 7

11. 生成程序 2

单击"保存并计算"按钮，系统将根据当前设置的参数生成双向铣削的刀具路径，如图 6-68 所示。确认程序无误后，单击 🖱 按钮计算剩余毛坯。

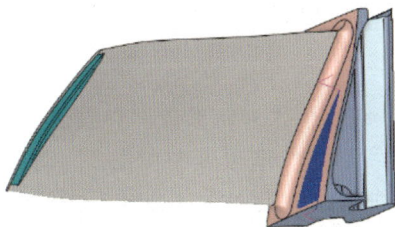

图 6-68　生成程序 11

12. 复制程序 2

在"NC 程序管理器"中复制"根部精加工"程序至列表末，如图 6-69 所示。

图 6-69　复制程序 11

13. 设置"曲面路径"选项卡 3

双击程序打开"程序向导"对话框，单击"刀轨参数"按钮，切换至"刀轨参数"界面，单击"进入"按钮打开"通用 5 轴控制面板"对话框。单击"驱动曲面"按钮重新选择集合"14_叶片根部"内侧的小曲面为驱动曲面，单击"驱动曲线"按钮选择内侧的曲线为驱动曲线，如图 6-70 所示。

14. 生成程序 3

单击"保存并计算"按钮，系统将根据当前设置的参数生成双向铣削的刀具路径，如图 6-71 所示。确认程序无误后，单击 按钮计算剩余毛坯。

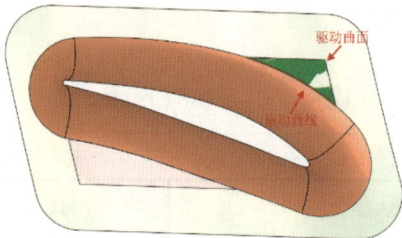

图 6-70　设置"曲面路径"选项卡 12

图 6-71　生成程序 12

6.3.8　顶部精加工

1. 复制程序

在"NC 程序管理器"中复制"根部精加工"程序至列表末，然后修改注释为"顶面精加工"，如图 6-72 所示。

视频 6.11 顶部精加工

图 6-72　复制程序 12

2. 设置"曲面路径"选项卡

单击"刀轨参数"按钮，切换至"刀轨参数"界面，单击"进入"按钮打开"通用 5 轴控制面板"对话框。在"曲面路径"选项卡中单击"驱动曲面"按钮重新选择集合"11_叶片顶部"的小曲面为驱动曲面，单击"驱动曲线"按钮选择内侧的曲线为驱动曲线，如图 6-73 所示。

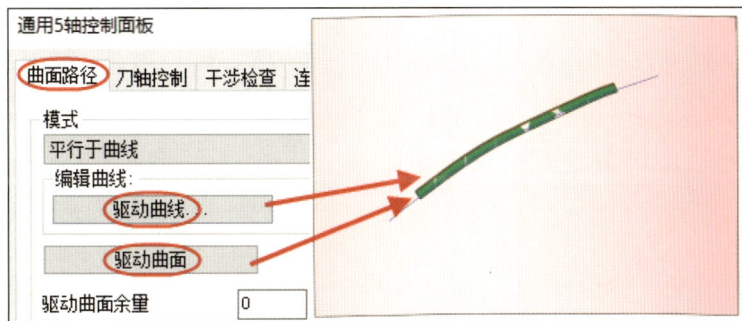

图 6-73　设置"曲面路径"选项卡 13

3. 设置"刀轴控制"选项卡

切换至"刀轴控制"选项卡，设置"输出格式"为 3 轴，如图 6-74 所示。

4. 设置安全区域

切换至"连接"选项卡，单击"安全区域"按钮，在打开的"安全区域"对话框中设置"类型"为"平面"，"方向"为"Z 轴"，"高度"为 200，如图 6-75 所示。

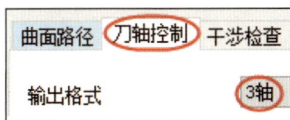

图 6-74　设置"刀轴控制"选项卡 7　　　　　　图 6-75　设置安全区域 3

5. 生成程序

单击"保存并计算"按钮，系统将根据当前设置的参数计算刀具路径，生成 3 轴双向铣削的刀轨，如图 6-76 所示。确认程序无误后，单击 按钮计算剩余毛坯。

6. 查看毛坯

点亮灯泡 查看残留毛坯，如图 6-77 所示。

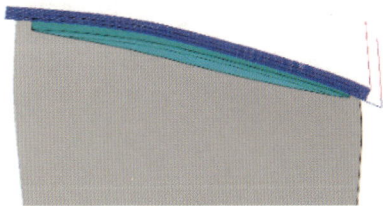

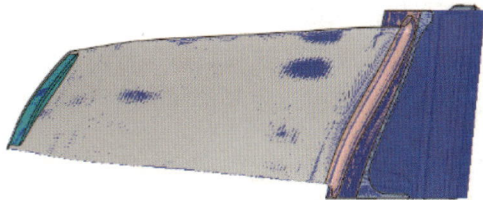

图 6-76　生成程序 13　　　　　　　　　　图 6-77　查看毛坯

6.4 机床模拟

在 NC 向导中单击"机床模拟"按钮，在打开的"机床模拟"对话框中单击 ➡ 按钮将所有程序添加至右侧的"模拟的程序序列"列表框中，选中"材料去除"和"检查零件"复选框，设置"参考坐标系"为 MODEL。选中"使用机床"复选框，并选择机床为"5XTT-Mikron"，设置"原点设置"中的"X"为 0、"Y"为 0、"Z"为 140，如图 6-78 所示。以上参数皆由 NC 设置参数自动加载，然后单击"确定"按钮进入机床模拟界面。

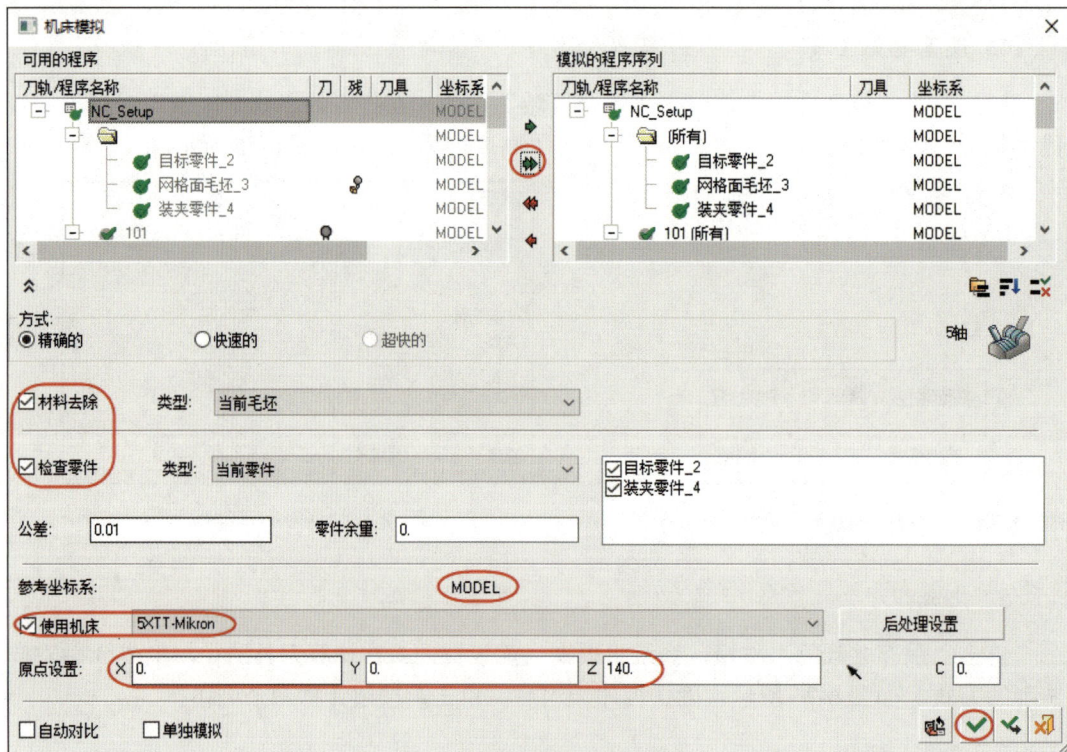

图 6-78　机床模拟设置

在"模拟控制"对话框中选中"忽略停止条件"复选框，单击 ⬤ 按钮开始模拟，完毕后查看"模拟报告"。更多模拟参数请查看项目 1 中的机床模拟部分。然后单击"退出模拟"按钮退出模拟界面，如图 6-79 所示。

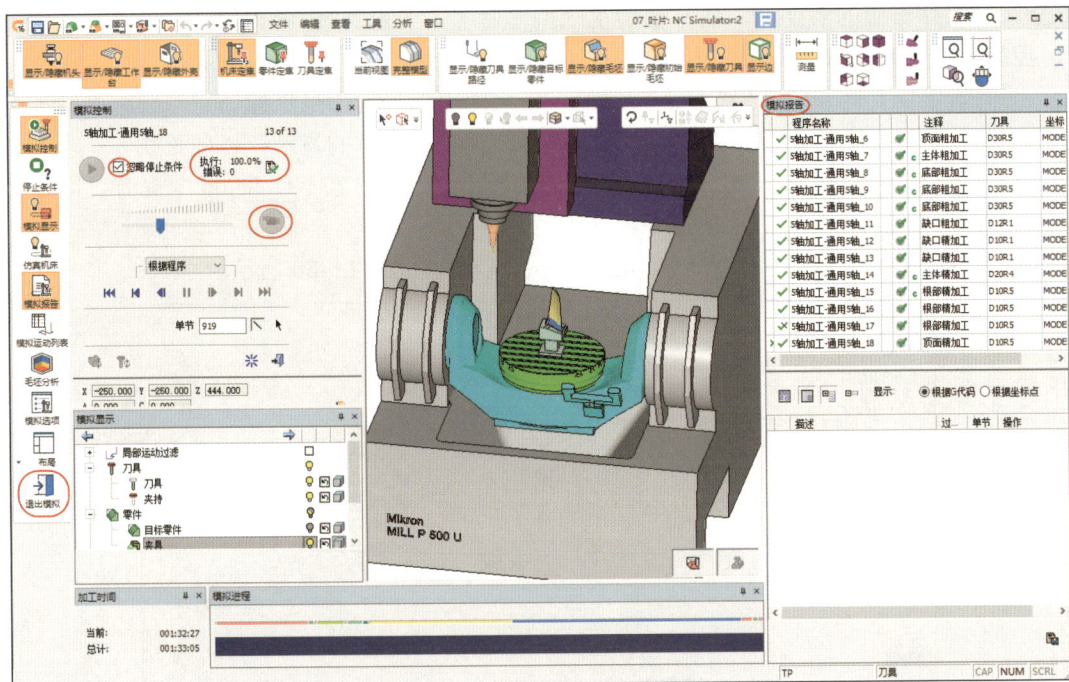

图 6-79　机床模拟结果

退出模拟环境，保存文档。文件保存路径为"X:\...\项目6叶片数控编程\源文件"，文件名为"叶片结果.elt."。

动画 6.1 顶面粗加工模拟　动画 6.2 主体粗加工模拟　动画 6.3 根部粗加工模拟　动画 6.4 缺口粗加工模拟

动画 6.5 缺口精加工模拟　动画 6.6 主体精加工模拟　动画 6.7 根部精加工模拟　动画 6.8 顶部精加工模拟

6.5　后　处　理

在 NC 向导中单击"后处理"按钮，打开"后处理"对话框。

1）选择需要后处理的程序，通常是选择全部程序一起后处理，也可以选择一部分。

2）选择对应的后处理，通常使用机床型号命名。当前选择"MikronP500U"，这是一台控制系统为 HEIDENHAIN 的 5 轴双摆台立式机床。

3）设定交互区参数，坐标系默认为 1，即机床坐标系为 1 号坐标。

4）设定目标文件夹，如 E:\NC，建议选择一个相对简单的目录，以便查找。

5）选择参考坐标系，对应机床上取数的坐标系。其通常在 NC_Setup 中提前设置，也可以在此进行修改。

6）设置完成后单击"确定"按钮进行后处理输出，如图 6-80 所示。

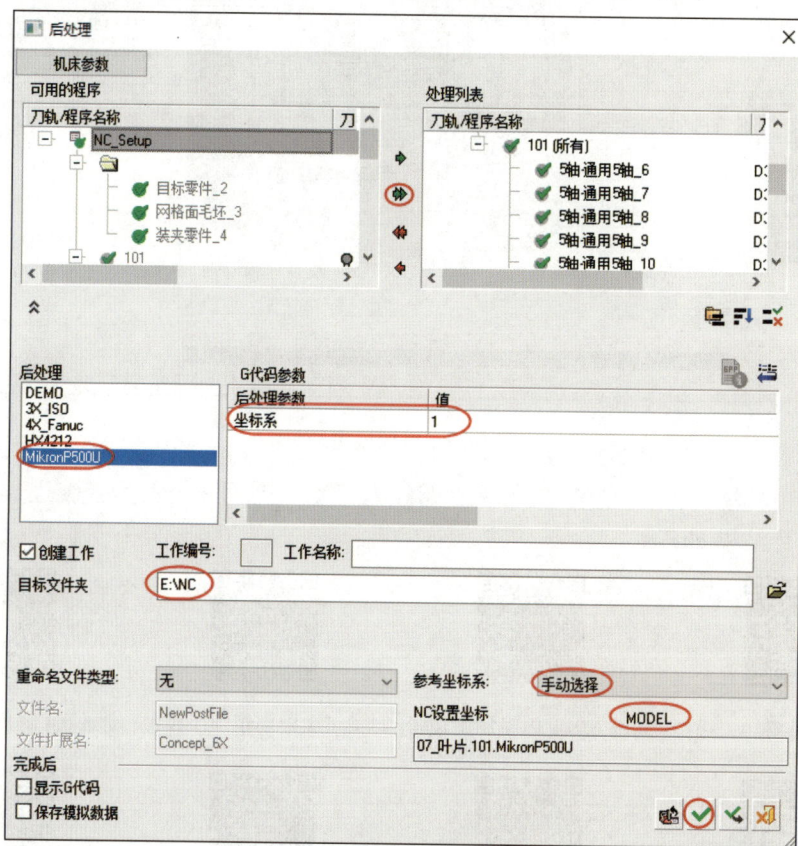

图 6-80　后处理设置

提示： 不同的后处理，交互区参数不一样，请阅读后处理对应的使用说明。关于 G 代码的说明参见 2.5 节中的表 2-3。

6.6 程 序 单

叶片的 NC 加工程序单如表 6-2 所示。

表 6-2 叶片的 NC 加工程序单

计划时间		
实际时间		
上机时间		
下机时间		
工作尺寸	单位：mm	
X_c	夹具中心	
Y_c	夹具中心	
Z_c	夹具顶面	
工作数量：1 件		

程序名称	加工类型	刀具	行距	加工余量	上机时间	完成时间	备注
01	粗加工	D30R5	1				
02	粗加工	D12R1	0.5				
03	精加工	D10R1	0.15				
04	精加工	D20R4	2				
05	精加工	D10R5	0.2				

巩固练习

　　根据本项目学习的内容，自行设计装夹、定义毛坯，并选择合适的刀具完成如图 6-81 所示练习零件"长叶片"的编程。

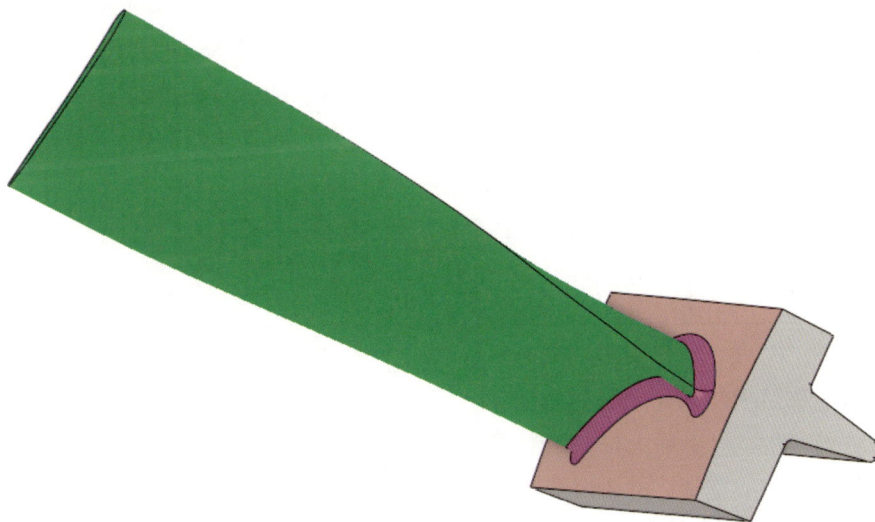

图 6-81　长叶片

拓展练习

完成如图 6-82 所示蜗杆的数控程序创建。

图 6-82 蜗杆

知识拓展 工业产品的形状分类

　　工业产品的形状大致上可分为两类或由这两类组成：一类是仅由初等解析曲面（如平面、圆柱面、圆锥面、球面等）组成，可以用画法几何与机械制图完全清楚地表达和传递所包含的全部形状信息，大多数机械零件属于这一类；另一类是不能由初等解析曲面组成，而由复杂方式自由变化的曲线曲面，即所谓的自由曲线曲面组成，如飞机、汽车、船舶的外形、轮机叶片、舰船螺旋桨及各种玩具成形塑料模等。随着自由曲面应用的日益广泛，自由曲面的设计、加工越来越受到人们的关注，已成为当前数控技术和 CAD/CAM 的主要应用和研究对象。

思政案例 我国古代失蜡铸造技术

　　失蜡法也称熔模法，是一种对青铜等金属器物的精密铸造方法。具体做法是，用蜂蜡制作成铸件的模型，再用耐火材料填充泥芯和敷成外范。加热烘烤后，蜡模全部熔化流失，使整个铸件模型变成空壳。再往内浇灌熔液，便铸成器物。以失蜡法铸造的器物玲珑剔透，有镂空的效果，如 1978 年出土于河南淅川县下寺春秋楚墓的云纹铜禁（图 6-83）。

　　中国失蜡铸造技术起源于焚失法，最早见于商代中晚期。湖北随县曾侯乙墓出土的青铜尊、盘是中国所知比较著名的失蜡铸件。在 20 世纪 40 年代，一位美国工程师无意间在中国民间发现了这一铸造工艺，而当时的航空发动机涡轮叶片采用的是精锻工艺，制造出来的叶片也比较容易断裂，而失蜡法恰好能解决这个问题，经过失蜡法铸造的涡轮叶片坚固耐用，不容易断裂，这位工程师回到美国后，将此方法改进，申请了相关专利，将其命名为熔模铸造。

图6-83　云纹铜禁

（资料来源：2017年12月19日新浪军事）

7

项 目

螺旋桨数控编程

项目导读

本项目中的零件为螺旋桨模型，如图 7-1 所示。毛坯已车削成形，材质为特种钢。本项目的工作过程如下：螺旋桨模型分析→螺旋桨加工工艺制定→编程操作→机床模拟→后处理。

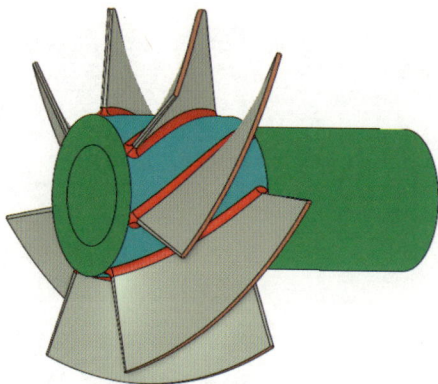

图 7-1　螺旋桨模型

学习目标

1）掌握螺旋桨的加工工艺和编程方法。

2）能制定螺旋桨的加工工艺。

3）能对桨叶和流道加工进行编程。

4）能进行倾斜直线的刀轴控制和曲线倾斜的刀轴控制。

5）培养踏实认真、不怕失败、勇于尝试的创新精神。

7.1 螺旋桨模型分析

打开 Cimatron 软件，打开"X:\...\项目 7 螺旋桨数控编程\源文件\螺旋桨.elt"文件，进入 Cimatron 16 编程界面。在开始编程之前对图形进行整体分析。

1. 尺寸分析

选择主菜单中的"工具"→"PMI"→"标注"选项，对零件和夹具尺寸进行标注，如图 7-2 所示。根据零件尺寸来确定编程时刀具的尺寸。

视频 7.1 零件分析

2. 曲率分析

选择主菜单中的"分析"→"曲率"选项，对零件进行分析，根据零件曲率确定编程时刀具的直径，如图 7-3 所示。

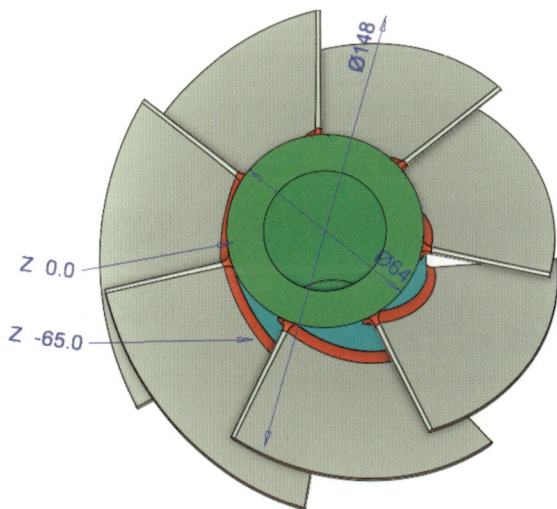

图 7-2　整体尺寸

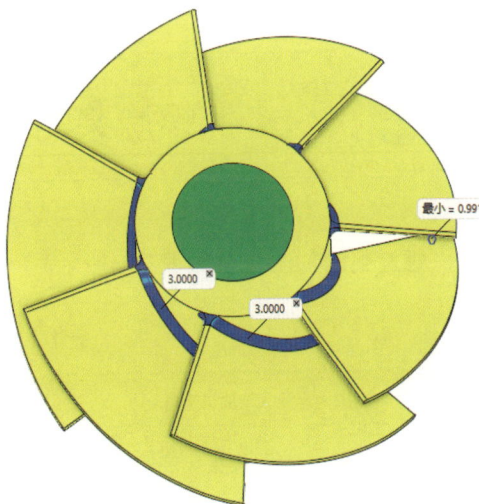

图 7-3　曲率分析

3. 壁厚分析

切换至 CAD 模式，选择主菜单中的"分析"→"壁厚"选项，选中螺旋桨后开始分析，在不同的颜色区域单击显示各区域的厚度，如图 7-4 所示。

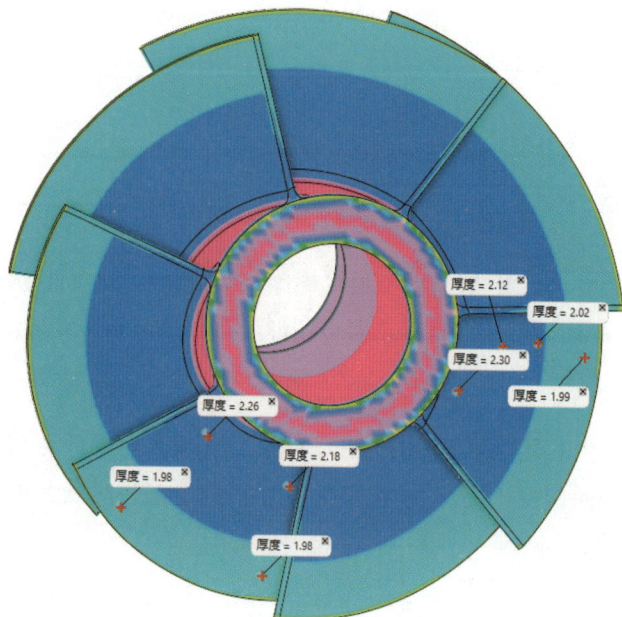

图 7-4　厚度分析

7.2 螺旋桨的加工工艺制定

螺旋桨的加工工艺如表 7-1 所示。

视频 7.2 制定加工工艺

表 7-1　螺旋桨的加工工艺

序号	加工内容	加工策略	图解	备注
01	粗加工	5 轴加工 通用 5 轴		根据相邻叶片之间的宽度和底部圆角综合考虑使用直径为 10 的球刀进行粗加工
02	半精加工	5 轴加工 通用 5 轴		使用刀尖半径为 3 的锥形球刀对桨叶进行半精加工

续表

序号	加工内容	加工策略	图解	备注
03	桨叶精加工	5 轴加工通用 5 轴		使用刀尖半径为 3 的锥形球刀对桨叶进行精加工
04	流道精加工	5 轴加工通用 5 轴		使用刀尖半径为 3 的锥形球刀对流道进行精加工

7.3　螺旋桨编程操作

7.3.1　粗加工

1. NC 设置

在"NC 程序管理器"中双击"NC_Setup"选项，打开"修改 NC 设置"对话框。当前已设置机床为"5XTT-Mikron"，这是一台立式结构的 5 轴双摆台机床，"后处理"为"MikronP500U"。设置"参考坐标系"为 MODEL，"设置原点"中的"X"为 0、"Y"为 0、"Z"为 240，如图 7-5 所示。然后点亮灯泡💡即可显示机床工作台。

视频 7.3 编程准备

视频 7.4 粗加工

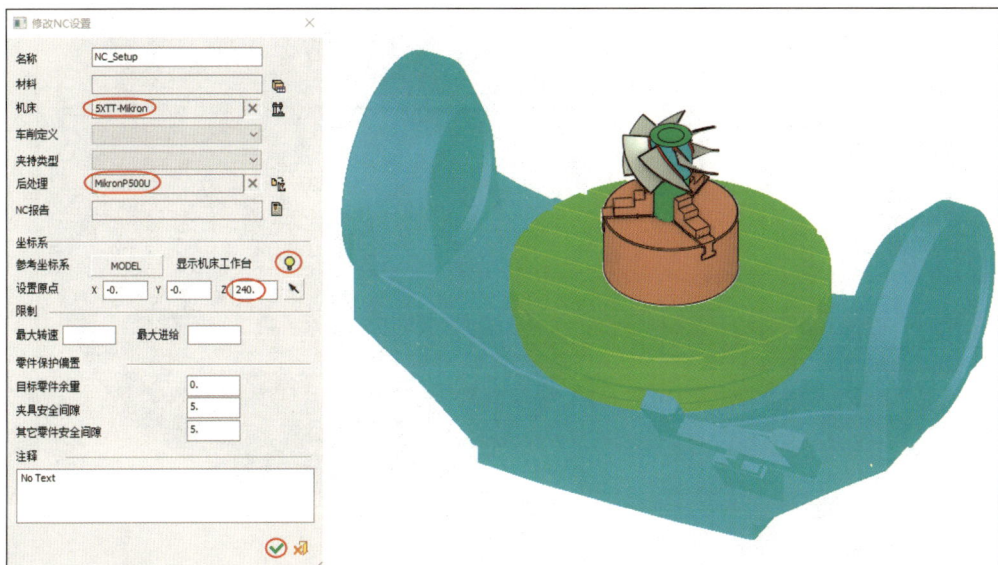

图 7-5　修改 NC 设置

2. 创建零件

在"NC 程序管理器"中双击"目标零件"选项，打开"零件"对话框，当前已选择集合"01_螺旋桨"的曲面为目标零件，如图 7-6 所示。

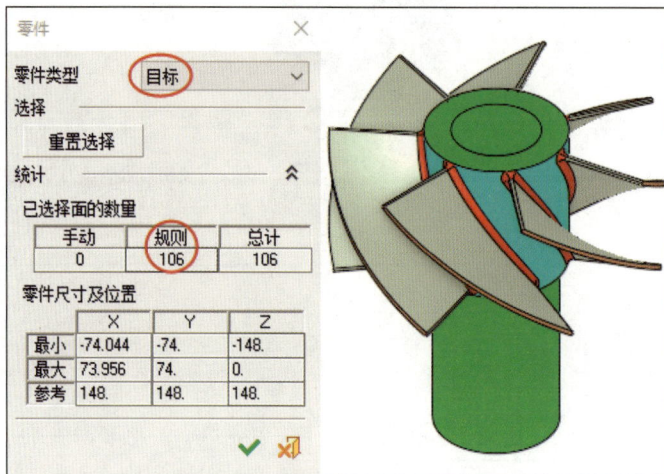

图 7-6　创建零件

3. 创建毛坯

在"NC 程序管理器"双击"网格面毛坯"选项，打开"初始毛坯"对话框。当前已选择集合"02_毛坯"的网格面为毛坯，如图 7-7 所示。

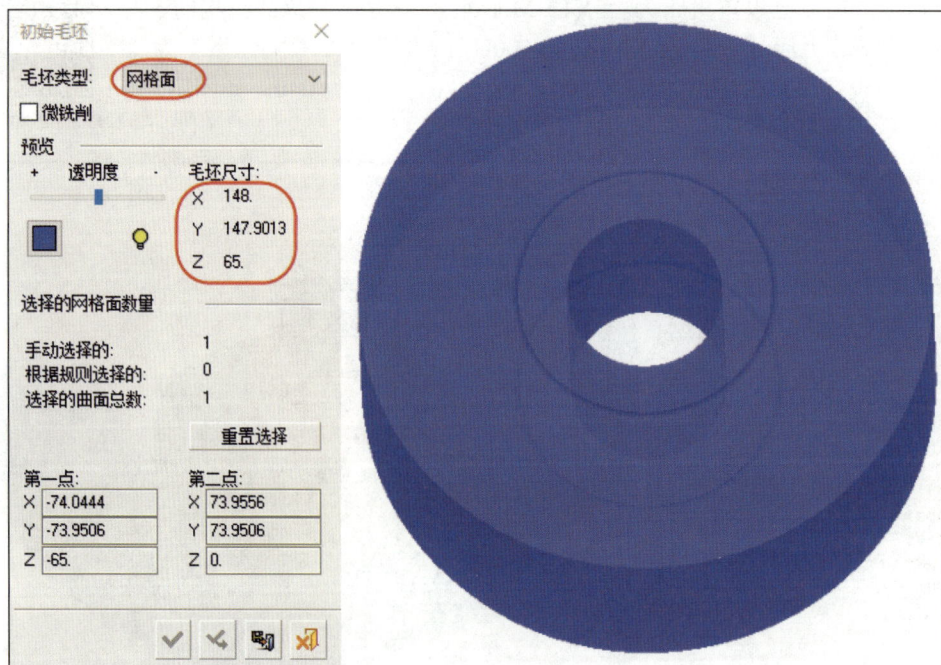

图 7-7　创建毛坯

4. 创建夹具

在"NC 程序管理器"双击"装夹零件"选项，打开"零件"对话框。当前已选择集合"03_夹具"的曲面为夹具，如图 7-8 所示。

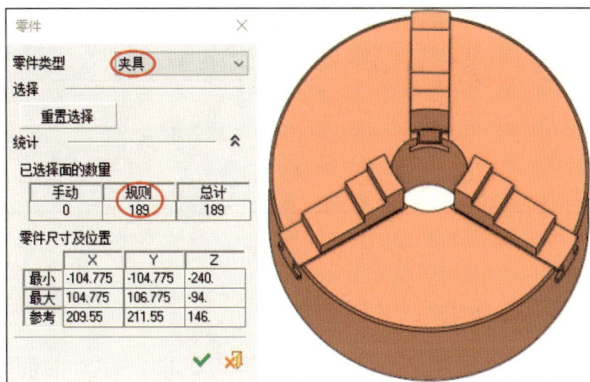

图 7-8　创建夹具

5. 创建刀轨

在"NC 程序管理器"双击刀轨文件夹"5X"，打开"修改刀轨"对话框。设置"名称"为 5X，"类型"为 5 轴，"坐标系"为 MODEL，"Z（安全高度）"为 50，如图 7-9 所示。

6. 新建程序

在 NC 向导中单击"程序"按钮，打开"程序向导"对话框，修改"主选项"为"5 轴加工"，"子选项"为"通用 5 轴"。单击"刀轨参数"按钮，切换至"刀轨参数"界面，设置"坐标系名称"为 MODEL，"驱动曲面公差"为 0.01，"更新残留毛坯"为"是"，其他参数保持默认设置，如图 7-10 所示。

图 7-9　创建 5 轴刀轨

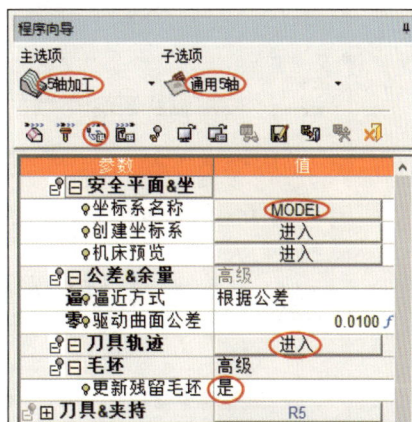

图 7-10　新建程序

7. 选择刀具

单击"刀具"按钮，在打开的"铣削刀具和夹持"对话框中选择"R5"球刀进行粗加工，如图 7-11 所示，然后单击"确定"按钮。

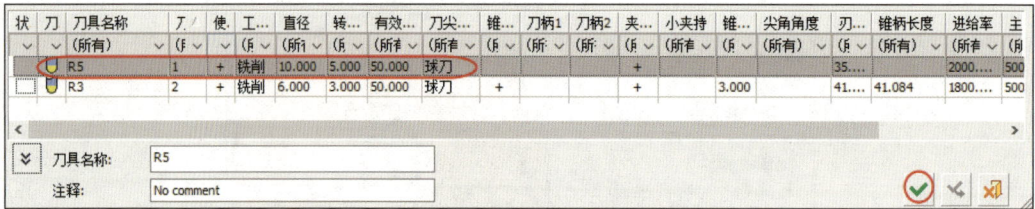

状	刀	刀具名称	刀	使	工	直径	转	有效长	刀尖	锥	刀柄1	刀柄2	夹	小夹持	锥	尖角角度	刃	锥柄长度	进给率	主
∨	∨	(所有)	(所	∨	(所	(所	∨	(所有	(所有	(所	(所	(所	(所	∨	(所	(所有)	(所	(所有)	(所	(所
		R5	1	+	铣削	10.000	5.000	50.000	球刀				+				35...		2000...	500
		R3	2	+	铣削	6.000	3.000	50.000	球刀	+			+		3.000		41...	41.084	1800...	500

刀具名称： R5

注释： No comment

图 7-11　选择刀具 1

8. 设置"曲面路径"选项卡

单击"进入"按钮打开"通用 5 轴控制面板"对话框，在"曲面路径"选项卡中设置"模式"为"两曲面仿形"，单击"第一"按钮选择桨叶的右侧曲面为第一组曲面，单击"第二"按钮选择右侧桨叶的左侧曲面为第二组曲面，单击"驱动曲面"按钮选择两组桨叶之间的流道曲面为驱动曲面，设置"驱动曲面余量"为 0.2，设置"区域"选项组中的"类型"为"完全的，自起始边至结束边"。单击右侧的"余量"按钮，在打开的"余量"对话框中设置"起始余量"和"最终余量"为 1.5，选中"增加内部刀具半径"复选框并设置"最大步距"为 7。在返回的"曲面路径"选项卡中设置"铣削方式"为"双向"，"铣削顺序"为"标准的"，其他参数使用默认值，如图 7-12 所示。

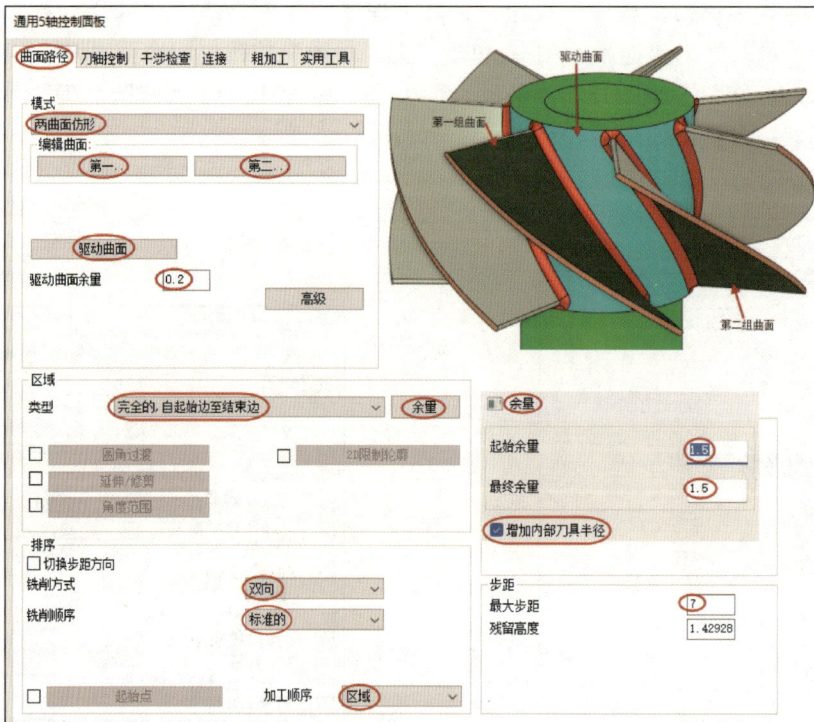

图 7-12　设置"曲面路径"选项卡 1

9. 设置"刀轴控制"选项卡

切换至"刀轴控制"选项卡，设置"输出格式"为 5 轴，"刀轴将"为"相对铣削方向倾斜"，"铣削方向的前倾角""铣削方向的侧倾角"均为 0，"侧向倾斜定义"为"引导曲面的标准方向"，其他参数使用默认值，如图 7-13 所示。

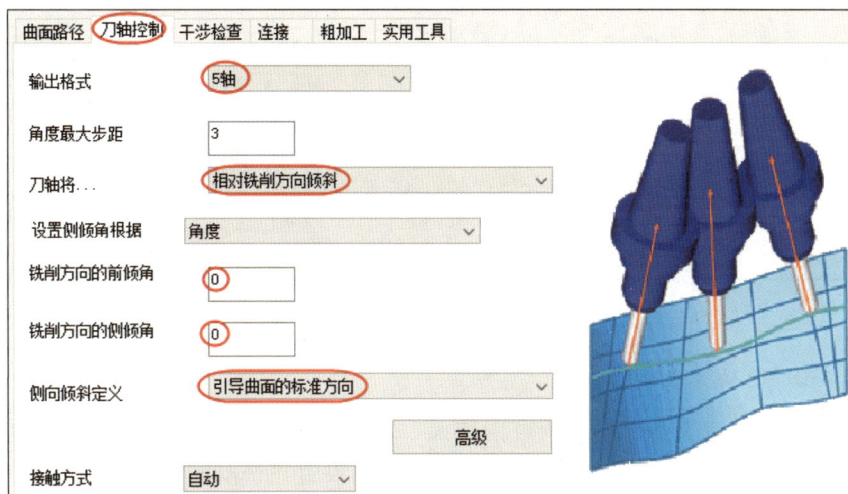

图 7-13　设置"刀轴控制"选项卡 1

10. 设置"干涉检查"选项卡

切换至"干涉检查"选项卡，选择第 1 组干涉检查，刀具部分选择"刀刃"和"刀杆"，几何选择"驱动曲面"，设置策略为"沿刀轴"切出，其他参数使用默认值，如图 7-14 所示。

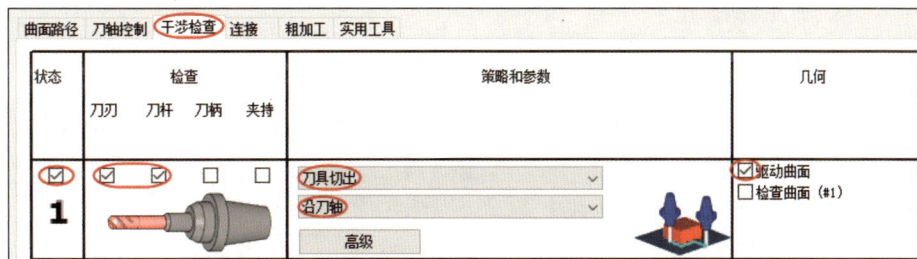

图 7-14　设置"干涉检查"选项卡 1

11. 设置"粗加工"选项卡

切换至"粗加工"选项卡，选中"深腔铣削"复选框并单击该按钮，在打开的"深腔铣削"对话框中设置"粗加工轨迹"的"数量"为 42，"间距"为 1，"应用深度至"为"完整的刀轨"，"排序方式"为"行"。选中"平移/旋转"复选框并在打开的对话框中设置旋转轴为"Z 轴"，"步距数量"为 7，"旋转角度"为 51.4286，"排序方式"为"完整的刀轨"，在"旋转前"先"使用连接"，其他参数使用默认值，如图 7-15 所示。

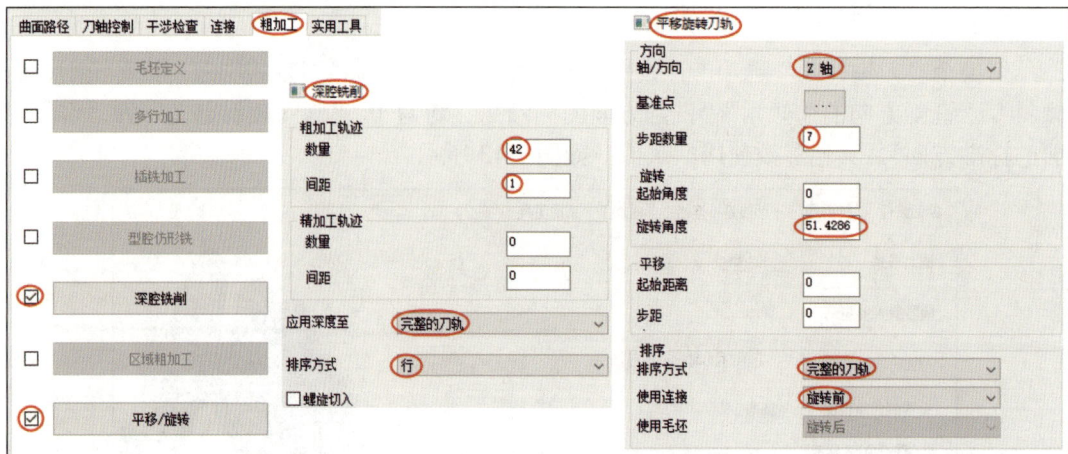

图 7-15　设置"粗加工"选项卡

12. 设置"连接"选项卡

切换至"连接"选项卡，设置"首次切入"为"自安全区域切入"并"使用切入"，"最终切出"为"切出至安全区域"并"不使用切出"。设置"铣削间隙"选项组中的"阈值"为 5，小于 5 判定为"小间隙"，使用"沿曲面"进行连接；大于 5 判定为"大间隙"，使用"切出至安全区域"进行连接。设置"层间连接"选项组中的"阈值"为 10，距离小于 10 时为"较短的轨迹"，使用"混合样条线"进行连接；距离大于 10 时为"较长的轨迹"，使用"切出至安全区域"进行连接。设置"行间连接"选项组中的"阈值"为 5，距离小于 5 时为"较短的轨迹"，"直接"连接，距离大于 5 时为"较长的轨迹"，使用"切出至安全区域"进行连接。其他参数使用默认值，如图 7-16 所示。

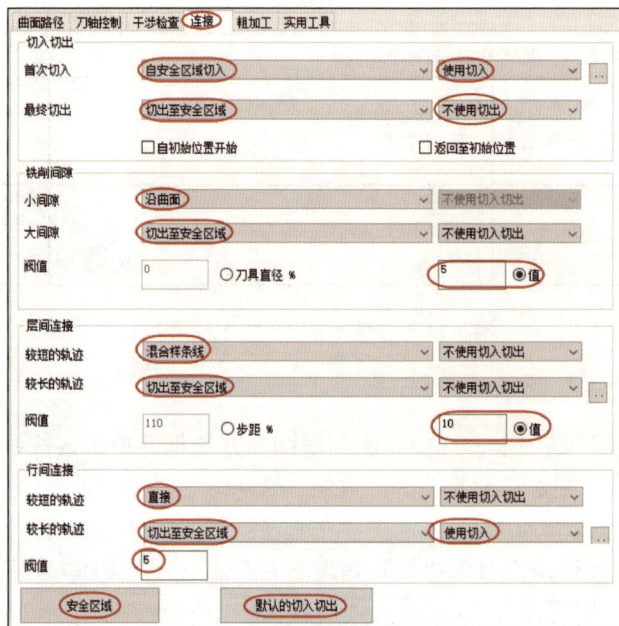

图 7-16　设置"连接"选项卡

在"安全区域"对话框中设置"类型"为"圆柱","方向"为"Z 轴","半径"为 100，"快进距离"为 100，切入/切出进给距离为 2，其他参数使用默认值，如图 7-17 所示。

在"默认的切入切出"对话框中设置"类型"为"垂直相切圆弧"，"宽度"和"长度"为 3，其他参数使用默认值，如图 7-18 所示。

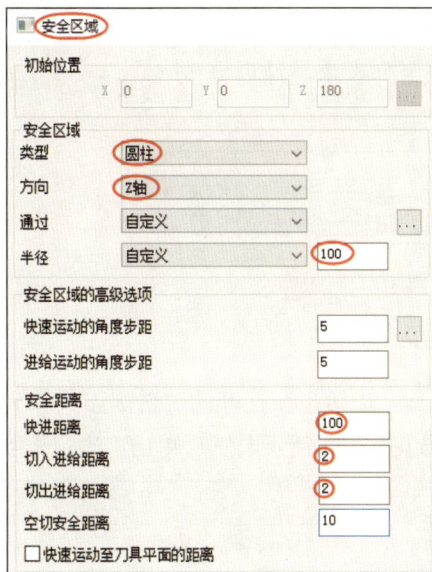

图 7-17 设置安全区域

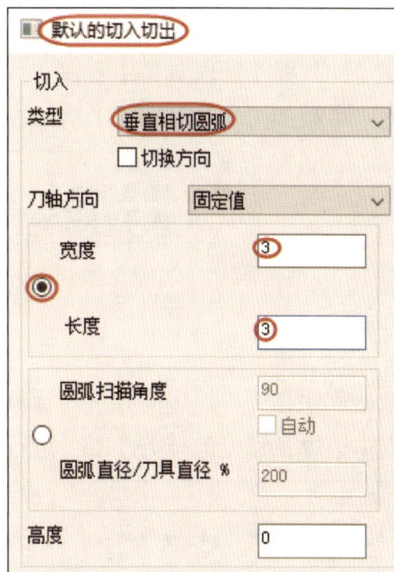

图 7-18 设置默认切入切出

13. 设置机床参数

设置完以上参数后单击"确定"按钮返回"程序向导"对话框，然后单击"机床参数"按钮，打开"机床参数"界面，选中"快速切出"复选框，其他参数由刀具自动加载，如图 7-19 所示。

14. 生成程序

单击"保存并计算"按钮，系统将根据当前设置的参数生成分层往复铣削的刀具路径，如图 7-20 所示。在"NC 程序管理器"中修改程序注释为"粗加工"，确认程序无误后，单击 🖸 按钮计算剩余毛坯。

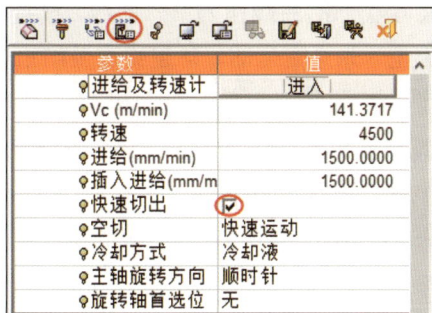

图 7-19 设置机床参数

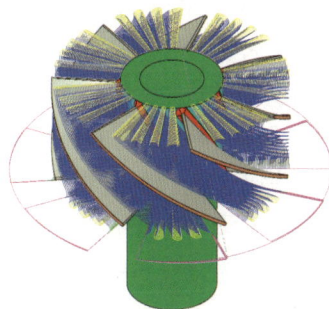

图 7-20 生成程序 1

小技巧：为了节约模拟时间，建议此类零件计算 3 个粗加工型腔、2 片精加工叶片和 1 条流道精加工。

7.3.2 半精加工

1. 复制程序

在"NC 程序管理器"中复制"粗加工"程序至列表末，然后修改注释为"半精加工"，如图 7-21 所示。

视频 7.5 半精加工

图 7-21 复制程序 1

2. 选择刀具

双击程序打开"程序向导"对话框，单击"刀具"按钮，在打开的"铣削刀具和夹持"对话框中选择带锥度的球刀"R3"进行半精加工，如图 7-22 所示，然后单击"确定"按钮。

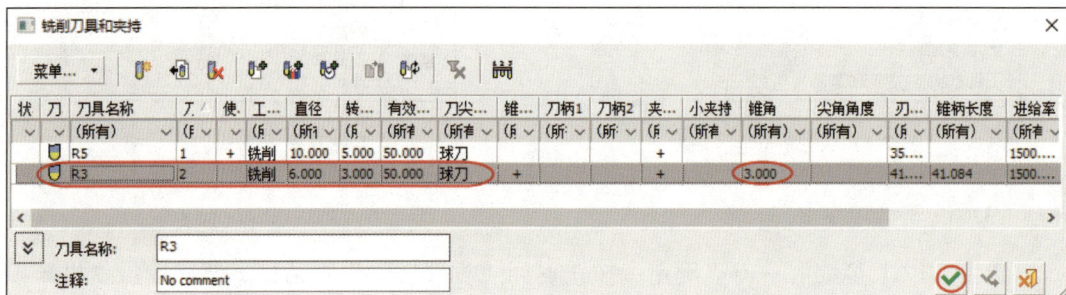

图 7-22 选择刀具 2

3. 设置"曲面路径"选项卡

单击"刀轨参数"按钮，切换至"刀轨参数"界面，单击"进入"按钮打开"通用 5 轴控制面板"对话框。在"曲面路径"对话框中设置"模式"为"两曲线仿形"，单击"驱动曲面"按钮，重新选择单片桨叶的曲面作为驱动曲面；单击"第一"按钮，选择桨叶顶部的曲线作为第一曲线；单击"第二"按钮，选择桨叶底部的曲线作为第二曲线。设置"驱动曲面余量"为 0.15，设置"区域"选项卡中的"类型"为"完全的，自起始边至结束边"，单击其右侧的"余量"按钮，在打开的"余量"对话框中设置"起始余量"和"最终余量"为 0，取消选中"增加内部刀具半径"复选框，设置"最大步距"为 0.5，如图 7-23 所示。设置"铣削方式"为"螺旋铣"，"单向铣削方向"为"顺铣"。选中"起始点"复选框，单击该按钮，在打开的对话框中单击"位置"右侧的按钮，选择桨叶顶部底侧位置为起始点。

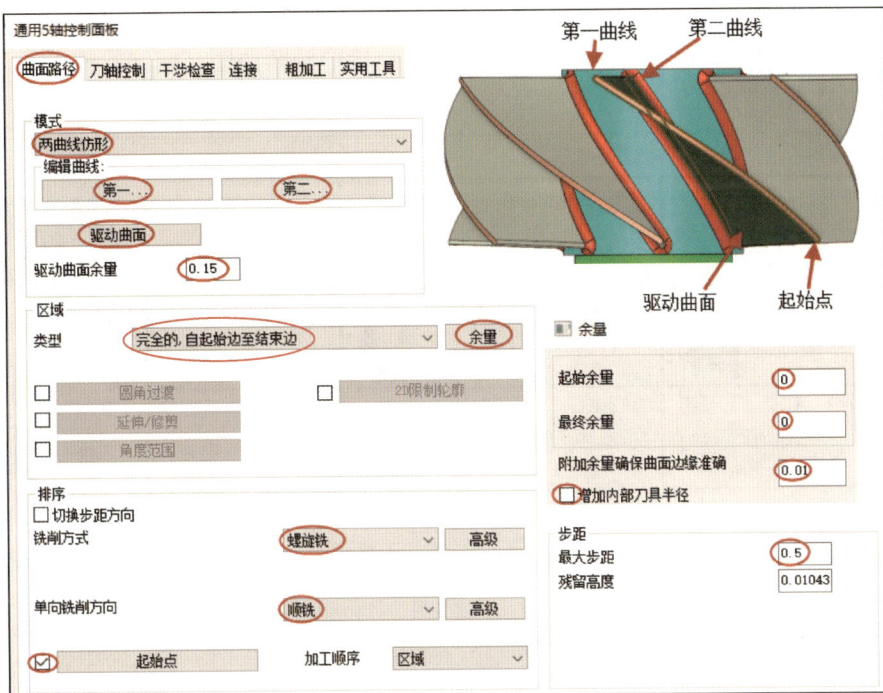

图 7-23 设置"曲面路径"选项卡 2

4. 设置"刀轴控制"选项卡

切换至"刀轴控制"选项卡，设置"铣削方向的侧倾角"为 80，"侧向倾斜定义"为"使用倾斜直线定义"。单击"倾斜线"按钮选择集合"04_倾斜直线"中的 10 条直线，设置"倾斜直线最大捕获距离"为 2，如图 7-24 所示。

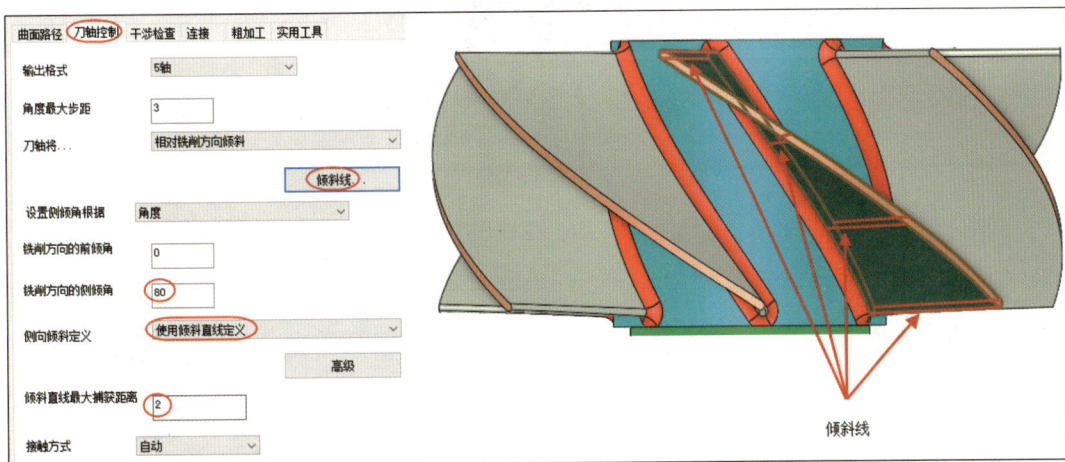

图 7-24 设置"刀轴控制"选项卡 2

5. 设置"干涉检查"选项卡

切换至"干涉检查"选项卡，第 1 组干涉检查刀具部分选择"刀刃"，几何参数选择"驱动曲面",设置策略为"沿曲面法向"切出。第 2 组干涉检查刀具部分选择"刀刃",几何参数选择"检查曲面",单击右侧的按钮选择桨叶底部的圆角曲面和两侧的流道面为检查曲面,设置"余量"为 0.15,设置策略为"沿刀轴"切出,如图 7-25 所示。

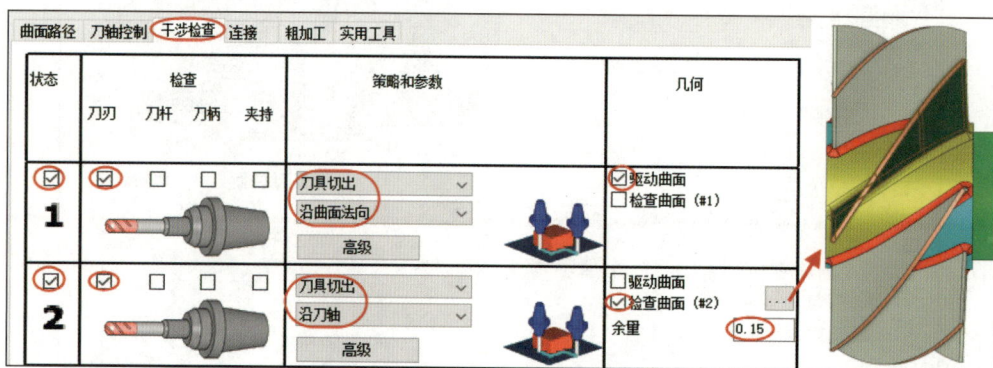

图 7-25 设置"干涉检查"选项卡 2

6. 设置"粗加工"选项卡

"连接"选项卡中的参数继承上一程序,切换至"粗加工"选项卡,取消选中"深腔铣削"复选框。

7. 生成程序

设置完以上参数后单击"确定"按钮返回"程序向导"对话框,然后单击"保存并计算"按钮,系统将根据当前设置的参数生成螺旋铣削的半精加工刀具路径,如图 7-26 所示。确认程序无误后,单击 🔁 按钮计算剩余毛坯。

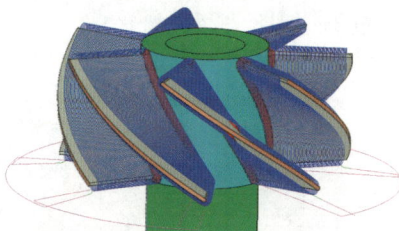

图 7-26 生成程序 2

7.3.3 桨叶精加工

1. 复制程序

在"NC 程序管理器"中复制"半精加工"程序至列表末,然后修改注释为"桨叶精加工",如图 7-27 所示。

视频 7.6 桨叶精加工

图 7-27 复制程序 2

2. 设置"曲面路径"选项卡

单击"刀轨参数"按钮，切换至"刀轨参数"界面，单击"进入"按钮打开"通用 5 轴控制面板"对话框。在"曲面路径"选项卡中设置"驱动曲面余量"为 0，"最大步距"为 0.2。其余参数继承上一程序，如图 7-28 所示。

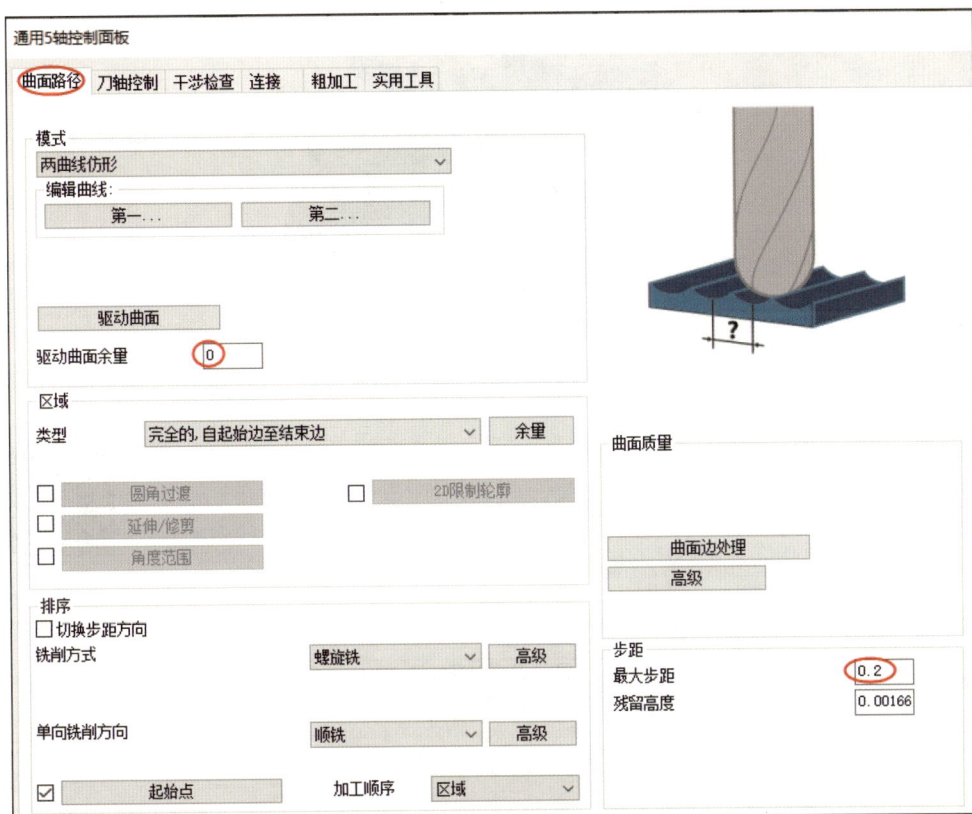

图 7-28　设置"曲面路径"选项卡 3

3. 设置"干涉检查"选项卡

切换至"干涉检查"选项卡，设置第 2 组检查曲面的"余量"为 0，如图 7-29 所示。

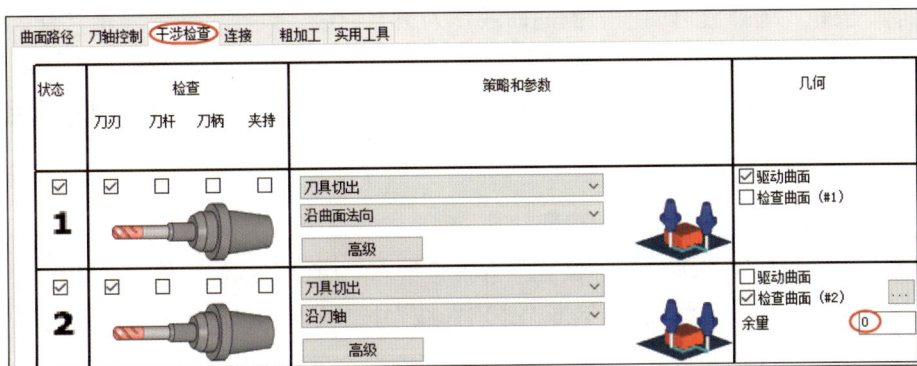

图 7-29　设置"干涉检查"选项卡 3

4. 生成程序

设置完以上参数后单击"确定"按钮返回"程序向导"对话框，然后单击"保存并计算"按钮，系统将根据当前设置的参数生成螺旋铣削的精加工刀具路径，如图 7-30 所示。确认程序无误后，单击 🔁 按钮计算剩余毛坯。

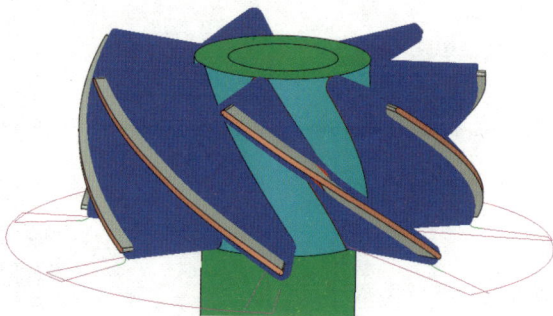

图 7-30　生成程序 3

7.3.4　流道精加工

1. 复制程序

在"NC 程序管理器"中复制"桨叶精加工"程序至列表末，然后修改注释为"流道精加工"，如图 7-31 所示。

视频 7.7 流道精加工

图 7-31　复制程序 3

2. 设置"曲面路径"选项卡

单击"刀轨参数"按钮，切换至"刀轨参数"界面，单击"进入"按钮打开"通用 5 轴控制面板"对话框。在"曲面路径"选项卡中单击"驱动曲面"按钮，重新选择底部的流道曲面作为驱动曲面；单击"第一"按钮，选择流道曲面左侧的曲线作为第一曲线；单击"第二"按钮，选择流道曲面右侧的曲线作为第二曲线。设置"铣削方式"为"双向"，"铣削顺序"为"标准的"。取消选中"起始点"复选框，设置"最大步距"为 1。单击"曲面质量"选项卡中的"高级"按钮，将"步距计算方式"设置为"精确的"，如图 7-32 所示。

3. 设置"刀轴控制"选项卡

切换至"刀轴控制"选项卡，设置"刀轴将"为"通过曲线倾斜"，"曲线倾斜类型"为"从每个轮廓的起点至终点"。单击"倾斜曲线"按钮选择集合"05_倾斜曲线"中的曲线，如图 7-33 所示。

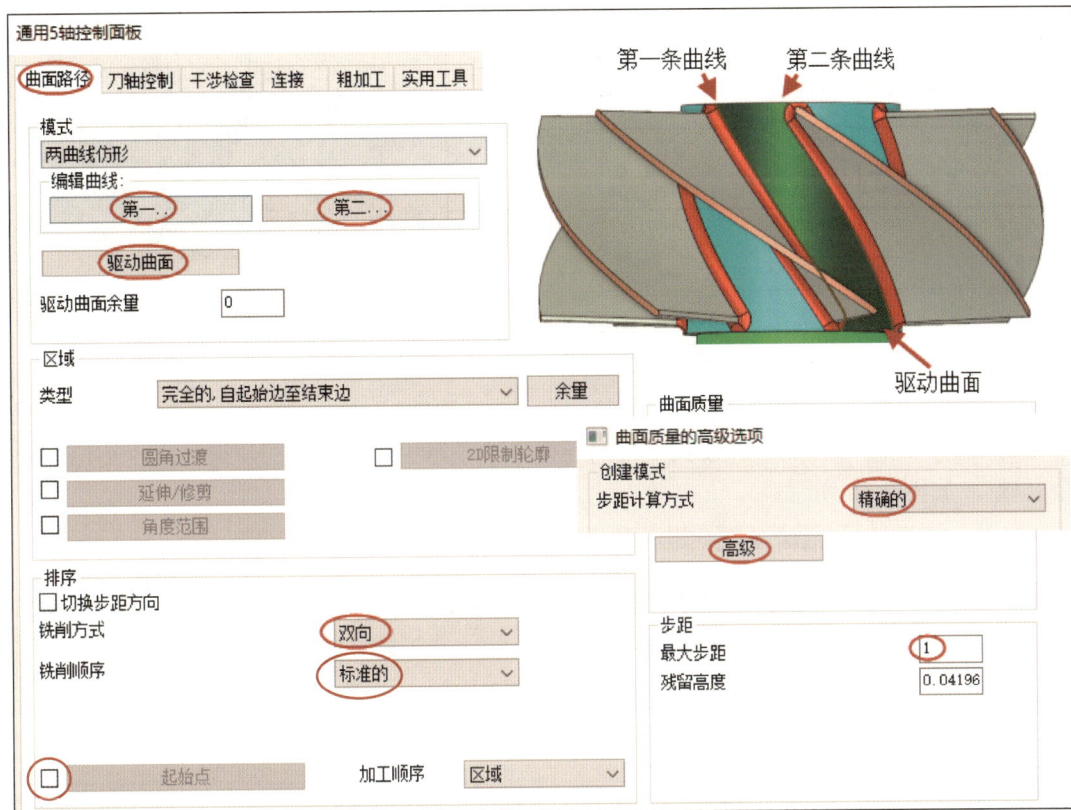

图 7-32　设置"曲面路径"选项卡 4

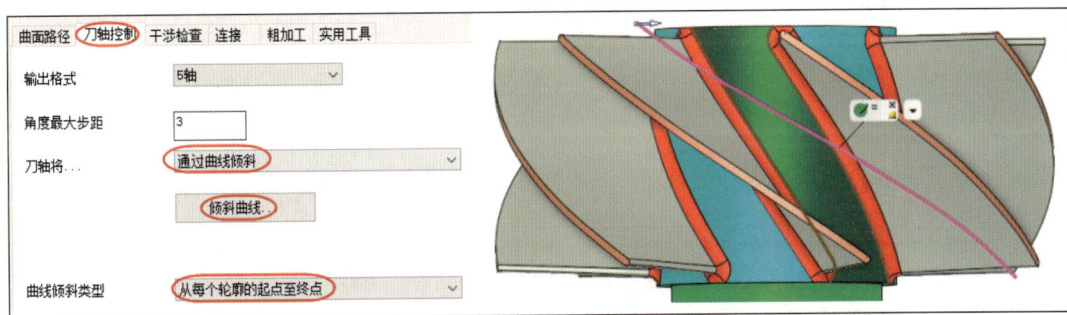

图 7-33　设置"刀轴控制"选项卡 3

4. 设置"干涉检查"选项卡

切换至"干涉检查"选项卡，第 1 组干涉检查刀具部分选择"刀刃"，几何参数选择"驱动曲面"和"检查曲面"并选择两侧的桨叶为检查曲面，设置策略为"沿刀轴"切出。关闭第 2 组干涉检查，如图 7-34 所示。

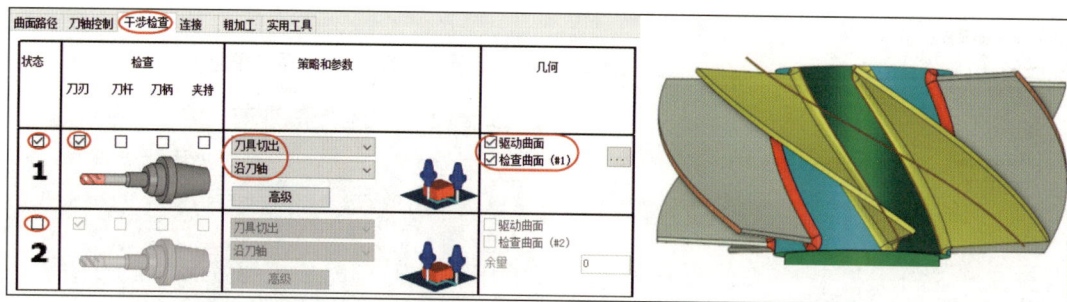

图 7-34　设置"干涉检查"选项卡 4

5. 设置"连接"选项卡

切换至"连接"选项卡，设置"行间连接"选项组中的"较短的轨迹"为"切出至安全区域"，如图 7-35 所示。

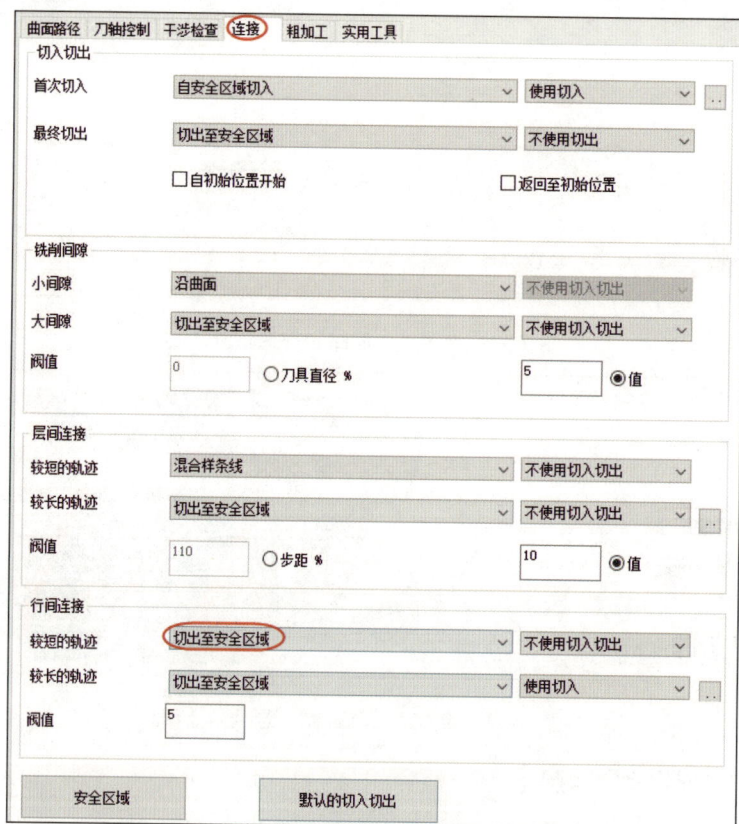

图 7-35　设置"干涉检查"选项卡 5

6. 生成程序

设置完以上参数后单击"确定"按钮返回"程序向导"对话框，然后单击"保存并计算"按钮，系统将根据当前设置的参数生成双向铣削的流道精加工刀轨，如图 7-36 所示。确认程序无误后，单击 🤚 按钮计算剩余毛坯。

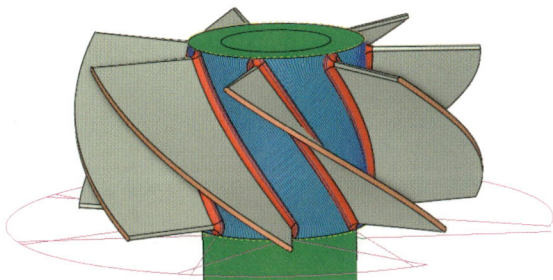

图 7-36　生成程序 4

7.4　机床模拟

在 NC 向导中单击"机床模拟"按钮，在打开的"机床模拟"对话框中单击 ⬖ 按钮将所有程序添加至右侧的"模拟的程序序列"列表框中，选中"材料去除"和"检查零件"复选框，设置"参考坐标系"为 MODEL，选中"使用机床"复选框，并选择机床为"5XTT-Mikron"。设置"原点设置"中的"X"为 0、"Y"为 0、"Z"为 240，如图 7-37 所示。以上参数皆由 NC 设置参数自动加载，然后单击"确定"按钮进入机床模拟界面。

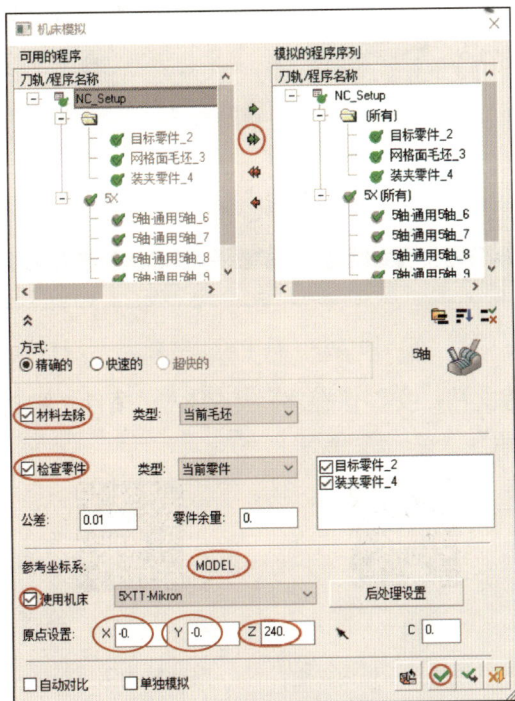

图 7-37　机床模拟设置

在"模拟控制"对话框中选中"忽略停止条件"复选框,单击 ◎ 按钮开始模拟,完毕后查看"模拟报告"。更多模拟参数请查看项目1中的机床模拟部分。然后单击"退出模拟"按钮退出模拟界面,如图7-38所示。

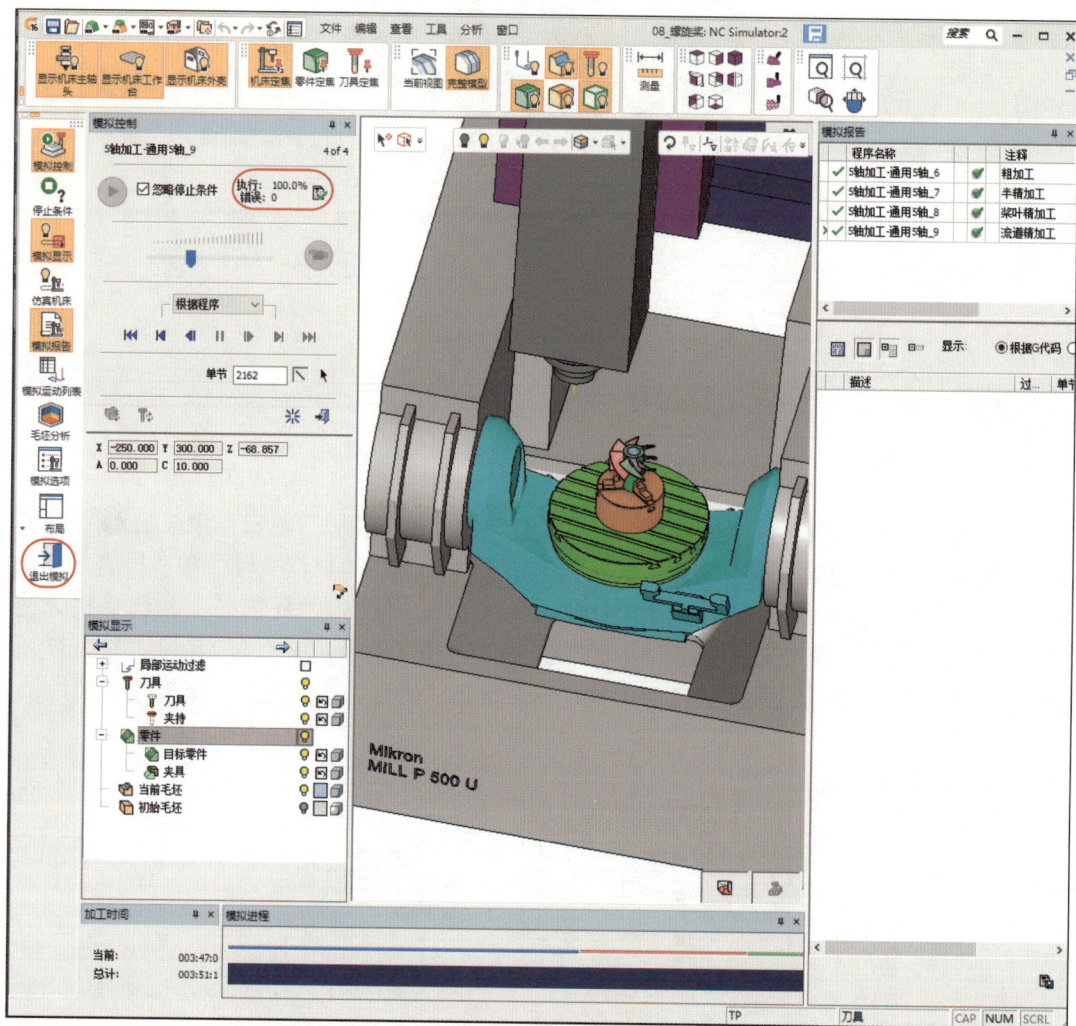

图7-38 机床模拟结果

退出模拟环境,保存文档。文件保存路径为"X:\...\项目7 螺旋桨数控编程\源文件",文件名为"螺旋桨结果.elt"。

动画7.1
粗加工模拟

动画7.2
半精加工模拟

动画7.3
桨叶精加工模拟

动画7.4
流道精加工模拟

7.5　后 处 理

在 NC 向导中单击"后处理"按钮，打开"后处理"对话框。

1）选择需要后处理的程序，通常是选择全部程序一起后处理，也可以选择一部分。

2）选择对应的后处理，通常使用机床型号命名。当前选择"MikronP500U"，这是一台控制系统为 HEIDENHAIN 的 5 轴双摆台立式机床。

3）设定交互区参数，坐标系默认为 1，即机床坐标系为 1 号坐标。

4）设定目标文件夹，如 E:\NC，建议选择一个相对简单的目录，以便查找。

5）选择参考坐标系，对应机床上取数的坐标系。其通常在 NC_Setup 中提前设置，也可以在此进行修改。

6）设置完成后单击"确定"按钮进行后处理输出，如图 7-39 所示。

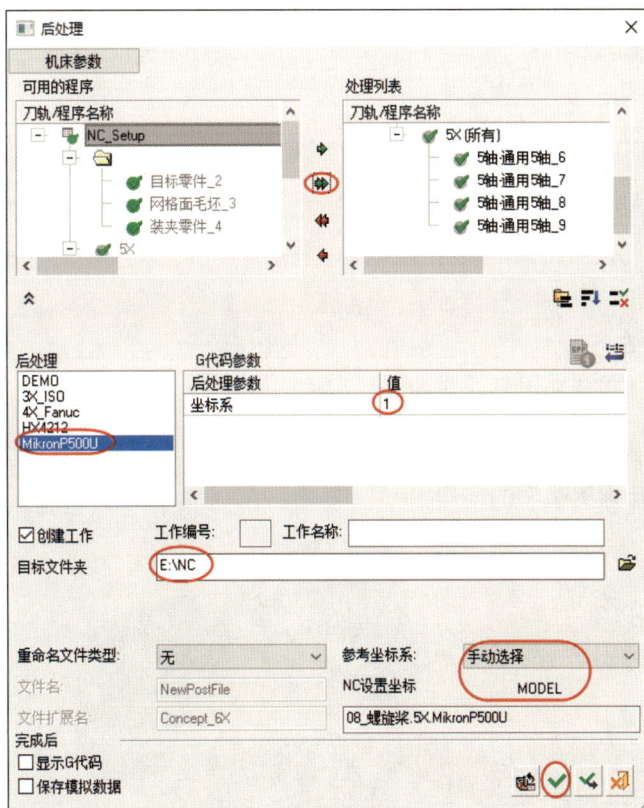

图 7-39　后处理设置

提示：不同的后处理，交互区参数不一样，请阅读后处理对应的使用说明。关于 G 代码的说明参见 2.5 节中的表 2-3。

7.6 程 序 单

螺旋桨的 NC 加工程序单如表 7-2 所示。

表 7-2　螺旋桨的 NC 加工程序单

计划时间		
实际时间		
上机时间		
下机时间		
工作尺寸	单位：mm	
X_c	圆柱中心	
Y_c	圆柱中心	
Z_c	圆柱顶面	
工作数量：1 件		

程序名称	加工类型	刀具	行距	加工余量	上机时间	完成时间	备注
01	粗加工	D10R5	1	0.25			
02	半精加工	D6R3	0.5	0.15			
03	精加工	D6R3	0.15	0			
04	精加工	D6R3	2	0			

巩固练习

根据本项目学习的内容，自行设计装夹、定义毛坯，并选择合适的刀具完成如图 7-40 所示练习零件"5 叶螺旋桨"的编程。

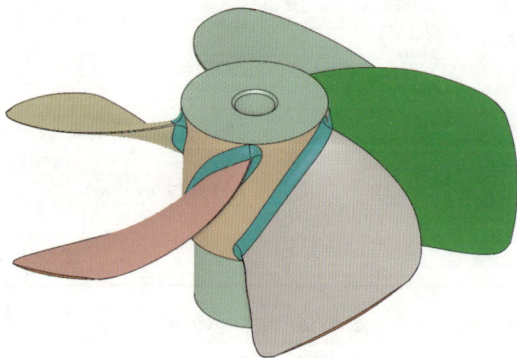

图 7-40　5 叶螺旋桨

拓展练习

完成如图 7-41 所示蜗轮的数控程序创建。

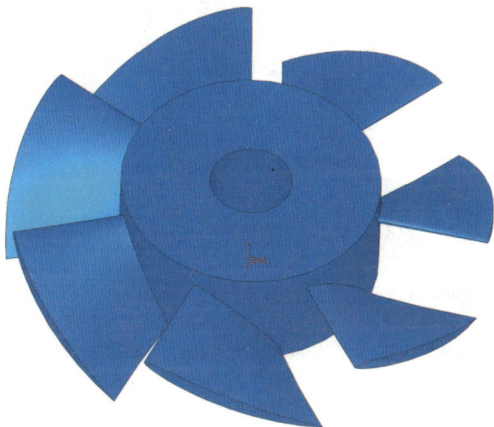

图 7-41   蜗轮

知识拓展   5 轴联动数控机床

5 轴联动数控机床是一种科技含量高、精密度高、专门用于加工复杂曲面的机床，是加工叶轮、船用螺旋桨、汽轮机转子、大型柴油机曲轴等的重要手段，在航空、航天、军事、科研、精密器械等领域有着举足轻重的影响力。当前，我国拥有立式、卧式、龙门式和落地式等不同种类的 5 轴联动数控机床，已能满足大小尺寸不同的复杂零件的加工。

思政案例   我国数控机床可生产大型船用静音螺旋桨

螺旋桨作为大型高端舰船推进器的关键部件，制造精度直接影响舰船的平稳性、噪声等机械性能，而它的加工需要高端数控机床，此前只有德、日两个国家能制造且价格昂贵。武重集团公司历时 10 年，从无到有地研发出我国首台大型高性能螺旋桨加工用数控重型 7 轴 5 联动车铣复合机床（图 7-42），实现了螺旋桨一次装夹全工序加工完成。机床最大加工直径达 8.5 米，最大承重 160 吨，定位精度达 0.025 毫米。该机床装备正式投入运行之后，已加工出多种规格的螺旋桨产品，加工出的螺旋桨产品经用户检测可达特高级（S 级）精度。部分螺旋桨产品已出口，用于意大利等国家的高档豪华邮轮上。此机床的研制成功并投入使用打破了国外技术封锁和限制，使我国成为第三个能制造此类装备的国家，完成了螺旋桨加工由过去手工打磨到现在精密机床加工的质的飞跃。

图 7-42　武重集团的大型数控机床

（资料来源：2013 年 1 月 21 日中国新闻网，作者：胡建武）

叶轮数控编程

▍项目导读

本项目中的零件为叶轮模型，如图 8-1 所示。毛坯已车削成形，材质为铝合金。本项目的工作过程如下：叶轮模型分析→叶轮加工工艺制定→编程操作→机床模拟→后处理。

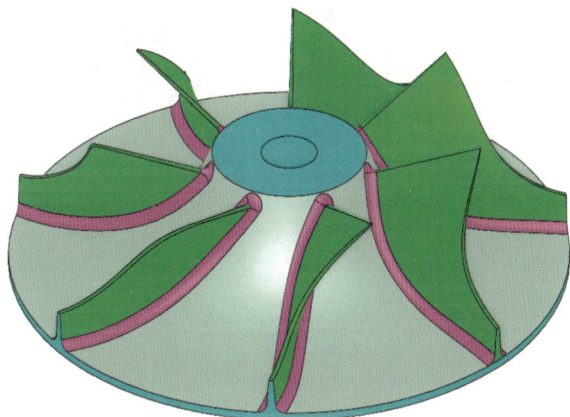

图 8-1　叶轮模型

▍学习目标

1）掌握叶轮的加工工艺。

2）掌握叶轮粗加工、叶片和流道精加工的编程方法。

3）掌握多叶片高级加工策略的应用。

4）能制定叶轮加工工艺，并能进行编程和机床模拟。

5）坚定技能报国、民族复兴的信念，立志成为行业拔尖人才。

6）传承和发扬一丝不苟、精益求精、追求卓越的工匠精神。

8.1 叶轮模型分析

打开 Cimatron 软件，打开"X:\...\项目 8 叶轮数控编程\源文件\叶轮.elt"文件，进入 Cimatron 16 编程界面。在开始编程之前对图形进行整体分析。

视频 8.1 模型分析

1. 尺寸分析

选择主菜单中的"工具"→"PMI"→"标注"选项，对零件和夹具尺寸进行标注，如图 8-2 所示。根据零件尺寸确定编程时所使用刀具的规格。

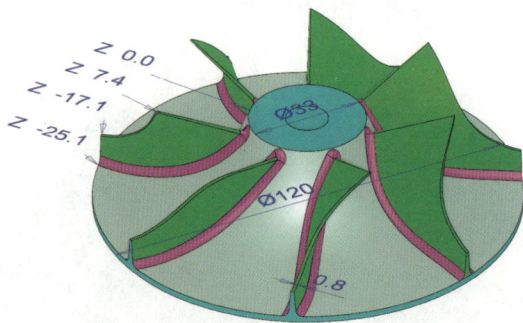

图 8-2 整体尺寸

2. 曲率分析

选择主菜单中的"分析"→"曲率"选项，对零件进行分析，根据零件曲率确定编程时刀具的直径，如图 8-3 所示。

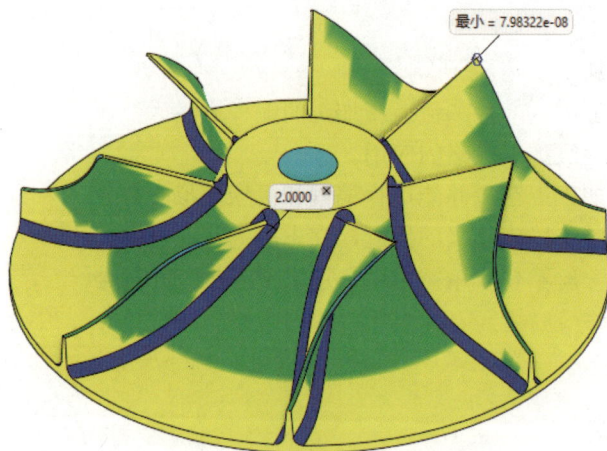

图 8-3 曲率分析

3. 壁厚分析

切换至 CAD 模式，选择主菜单中的"分析"→"壁厚"选项，选中叶轮后开始分析，在不同的颜色区域单击显示各区域的厚度，如图 8-4 所示。

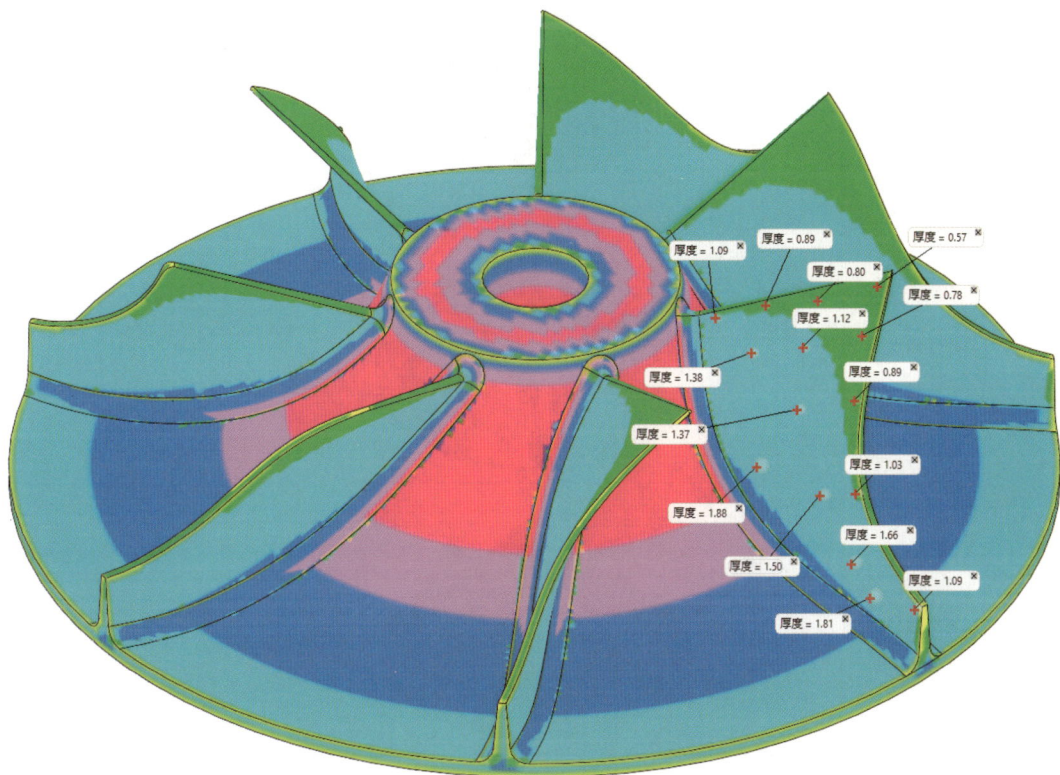

图 8-4　厚度分析

8.2　叶轮的加工工艺制定

叶轮的加工工艺如表 8-1 所示。

视频 8.2 制定加工工艺

表 8-1 叶轮的加工工艺

序号	加工内容	加工策略	图解	备注
01	粗加工	5 轴应用 多叶片-高级		根据相邻叶片之间的宽度和底部圆角综合考虑使用刀尖半径为2的锥形球刀进行粗加工
02	叶片精加工	5 轴应用 多叶片-高级		使用刀尖半径为2的锥形球刀对叶片进行精加工
03	轮毂精加工	5 轴应用 多叶片-高级		使用刀尖半径为2的锥形球刀对轮毂进行精加工

8.3 叶轮编程操作

8.3.1 粗加工

1. NC 设置

在"NC 程序管理器"中双击"NC_Setup"选项，打开"修改 NC 设置"对话框。当前已设置机床为"5XTT-Mikron"，这是一台立式结构的 5 轴双摆台机床。设置"后处理"为 MikronP500U，"参考坐标系"为 MODEL；设置"设置原点"中的"X"为 0、"Y"为 0、"Z"为 127，设置"夹具安全间隙"为 1，点亮灯泡💡即可显示机床工作台，如图 8-5 所示。

视频 8.3 编程准备

视频 8.4 叶轮粗加工

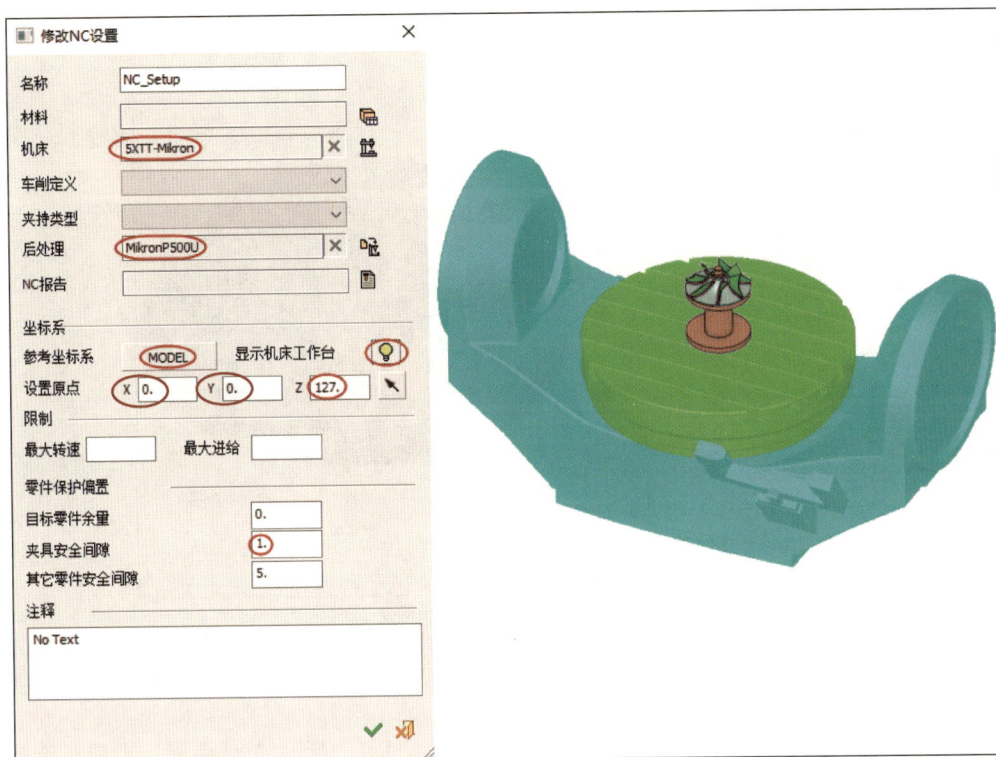

图 8-5　修改 NC 设置

2. 创建零件

在"NC 程序管理器"中双击"目标零件"选项，打开"零件"对话框。当前已选择集合"01_叶轮"的曲面为目标零件，如图 8-6 所示。

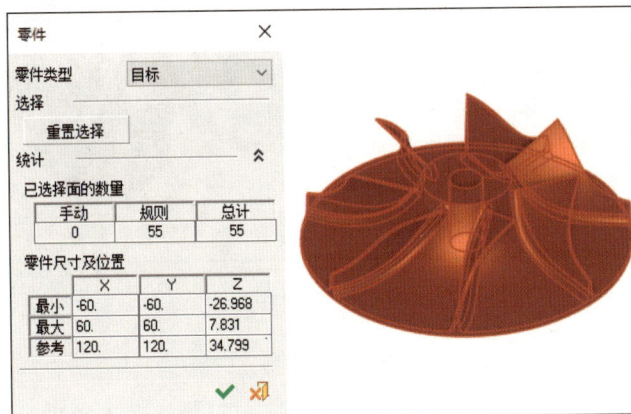

图 8-6　创建零件

3. 创建毛坯

在"NC 程序管理器"中双击"曲面毛坯"选项，打开"初始毛坯"对话框。当前已选择集合"02_毛坯"的曲面为毛坯，如图 8-7 所示。

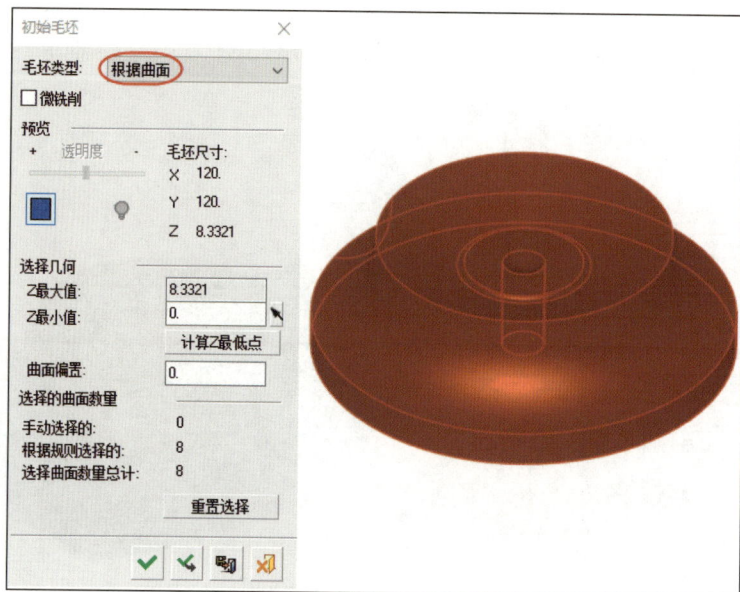

图 8-7　创建毛坯

4. 创建夹具

在"NC 程序管理器"中双击"装夹零件"选项，打开"零件"对话框。当前已选择集合"03_夹具"的曲面为夹具，如图 8-8 所示。

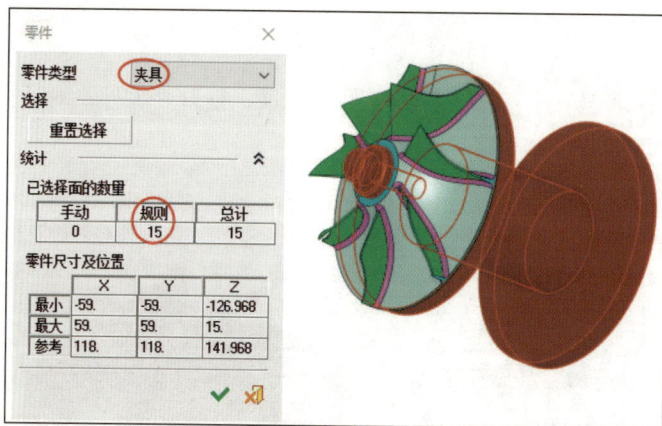

图 8-8　创建夹具

5. 创建刀轨

在"NC 程序管理器"双击刀轨文件夹"5X"，打开"修改刀轨"对话框。设置"名称"为 5X，"类型"为 5 轴，"坐标系"为 MODEL，"Z（安全高度）"为 50，如图 8-9 所示。

6. 新建程序

在 NC 向导中单击"程序"按钮，打开"程序向导"对话框，修改"主选项"为"5 轴应用"，"子选项"为"多叶片-高级"。单击"刀轨参数"按钮切换至"刀轨参数"界面，设置"坐标系名称"为 MODEL,"铣削公差"为 0.01,"更新残留毛坯"为"是",其他参数保持默认设置,如图 8-10 所示。

图 8-9 创建 5 轴刀轨

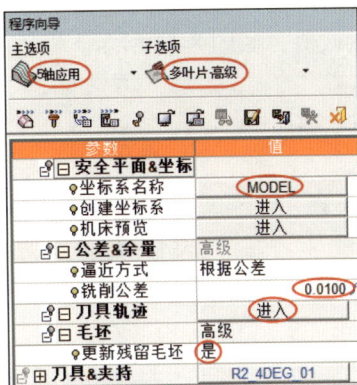

图 8-10 新建程序

7. 选择刀具

单击"刀具"按钮,在打开的"铣削刀具和夹持"对话框中选择"R2_4DEG_R"锥度球刀进行粗加工,如图 8-11 所示,然后单击"确定"按钮。

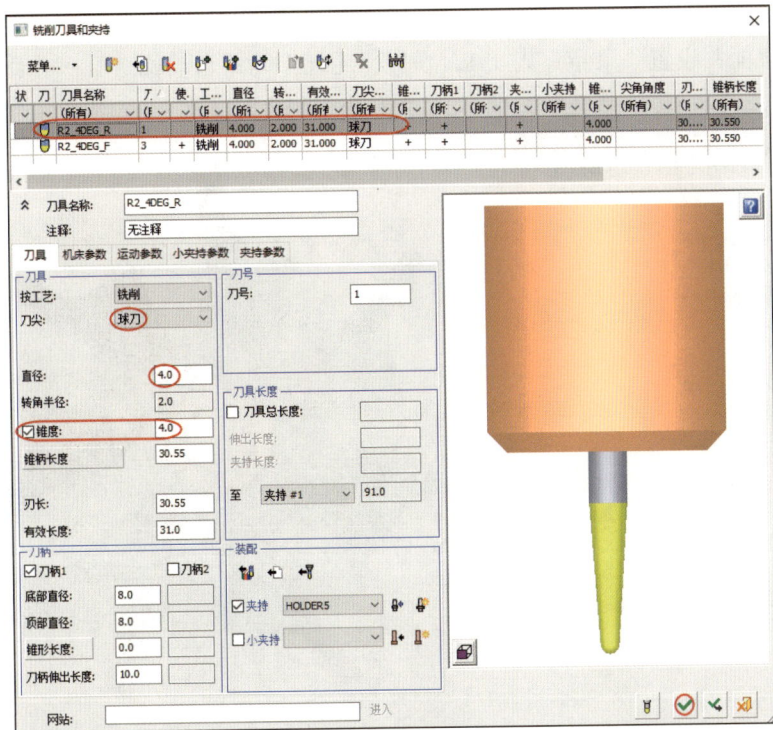

图 8-11 选择刀具 1

8. 设置"曲面路径"选项卡

单击"进入"按钮打开"叶轮加工"对话框,在"曲面路径"选项卡中设置"铣削工艺"为"粗加工","策略"为"自轮毂偏置","铣削方式"为"双向,从叶片前缘切入","铣削顺序"为"自左往右"。设置"下切步距"选项组中的"最大距离"为 1,设置"步距"选项组中的"最大距离"为 2.4,选中"首次铣削进给"复选框并设置为 30。其他参数使用默认值,如图 8-12 所示。

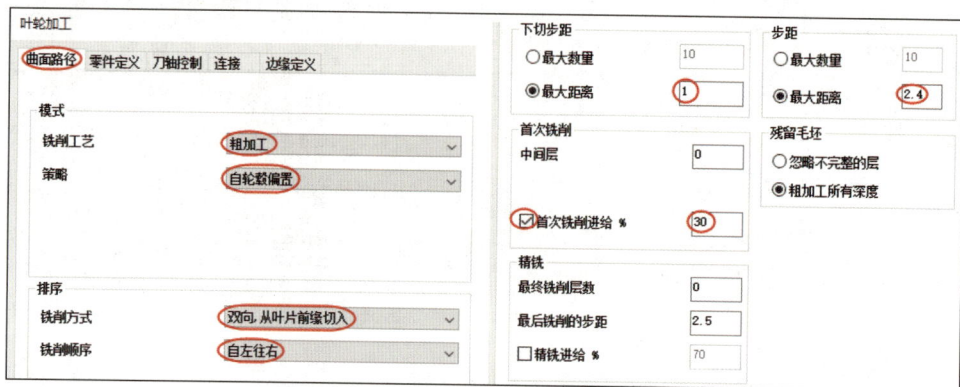

图 8-12 设置"曲面路径"选项卡 1

9. 设置"零件定义"选项卡

切换至"零件定义"选项卡,单击"叶片,辅叶片,叶根"右侧的按钮,选择相邻的两个叶片的叶冠、叶片和底部圆角并设置"余量"为 0.25;单击"轮毂"右侧的按钮,选择底部的轮毂面并设置"余量"为 0.1。设置"毛坯"为"自动检查","叶片总数"为 7,"加工数量"为"所有"。其他参数继承上一程序,如图 8-13 所示。

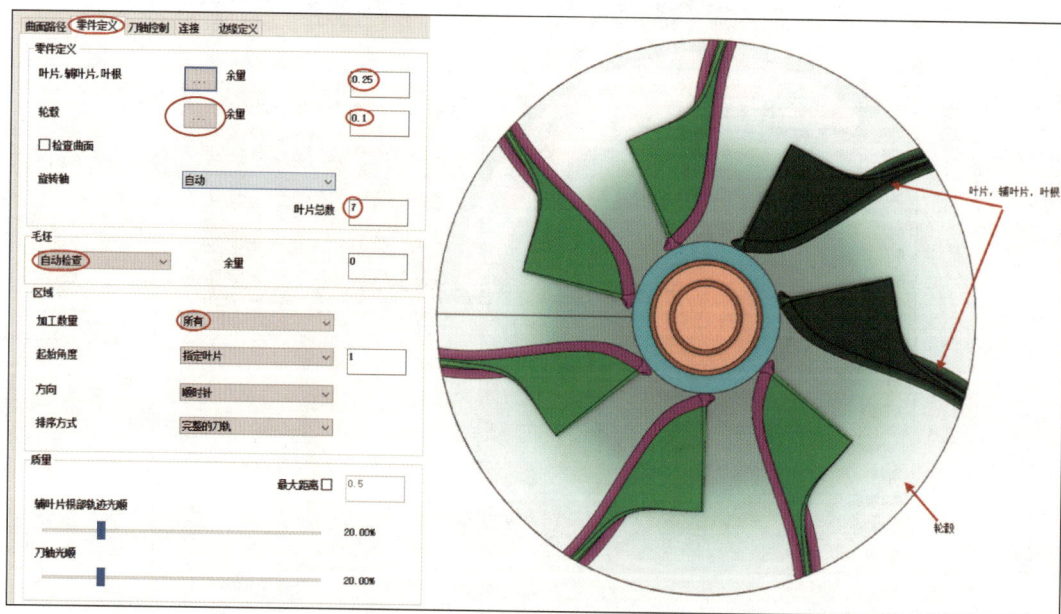

图 8-13 设置"零件定义"选项卡 1

10. 设置"刀轴控制"选项卡

切换至"刀轴控制"选项卡，设置"侧倾角"为10，选中"限制加工角度"复选框并设置"最大倾斜角度"为95。其他参数使用默认值，如图8-14所示。

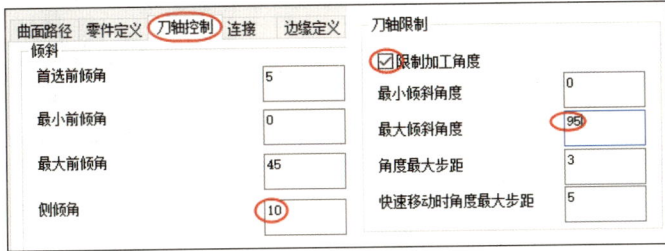

图 8-14　设置"刀轴控制"选项卡

11. 设置"连接"选项卡

切换至"连接"选项卡，设置切入/切出进给距离为2，其他参数使用默认值，如图8-15所示。

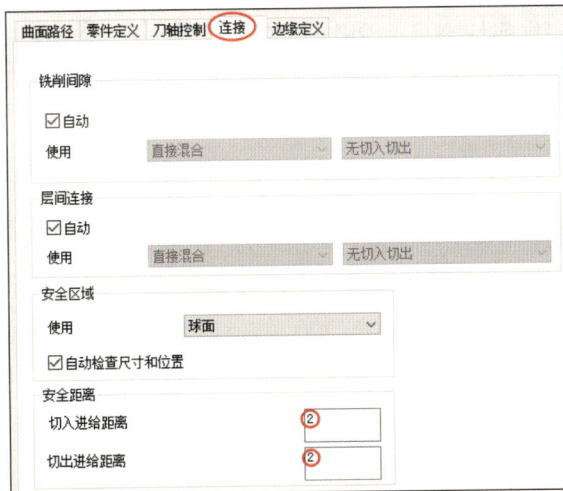

图 8-15　设置"连接"选项卡

12. 设置机床参数

"边缘定义"选项卡中的参数保持默认设置，单击"确定"按钮返回"程序向导"对话框。然后单击"机床参数"按钮，打开"机床参数"界面，选中"快速切出"复选框，其他参数由刀具自动加载，如图8-16所示。

13. 生成程序

单击"保存并计算"按钮，系统将根据当前设置的参数生成分层往复铣削的刀具路径，行间"混合样条线"连接，如图8-17所示。使用"导航器"进行查看，每层刀具路径的第一行进给为30%，在"NC 程序管理器"中修改程序注释为"粗加工"。确认程序无误后，单击 按钮计算剩余毛坯。

图 8-16　设置机床参数

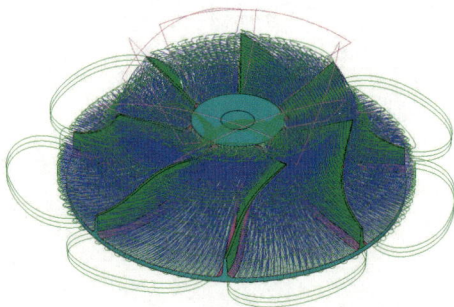

图 8-17　生成程序 1

8.3.2　叶片精加工

1. 复制程序

在"NC 程序管理器"中复制"粗加工"程序至列表末，然后修改注释为"叶片精加工"，如图 8-18 所示。

视频 8.5 叶片精加工

图 8-18　复制程序 1

2. 选择刀具

双击程序打开"程序向导"对话框，单击"刀具"按钮，在打开的"铣削刀具和夹持"对话框中选择"R2_4DEG_F"锥度球刀进行精加工，如图 8-19 所示，然后单击"确定"按钮。

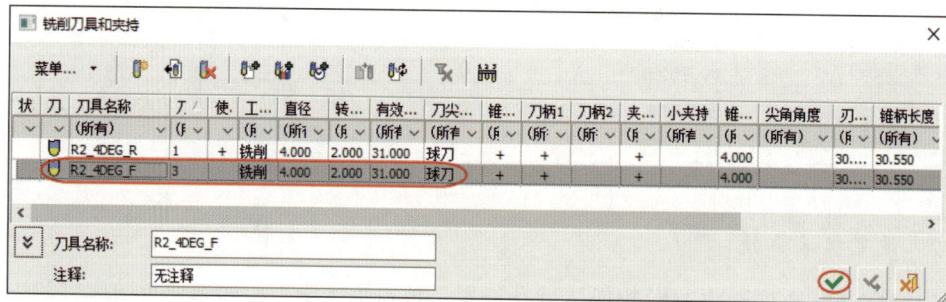

图 8-19　选择刀具 2

3. 设置"曲面路径"选项卡

单击"刀轨参数"按钮，切换至"刀轨参数"界面，单击"进入"按钮打开"叶轮加工"对话框。在"曲面路径"选项卡中设置"铣削工艺"为"叶片精铣"，"策略"为"叶冠和轮毂之间仿形铣"，"轮廓"为"全部"，"铣削方式"为"螺旋铣，从后缘切入"，"铣削方向"为"顺铣"。设置"下切步距"选项组中的"最大距离"为 0.2，设置"区域"选项组中的"起始值"为 5，"最终值"为 99，如图 8-20 所示。

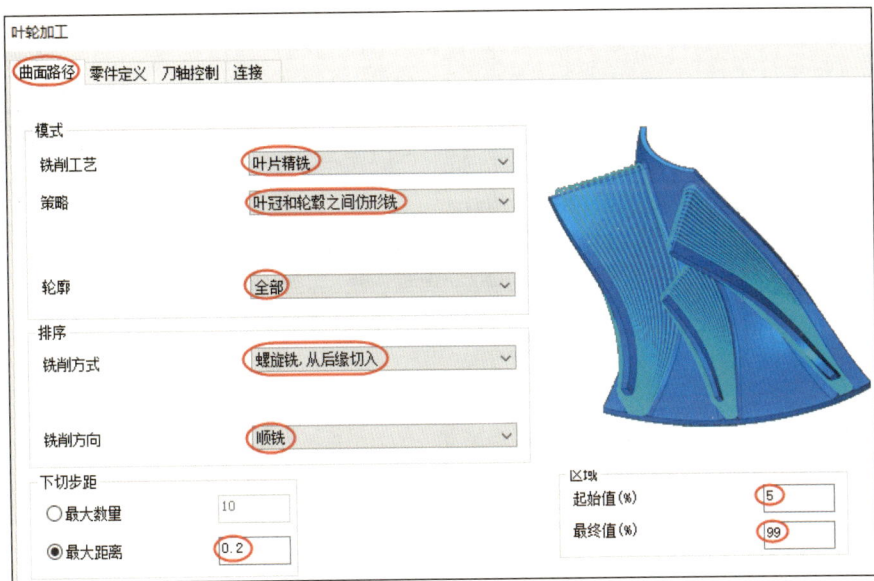

图 8-20　设置"曲面路径"选项卡 2

4. 设置"零件定义"选项卡

切换至"零件定义"选项卡，单击"叶片，辅叶片，叶根"右侧的按钮，选择单个叶片的叶片和底部圆角并设置"余量"为 0；单击"叶冠"右侧的按钮，选择叶片轮冠面并设置"起始偏置量"为 0。选中"检查曲面"复选框并单击其右侧的按钮，选择相邻的两组叶片曲面并设置"安全间隙"为 1。其他参数继承上一程序，如图 8-21 所示。

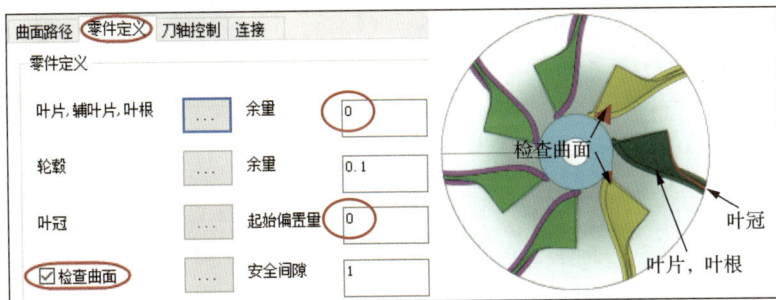

图 8-21　设置"零件定义"选项卡 2

5. 生成程序

单击"确定"按钮返回"程序向导"对话框，然后单击"保存并计算"按钮，系统将根据当前设置的参数生成对叶片螺旋铣削的刀具路径，如图 8-22 所示。确认程序无误后，单击 🔧 按钮计算剩余毛坯。

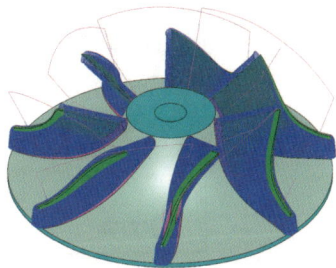

图 8-22　生成程序 2

8.3.3 轮毂精加工

1. 复制程序

在"NC 程序管理器"中复制"叶片精加工"程序至列表末，然后修改注释为"轮毂精加工"，如图 8-23 所示。

视频 8.6 轮毂精加工

图 8-23　复制程序 2

2. 设置"曲面路径"选项卡

双击程序打开"程序向导"对话框，单击"刀轨参数"按钮，切换至"刀轨参数"界面，单击"进入"按钮打开"叶轮加工"对话框。在"曲面路径"选项卡中设置"铣削工艺"为"轮毂精铣"，"铣削方式"为"双向，从叶片后缘切入"，"铣削顺序"为"自左往右"。设置"步距"选项组中的"最大距离"为 1，其他参数继承上一程序，如图 8-24 所示。

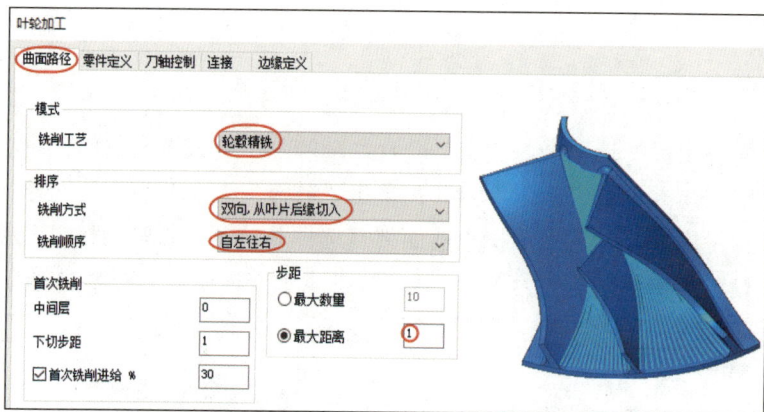

图 8-24　设置"曲面路径"选项卡 3

3. 设置"零件定义"选项卡

切换至"零件定义"选项卡，单击"叶片，辅叶片，叶根"右侧的按钮，选择相邻的两个叶片的叶冠、叶片和底部圆角并设置"余量"为 0；单击"轮毂"右侧的按钮，选择底部的轮毂面并设置"余量"为 0。取消选中"检查曲面"复选框，其他参数继承上一程序，如图 8-25 所示。

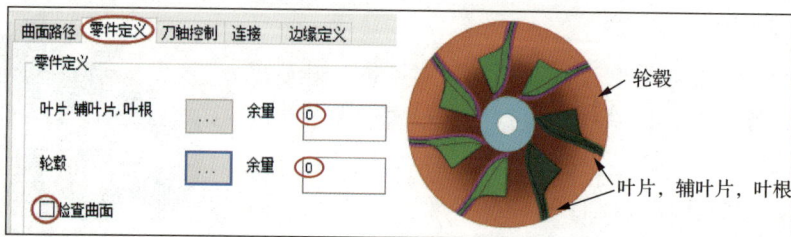

图 8-25　设置"零件定义"选项卡 3

4. 生成程序

单击"确定"按钮返回"程序向导"对话框，然后单击"保存并计算"按钮，系统将根据当前设置的参数生成对流道进行双向铣削的刀具路径，如图 8-26 所示。确认程序无误后，单击 🔒 按钮计算剩余毛坯。

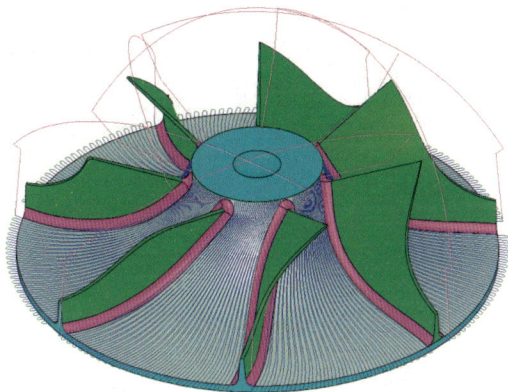

图 8-26　生成程序 3

8.4　机床模拟

在 NC 向导中单击"机床模拟"按钮，在打开的"机床模拟"对话框中单击 ⇄ 按钮将所有程序添加至右侧的"模拟的程序序列"列表框中，选中"材料去除"和"检查零件"复选框。设置"参考坐标系"为 MODEL，选中"使用机床"复选框，并选择机床为"5XTT-Mikron"。设置"原点设置"中的"X"为 0、"Y"为 0、"Z"为 127，如图 8-27 所示。以上参数皆由 NC 设置参数自动加载，然后单击"确定"按钮进入机床模拟界面。

在"模拟控制"对话框中选中"忽略停止条件"复选框，单击 📷 按钮开始模拟，完毕后查看"模拟报告"。更多模拟参数请查看项目 1 中的机床模拟部分。然后单击"退出模拟"按钮退出模拟界面，如图 8-28 所示。

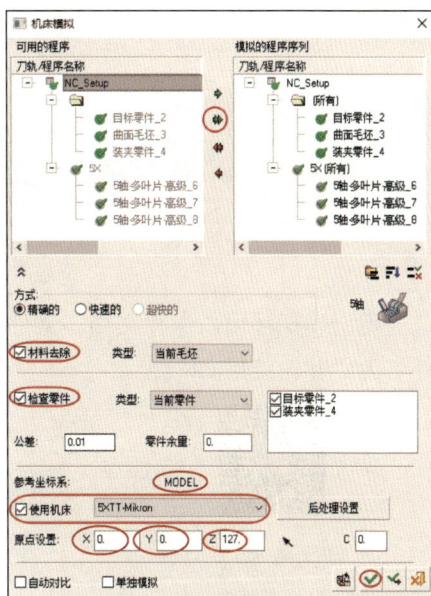

图 8-27　机床模拟设置

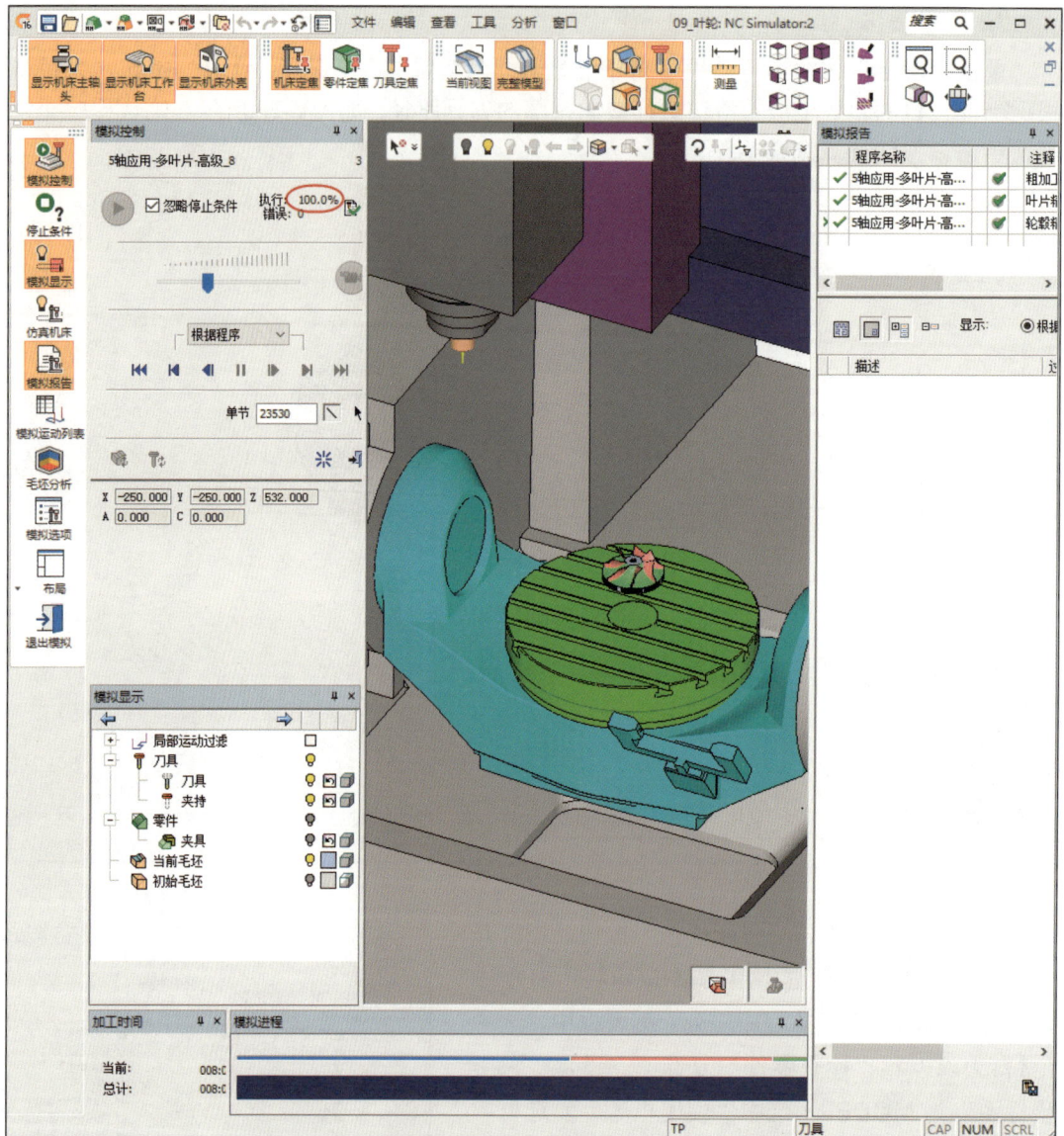

图 8-28　机床模拟结果

　　退出模拟环境，保存文档。文件保存路径为"X:\...\项目 8 叶轮数控编程\源文件"，文件名为"叶轮结果.elt"。

动画 8.1
粗加工模拟

动画 8.2
叶片精加工模拟

动画 8.3
轮毂精加工模拟

8.5 后 处 理

在 NC 向导中单击"后处理"按钮，打开"后处理"对话框。

1）选择需要后处理的程序，通常是选择全部程序一起后处理，也可以选择一部分。

2）选择对应的后处理，通常使用机床型号命名。当前选择"MikronP500U"，这是一台控制系统为 HEIDENHAIN 的 5 轴双摆台立式机床。

3）设定交互区参数，坐标系默认为 1，即机床坐标系为 1 号坐标。

4）设定目标文件夹，如 E:\NC，建议选择一个相对简单的目录，以便查找。

5）选择参考坐标系，对应机床上取数的坐标系。其通常在 NC_Setup 中提前设置，也可以在此进行修改。

6）设置完成后单击"确定"按钮进行后处理输出，如图 8-29 所示。

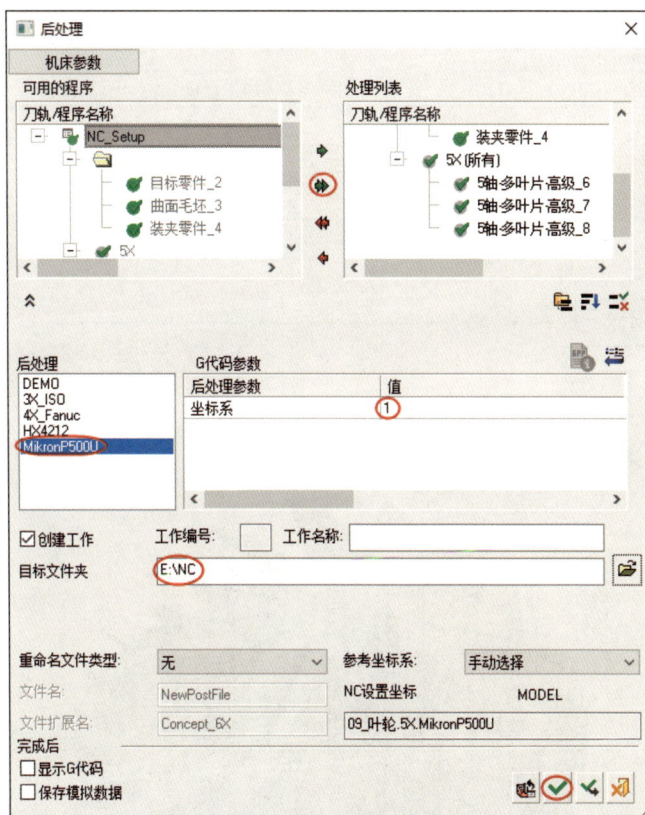

图 8-29　后处理设置

提示：不同的后处理，交互区参数不一样，请阅读后处理对应的使用说明。关于 G 代码的说明参见 2.5 节中的表 2-3。

8.6 程 序 单

叶轮的 NC 加工程序单如表 8-2 所示。

表 8-2 叶轮的 NC 加工程序单

计划时间							
实际时间							
上机时间							
下机时间							
工作尺寸	单位：mm						
X_c	圆柱中心						
Y_c	圆柱中心						
Z_c	中间平面						
工作数量：1 件							
程序名称	加工类型	刀具	行距	加工余量	上机时间	完成时间	备注
01	粗加工	D4R2_R	1	0.25			
02	叶片精加工	D4R2_F	0.25	0			
03	轮毂精加工	D4R2_F	1	0			

巩固练习

根据本项目学习的内容，自行设计装夹、定义毛坯，并选择合适的刀具完成如图 8-30 所示练习零件"带辅叶片的叶轮"的编程。

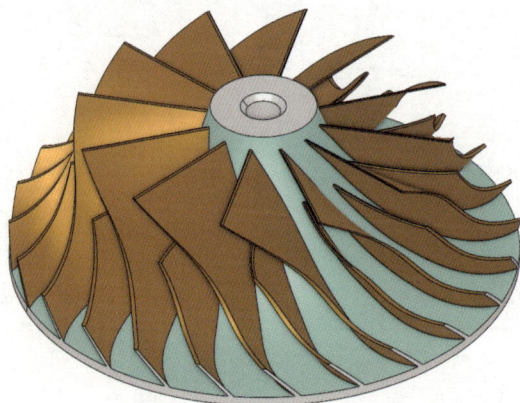

图 8-30 带辅叶片的叶轮

拓展练习

完成如图 8-31 所示闭式叶轮的数控程序创建。

图 8-31　闭式叶轮

知识拓展　叶轮叶片加工难点及要求

因为整体叶轮的形状比较复杂，叶片的扭曲大，加工极易发生干涉，所以其成了典型的难加工零件。其加工的难点主要在于流道、叶片的粗、精加工。在整体叶轮的数控加工过程中，为了尽量减少由于刀具引起的过切和干涉，且在加工较窄流道时刀具仍能有较好的刚性，往往使用锥度球头铣刀。根据叶轮曲面形状的不同，在数控机床上加工时通常采用点铣法和侧铣法。此外，叶轮叶片必须具有良好的表面质量，精度一般集中在叶片表面、轮毂的表面和叶根表面，表面粗糙度 Ra 应小于 $0.8\mu m$。加工时，应综合考虑机床、刀具、夹具及整体叶轮的刚性，设计合理的刀具结构、选择合适的制造工艺，才能满足整体叶轮的制造要求。

思政案例　大国工匠洪家光：毫厘之间　精心雕琢

因为航空发动机叶片与叶盘安装部位的曲面构型极其复杂，并且考虑叶片工作的恶劣环境，所以其一般由耐高温、强度高的材料做成，如涡轮叶片的制造材料就包括铁基高温合金、高温钛合金、陶瓷基复合材料等，加工难度特别大。而在制造出来以后，还要采用多种工艺对叶片表面进行进一步的铣削加工，最后还要通过抛磨去除铣削产生的刀纹、接刀痕、微裂纹及尺寸偏差等问题。一线车工洪家光潜心多年改进并形成了一套"航空发动机叶片滚轮精密磨削技术"，将滚轮精度从 0.008 毫米提高到了 0.003 毫米，不但使我国航空发动机叶片的寿命增长，还破解了航空发动机叶片长期以来的制造难题。他凭借研究的"航空发动机叶片滚轮精密磨削技术"，获得了 2017 年度国家科技进步二等奖和"2021 年大国工匠年度人物"。

（资料来源：2018 年 2 月 10 日《中国工人》，2022 年 4 月 15 日《国防科技工业》）

参 考 文 献

胡新华，戴素江，2019．Cimatron数控编程项目化教程[M]．2版．北京：科学出版社．

赖新建，曾昭孟，何华妹，2009．中文版Cimatron E 8.0多轴数控加工基础教程[M]．北京：人民邮电出版社．